普通高等教育"十二五"规划教材

矿山运输与提升

王进强　主编

明　建　参编

U0313823

北　京

冶 金 工 业 出 版 社

2015

内 容 简 介

本书结合最新的技术标准，讲述了最常用的矿山运输与矿井提升技术。第1章概要介绍矿山常用运输方式的特点、运输作业在整个矿山开采工艺过程中的作用、意义及发展方向；第2章讲述露天矿公路运输的线路设计、路基路面设计等基础知识；第3章讲述露天矿铁路信号设备、铁路线路设计等基本内容；第4章讲述带式输送机的结构组成、设计计算等知识；第5～8章讲述矿井提升设备（提升容器、提升钢丝绳、提升机）的分类、特点及选型计算。内容兼顾基础性和实用性，既介绍了相关的原理与基础知识，又给出了具体的设计方法、步骤和参数。

本书为采矿工程专业教材，也可供从事矿山设计、研究以及现场生产的工程技术人员参考。

图书在版编目（CIP）数据

矿山运输与提升/王进强主编 . —北京：冶金工业出版社，2015.2

普通高等教育"十二五"规划教材
ISBN 978-7-5024-6812-5

Ⅰ. ①矿… Ⅱ. ①王… Ⅲ. ①矿山运输—高等学校—教材 ②矿井提升—高等学校—教材 Ⅳ. ①TD5

中国版本图书馆 CIP 数据核字（2015）第 004359 号

出 版 人 谭学余
地　　址 北京市东城区嵩祝院北巷 39 号　邮编 100009　电话 （010）64027926
网　　址 www.cnmip.com.cn 电子信箱 yjcbs@cnmip.com.cn
责任编辑 宋 良 王雪涛 美术编辑 吕欣童 版式设计 孙跃红
责任校对 王永欣 责任印制 李玉山
ISBN 978-7-5024-6812-5
冶金工业出版社出版发行；各地新华书店经销；北京印刷一厂印刷
2015 年 2 月第 1 版，2015 年 2 月第 1 次印刷
787mm×1092mm 1/16；18.75 印张；455 千字；290 页
39.00 元

冶金工业出版社　投稿电话 （010）64027932　投稿信箱 tougao@cnmip.com.cn
冶金工业出版社营销中心　电话 （010）64044283　传真 （010）64027893
冶金书店　地址 北京市东四西大街 46 号（100010）　电话 （010）65289081（兼传真）
冶金工业出版社天猫旗舰店 yjgy.tmall.com
（本书如有印装质量问题，本社营销中心负责退换）

前　言

　　本书面向高等院校采矿工程专业本科生及采矿技术人员，讲解最常用的矿山运输及提升方式。以最新技术标准和规范为依据，讲解矿山运输与提升的基础理论、设计方法及参数，培养学生基本的矿山运输与提升设计及计算技能。

　　北京科技大学王进强任本书主编，并编写了矿山运输部分，北京科技大学明建编写了矿山提升部分。

　　在本书编写过程中，北京科技大学吕文生、蔡嗣经、胡乃联、陈广平、尹升华、姜福兴，北京矿冶研究总院纪智敏、王文杰、王献征、杨琪、王玉岩，天津水泥设计院汪瑞敏、卢博文，大地工程开发有限公司林森等专家学者，对教材内容提出许多宝贵意见，并提供了大量珍贵资料，在此深表谢意。

　　本书的编写和出版，得到了教育部本科教学工程专业综合改革试点项目经费和北京科技大学教材建设基金的资助。在编写过程中参考了大量相关的教材、规范及研究成果，在此一并表示衷心的感谢。

　　限于作者的水平，书中难免有各种不足，诚请读者批评指正。

编　者

2014 年 9 月

于北京科技大学

目　　录

1 绪 论

本章学习重点：（1）矿山运输与提升的主要任务及意义；（2）运输系统的构成及发展方向；（3）露天矿常用运输方式及其特点；（4）地下矿常用运输方式及其特点；（5）井下矿用车辆类型及特点；（6）矿井提升机的类型及特点。

本章关键词：矿山运输；联合运输；半连续运输；带式输送机；轨道运输；单绳提升机；多绳提升机；布雷尔提升机

1.1 概 述

1.1.1 矿山运输的任务及意义

无论是露天开采还是地下开采，矿石开采的过程可以简单地描述为：首先建立从外部到达采场工作面的通道——开拓运输系统，然后通过开拓运输系统将设备、人员、材料等物资运送到工作面，在工作面通过爆破等方式将矿石从矿体上剥离下来，然后将破碎的矿石装载到运输设备上，由运输设备直接或经过转载，从工作面运出，将矿石运往下一步加工地点（如选矿厂等），将废石运往废石场，并将设备、人员等运出。在整个矿石开采过程中，运输是基本作业环节，为其他各作业环节提供支持和服务，运输工作起着"动脉"和"纽带"的作用，对矿山生产能力、劳动生产率，甚至资源的损失率、贫化率具有重要意义。运输方式和运输设备的选择是决定矿山技术水平及生产组织的关键。

在不包括外部运输的情况下，矿山运输部分的基建投资一般占总投资的一半以上，运输系统的动力消耗占采矿总消耗的一半以上，运输成本约占矿石总成本的一半以上。开拓运输系统在一定程度上决定了一个矿山的投资规模、基建工程量及工期、生产规模、生产成本及劳动生产率等方面，可以说，运输工作是矿山建设及运营的关键和核心。

我国的大型露天矿山多始建于 20 世纪 50~60 年代，一些露天矿已由山坡露天开采转为深凹开采，开采深度已延深至地表下 100~150m，有的达到 300~400m。很多露天矿的边坡垂直高度超过 500m。露天矿转入深凹开采以后，开采条件日益恶化，空间作业尺寸逐渐狭窄，采场不断延深，排土场也不断加高，导致运距加大，由重车下坡运行变为上坡运行，设备效率大大降低，生产能力下降，生产管理日益复杂。因此，运输已成为当今深凹露天矿生产的突出矛盾，也是降低成本、提高经济效益的关键所在。

我国很多重要的金属矿产资源都是通过地下开采的方式所获得，如大多数的有色金属矿山和黄金矿山均为地下矿山。随着浅部资源的逐渐消失，地下开采的比例越来越大，包括现有的部分露天矿山也转入地下开采。经过几十年的开采，目前很多地下矿山均已进入深部开采或即将进入深部开采，如安徽铜陵冬瓜山铜矿的开采深度达 1200 多米。提升能力是制约矿山生产能力的重要因素，需要加强新型提升设备和提升工艺的研究和采用。

运输设备、运输线路和组织调度是构成运输系统的关键因素。正确地选择矿山运输方式及设备类型，合理地布置线路和科学地组织运输，对提高矿石产量、降低矿石生产成本和提高劳动生产率，具有重要意义。

1.1.2 矿山运输作业方式

为适应不同的运输条件和开采要求，矿山开采中使用的运输方式是多种多样的。按作业特征的不同，运输方式可分为：

（1）间断作业运输方式（又称周期动作方式）。如汽车运输、铁路运输、有极绳钢丝绳运输和采运机运输（铲运机、推土机、装载机等）等，其特点是设备以一定循环方式，周期性地运送货载，在运转中需要经常控制其运行方向。

（2）连续作业运输方式。如带式输送机运输、水利运输、气力运输、循环式架空索道运输、重力运输、无极绳钢丝绳运输等，其特点是设备一经开动后，能连续不断地运输货载，在运转中无需操纵控制其运行方向。

1.1.3 提升作业

矿井提升设备是联系矿井井下与地面的"咽喉"设备，它的主要用途是沿井筒提升有用矿物和废石，升降人员、设备和材料等。根据矿井井筒倾角及提升容器的不同，矿井提升系统可分为竖井罐笼提升系统、竖井箕斗提升系统、斜井箕斗提升系统和斜井串车提升系统。按提升机类型不同，分为缠绕式提升机和摩擦式提升机。此外，在一定地形条件下，露天矿山有时也采用提升系统运送矿石，如斜坡箕斗提升系统。

提升可以理解为一种特殊的运输方式，其特点是提升机与钢丝绳作为牵引设备，罐笼、箕斗或矿车作为承载容器，沿垂直或较陡的线路输送物料及人员。

1.1.4 运输方式的选择

每种运输方式都有其特点和一定的适用条件，如汽车运输机动灵活，但经济合理运距短，非常适合工作面运输，而带式输送机运输具有高效、经济、自动化程度高的优点，但其装卸载及运行线路等方面很不灵活，非常适于大运量、大倾角运输，但不适于工作面运输。

既可以采用单一运输方式，如小型露天矿的汽车运输；又可以采用联合运输方式，如大型露天矿山常用的汽车-胶带联合运输、井下矿山常用的轨道-箕斗提升联合运输。采用联合运输方式，往往可以发挥各方式的长处，同时克服单一方式的局限，取得更好的技术经济效果，缺点是转运环节往往会成为运输系统的瓶颈。具体运输方式的选择应依据具体的地形、运量、物料等，结合各运输方式的特点，兼顾经济性、效率和安全等要求，经技术经济比较后选取合理的运输方式。

矿山运输方式的选择及运输技术的发展，在很大程度上取决于可供选择和使用的设备。国内外的经验证明，没有先进适用的矿山运输设备，就不可能有先进合理的开拓运输工艺。技术装备水平的高低，不但影响矿山生产的规模和建设速度，而且直接影响矿山的经济效益。技术装备包括主体设备、辅助设备及用于控制、指挥、调度的配套设备。

1.1.5 矿山运输系统的发展方向

我国大多数的骨干矿山经过多年开采，露天矿逐渐进入深凹开采，地下矿进入深部开采。随着开采水平的不断下降，运输距离或提升高度不断增加，以及开采规模的不断扩大，采矿工业对运输及提升作业也提出了更高的技术要求，主要表现在：

（1）远距离、大垂高、大运量运输能力的要求；

（2）工作面越来越深，矿山的通风排污能力越来越差，要求采用更节能、环保的运输方式；

（3）随着运输设备大型化和各种新工艺、新技术的采用，对运输系统的安全性提出了更高的要求；

（4）对运输系统的自动化水平提出了更高的要求。

需求是发展的动力和方向，为满足采矿工业对运输工作的要求，人们不断创新运输设备和运输方式，如大倾角带式输送机技术、汽车整车提升技术等，运输系统向着高效、安全、节能、环保、经济及自动化的方向发展。

1.2　露天矿运输

1.2.1 露天矿山运输的特点

露天矿运输系统是由采场运输、采场至地面的堑沟运输和地面运输（指工业广场、排土场、破碎站或选矿厂之间的运输）组成的，也称露天矿内部运输。而从破碎站或选矿厂、铁路装车站、转运站至矿石用户之间的运输称为外部运输。

露天矿运输是一种专业性运输，与一般运输工作比较有下列特点：

（1）为提高生产效率和开采强度、降低生产成本，通常采用中深孔爆破和大型采掘机械，运输量较大，加上矿石或岩石的容重大、硬度高、块度不一，因此要求矿山运输设备有较大的运载能力和足够的坚固性；

（2）受露天矿范围所限，运输距离短、运输线路坡度大、行车速度低、行车密度大，因此要求运输组织管理工作更加严密；

（3）采场和排土场的运输线路需要随着采掘工作面的推进而经常移设，故运输线路质量较低，要经常维护检修；

（4）运输工作复杂，由山坡露天开采转入深凹露天开采，运输工作条件发生很大变化，需采用不同运输方式或多种运输方式，给运输组织工作带来许多问题。

1.2.2 露天矿运输方式

露天矿运输方式根据物料移动方法、行走方式和线路设备的不同，主要分为铁路运输、公路（汽车）运输、斜坡道箕斗提升运输、带式输送机运输、水利运输、重力运输、索道运输、汽车整车提升运输等方式。其中，最常用的运输方式为汽车运输、铁路运输和带式输送机运输。

现代露天矿山经常使用联合运输，即从露天采场工作面的装载点到矿（岩）卸载点之间，采用两种及以上的运输方式。要实现联合运输，通常需要设置转载站，以便把矿岩从一种运输工具转载到另一种运输工具中。常用的联合运输方式包括以下几种：

（1）汽车-铁路联合运输；

（2）汽车-带式输送机联合运输；

（3）汽车-箕斗联合运输；

（4）汽车-平硐溜井联合运输。

1.2.2.1 铁路运输

铁路运输适用于运量较大而运距较长的大型露天矿。其主要优点是运量大，成本较低，能耗较少，而且对环境的污染也较少；其主要缺点是随着矿山工程的延深，布线比较困难，新水平的准备工程量大，采掘强度较低，爬坡能力低，线路的灵活性差。铁路运输是早期露天开采广泛采用的一种运输方式，目前仍占有一定比重。在 20 世纪 70 年代以前应用非常广泛，但随着自卸汽车大型化（尤其大型电动轮汽车的应用）和半连续运输工艺的出现，从 90 年代开始，作为露天矿采场运输方式已基本弃用，对于新建露天矿山铁路运输主要用于外部运输。

1.2.2.2 汽车运输

汽车运输显著的特点是机动灵活，能简化开采工艺和降低基建工程量，开拓坑线形式较为简单，开拓坑线展线较短，对地形的适应能力强。此外，汽车运输还可以设多个出入口进行分散运输和分散排土，便于采用移动坑线开拓，有利于强化采矿，提高露天矿的生产能力，所以汽车运输在国内外露天矿中获得了广泛应用。美国、加拿大、澳大利亚等国自卸汽车运输在露天矿山所占比重约为 90%，我国绝大多数建材、有色金属矿、铁矿等矿山的露天开采也都采用汽车运输。

随着矿床开采深度增加，矿岩的运距显著增大，汽车的台班运输能力逐渐降低，造成运输费随着深度增加而显著增大。所以，汽车运输存在一个经济合理运距，该值一般在 3km 左右。

虽然公路运输具有地形适应能力强，运输坑线布置灵活等诸多优点，但由于受到合理运距的影响，尤其是大规模露天矿，还要考虑露天矿的开采高差（一般在 100 ~ 150m 以内）和重车上下坡情况，也存在一个适用范围。对于年设计规模超过 1000 万吨的大型露天矿，或由于运输距离较长，或由于开采转入深凹，几乎都不宜采用单一汽车运输方式。但作为联合运输方式的一环，汽车运输将得到最广泛的应用。至于中小型露天矿，单一汽车运输将作为最主要的运输方式。

为适应采矿生产规模的不断扩大，自卸汽车向大型、坚固、耐用和高效率方向发展，目前 236t 和 280t 汽车已在某些矿山投入使用。应用 GPS、GIS 等高新技术，实现采场运输的自动调度也是汽车运输的发展趋势。应用这些技术，可大大提高电铲和汽车的效率，降低运输成本，提高矿山的经济效益。

1.2.2.3 半连续运输

带式输送机（胶带机）是一个复杂的机电系统，它是由闭环的承载输送带和托辊及驱动装置、拉紧装置、改向滚筒及其机架构成的连续运输系统。输送带运行的驱动力由驱动装置提供；拉紧装置提供给系统必要的拉紧力；改向滚筒给输送带导向；托辊的作用是支撑输送带及其上面的物料并减小输送带的挠度。大型带式输送机是当前散状物料输送的主要方式，其发展的一个重要方面就是大运量、长距离和高带速。

带式输送机由于运输能力大，爬坡能力强，与汽车和铁路运输相比，可以提高升程，缩短运距，降低运营成本，节约能源，提高劳动生产率，同时还便于实现自动化，改善环境和安全条件，特别是在深凹露天矿使用，其效益尤为显著，因此近几十年来有很大的发展。

金属露天矿使用带式输送机时，大多以汽车-破碎机-胶带输送机的形式出现。这种联合运输方式是近年来发展起来的一种半连续运输工艺，又称为间断-连续运输工艺。该运输方式是借助设在露天采场内或露天开采境界外的带式输送机把矿岩从采场运出，胶带运输之前主要采用汽车运输。这种联合运输方案既可发挥汽车运输机动灵活、适应性强、短途运输经济、有利于强化开采的长处，又可发挥带式输送机运输能力大、爬坡能力强、运营成本低的优势，同时又克服了两者单独使用的局限。两者联合可达到最佳的经济效益，是提高矿山生产能力、降低矿山成本、增加经济效益的主要途径。

目前，胶带的爬坡坡度可达到 25% ~28%，汽车可达 6% ~10%，普通铁路为 2% ~2.5%，陡坡铁路也只能达到 4% ~5%，所以半连续运输工艺对大中型深凹露天矿具有普遍适用性。

由于爆破后的矿岩块度较大，需破碎后才能采用胶带运输，因此需设置中转破碎站。破碎站是连接汽车运输和胶带运输的中间环节，按其移动性能，分为固定式、可移式（或半固定式、半移动式）和移动式（自行式）三种。采用可移式或自行式的破碎机组和转载设备更具灵活性和经济性，具有更好的发展前景。因此，可移动破碎站及其移设技术是半连续运输工艺的关键。另外，为保证破碎效率，破碎站通常采用旋回破碎机。

半连续运输在我国虽起步较晚，但在一些大型深凹露天矿已经得到成功应用，如鞍山钢铁公司齐大山铁矿、大孤山铁矿、东鞍山铁矿及首钢水厂铁矿等。半连续运输已成为大型露天矿运输的一种发展趋势。

1.2.2.4 汽车-溜井联合运输

汽车-溜井联合运输是一种既节约能源又比较高效的运输方式，它适用于地形比较复杂、山坡较陡而开采高差较大的山坡露天矿，一般都在溜井下面开凿平硐，通过铁路或胶带输送机将矿石运至选矿厂。我国金属露天矿使用汽车-溜井联合运输方式已经多年，取得了比较成熟的经验。因此，凡条件适宜的山坡露天矿，应优先考虑这种运输方式。

露天矿运输方式的选择，应根据矿体赋存条件、开采规模、露天矿境界特点、设备条件、开采工艺等多种因素，进行技术经济综合分析，选定科学的运输方式。

1.3 地下矿运输与提升

对于金属矿、煤矿这类开采范围大的地下矿山，水平运输非常重要。水平运输方式主要有三种：轨道运输、汽车运输和带式输送机运输。

轨道运输是以往惯用的地下运输方式，现在仍是中长距离散状物料运输中成本效益最佳的方式。

由于机动性好，汽车运输日益增多。所用车辆以柴油车为主，也有部分电动汽车。

带式输送机最常用于采用连续开采的水平或缓倾斜层状矿床。由于地下金属矿中凿岩和爆破交替进行，采矿工作面到竖井的运距一般较短，以及所运矿石块度较大，因而带式运输机在井下金属矿山的应用受到限制。

1.3.1　井下轨道运输

轨道运输是目前我国金属矿山井下运输的主要方式。其优点是运输能力大，运距不受限制，运营成本低，调度灵活，能分别运输多种矿岩及其他物料。其缺点是间断性运输，适用的线路坡度一般为 3‰ ~ 5‰，线路坡度大时难以保障安全。由于轨道运输优点突出，今后仍是地下矿山水平巷道长距离运输的主要方式。

轨道运输是由机车牵引着一组矿车在轨道上运行的，机车和它所牵引的车组总称为列车。轨道运输的主要设备有轨道、矿车、电机车和辅助机械设备等。

1.3.1.1　矿井轨道

我国地下矿山窄轨运输的标准轨距为 600mm、762mm、900mm。

井下运输线路的坡度一般为 3‰ ~ 10‰。如果坡度小于 3‰，巷道排水困难；坡度过大，电机车将难以牵引车组上坡运行，而且制动困难、不安全，轨道与轮缘磨损严重。在设计井下运输线路时，一般按 3‰ 的坡度考虑。

应该指出，最理想的井下线路坡度就是等阻坡度。所谓等阻坡度就是重列车下坡运行阻力等于空列车上坡运行阻力时的线路坡度。因为重列车与空列车运行阻力相等，所以所需牵引力也相等，这有利于充分利用牵引电动机的容量。

车辆在弯道上运行时，由于离心力作用和轮缘与轨道间的阻力作用，增加了车辆运行的困难。离心力和弯道阻力的大小与车辆运行速度、弯道半径和车辆轴距等因素有关。因此，最小弯道半径应根据车辆运行速度和轴距大小来确定。我国《金属矿非金属矿安全规程》规定，井下电机车运输轨道的曲线半径应符合下列规定：

（1）行驶速度 1.5m/s 以下时，不小于车辆最大轴距的 7 倍；

（2）行驶速度大于 1.5m/s 时，不小于车辆最大轴距的 10 倍；

（3）轨道转弯角度大于 90°时，不小于车辆最大轴距的 10 倍。

近年来，我国金属矿山开始使用大容量有转向架的四轴车辆，采用这种车辆时，轨道曲线半径最小值计算应主要考虑转向架间距，而不是固定架轴距。

在弯道上运行的车辆呈弦一样摆布。由于车轴是固定在车架上的，不可能与弯道半径取得一致方向，所以容易发生轨头将车轮轮缘卡住以及阻力和磨损剧烈增加的现象。因此，必须在弯道处将轨距适当加宽，使这些现象基本消除。加宽轨距时，外轨不动，只将内轨向弯道曲线中心方向移动一个距离。轨距的加宽是在与曲线段两端相衔接的直线段逐渐进行的，在整个曲线段内应保持规定的加宽值。

车辆在弯道运行时，由于离心力的作用，车轮轮缘压向外轨，加剧了轮缘和钢轨的磨损，并使运行阻力增加，严重时将发生翻车事故。为了消除离心力的上述影响，应将弯道外轨抬高，使车辆在弯道上运行时，离心力与矿车重力的合力垂直轨面，这样就使车辆不再受横向力作用的影响而顺利通过弯道。外轨抬高的方法是增加外轨下面的道床的厚度。在铺设与弯道外轨两端衔接的直线段钢轨时，应将它做成 3‰ ~ 10‰ 的下坡，在整个弯道内保持计算的外轨抬高值。

1.3.1.2 矿用车辆

按用途不同，矿用车辆有运货的货车、运送人员的人车和专用车（炸药车、水车、消防车、卫生车）等。按照货物性质不同，货车包括运送松散货载的矿车、木材车和运送设备的平板车。

矿用车辆中，最主要的也是数量最多的是运送松散物料的矿车。对矿车的要求是有高度的坚固性，能经受静负荷和动负荷（如装载、运行的冲击）的作用；在容积一定的条件下，矿车外形尺寸应尽可能小；运行阻力要小；有足够的稳定性；在使用方面，要求摘挂钩方便，卸载干净，清扫容易，润滑简单。

矿车自重与载重之比称为车皮系数，其值越小越好。矿车车箱容积与矿车外形体积之比称为容积系数，其值越大越好。

运送松散货载的矿车主要由车箱、车架、轮轴、缓冲器和连接器组成。矿车形式很多，按构造不同分为固定式、翻斗式、曲轨侧卸式、底卸式、底侧卸式、梭式等。

A　固定式矿车

固定式矿车的车箱固定在车架上，卸载时需将矿车推入翻车机，把整个矿车翻转才能卸出矿石。其优点是结构简单、坚固耐用、自重小、成本及经营费用低、不漏矿、不污染巷道。缺点是卸载设备较复杂，地下卸矿硐室或地面卸矿站基建工程量大，矿石易结底；主要用于运输矿石，当废石卸载点固定时也可采用；对黏结性大的矿石不太适用，必须采用时应考虑清底措施。

B　翻斗式矿车

翻斗式矿车在车箱的两端壁各铆有一个弧形钢环，使车箱支于支架上。通过人力或专设的卸载架向任意一侧翻转卸载。其优点是结构简单、卸载方式灵活、卸载设备简单。缺点是人工翻卸时，卸车效率不高。主要用于运输废石，因为这种矿车能在废石场卸载线的任何地点卸载。也用于运输井下充填料、巷道衬砌用料等。对于小型矿山，可同时用于运输矿石和废石。

C　侧卸式矿车

侧卸式矿车车箱的一侧用铰轴与车架相连，车箱的另一侧装有卸载辊轮。卸载时，卸载辊轮沿卸载曲轨上升段上升，使车箱倾斜，活动侧门打开而卸载，卸载倾角达40°。列车需低速通过卸载地点。其优点是卸载方便、卸车效率高。缺点是活动侧壁易漏粉矿，结构较复杂、维修量大，装卸载时要求矿车有固定方向。可用于运输矿石和废石，不宜用于粉矿多、矿物贵重和含水量大的矿山。

D　底卸式和底侧卸式

底卸式矿车需在专用卸载曲轨上卸载，如图1-1所示。车箱的两侧壁上焊有支撑翼板，车底的一端与车箱端壁铰接，车底的另一端装设一个卸载轮。由于矿仓上方不设轨道，当矿车进入卸载站时，车箱的支撑翼板被托辊支撑，使车箱悬空，矿车底部失去支持而被矿石压开，车底连同转向架一起绕铰轴转动进行卸载。

底侧卸式矿车结构上与底卸式类似。为了避免底卸式矿车卸载时矿石对卸载曲轨的冲击，将车底的一侧与车箱侧壁铰接，矿石从车底侧面卸出。

底卸式矿车的优点是卸载效率高、卸载干净、矿石不易结底、使用可靠；缺点是结构

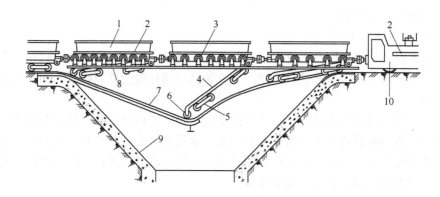

图 1-1   底卸式矿车卸载

1—车箱；2—翼板；3—拖轮；4—车架；5—转向架；6—卸载轮；
7—卸载曲轨；8—拖轮座；9—卸载漏斗；10—电机车

较复杂、成本高、车皮系数较大；车体宽大，增加巷道工程量；适用于矿石有黏结性、年产量较大且围岩稳固的矿山使用。底侧卸式矿车具有底卸式矿车的所有优点，而且车场简单，矿石不砸曲轨，优于底卸式矿车，应优先选用。

E 梭式矿车

梭式矿车的车箱底部装有板式输送机。用装岩机把货载装到输送机上，开动输送机将货载移动，整个梭车装满后，便用机车将其拉到卸载地点，用输送机将货载卸出。其优点是能自卸、转载运输能力大、效率高、使用方便；缺点是结构复杂，设备外形尺寸大、车皮系数大；主要用于大中型矿山掘进工作面运输废石。

矿车选型主要根据运输矿物种类、矿岩性质（块度、粉矿和泥水含量、黏结性等）、运输量、运距、装卸矿岩方式、使用地点等条件确定。根据设计需要，尽量选用较大容积的矿车，以减少矿车数和增大矿石合格块度尺寸。除杂用车辆外，全矿的车型应力求最少，以一种或两种为宜，以减少组车、调车和维修的复杂性。使用罐笼提升矿石，多采用固定式矿车；使用箕斗提升或平硐溜井开拓，多采用侧卸式或底卸式矿车。

1.3.1.3 轨道运输的辅助机械设备

井下轨道运输的辅助机械设备包括翻车机、推车机、爬车机、阻车器等。这些设备对于提高竖井和调车场的生产效率、减轻工人劳动强度和实现运输机械化具有重要意义。它们多用在装车站、井底车场和地面轨道运输中。

A 翻车机

翻车机是固定式矿车的卸载设备。当井下巷道用固定式矿车运输而井筒用箕斗提升时，翻车机设置在井底车场内；当用罐笼提升或平硐运输时，翻车机设置在地面卸载站。

B 推车机

在使用矿车的运输作业中，为了完成矿车的装载、提升和卸载等工序，常常需要在较短距离内使用推车机来移动矿车的位置。推车机按其用途可分为设在罐笼前的推车机、设在翻车机前的推车机、设在装载站的推车机等类型。按推车机能源的种类可分为电动、气动、液压等类型。

C　爬车机

在矿车自溜的运输线上，为了使矿车恢复因自溜运行而失去的高度，必须采用高度补偿装置。爬车机就是在短距离内将单个矿车推送到较高轨道面上的设备。目前一般采用链式电动爬车机和风动顶车器两种补偿装置。风动顶车器可以看作是垂直方向作用的推车机，它可使矿车进行垂直方向的移位，适用于调车场要求紧凑布置的场合。

D　阻车器

阻车器是在矿车自溜运行轨道上阻止矿车运行的设备。它分为单式阻车器和复式阻车器两种。前者有一对阻爪，后者有两对阻爪。复式阻车器又称限数阻车器，它能限制开启一次阻车器通过的矿车数量，以便向翻车机或罐笼供给一定数量的矿车。

当阻车器和翻车机、推车机、爬车机、罐笼等设备互相配合时，可使矿井的运输工作达到机械化和自动化。

1.3.1.4　矿用电机车

按使用动力不同，矿用机车分电机车和内燃机车两种。按电源性质不同，电机车分直流电机车和交流电机车，其中直流电机车应用最广。按供电方式不同，直流电机车分架线式和蓄电池式两种。我国矿井使用的机车几乎都是电机车。我国井下架线电网的直流电压有 250V 和 550V 两种。

架线式电机车具有结构简单、维护容易、用电效率高、运输费用低、运输效率高等特点，一般用于阶段运输，也是目前应用最广的一种机车。其缺点是需有整流和架线设施，不够灵活；架线对巷道尺寸及人员通行有一定影响；受电弓与架线之间容易产生火花，不宜在有瓦斯爆炸危险的矿山使用。

蓄电池式电机车通过蓄电池组供给电能，其优点是无火花引爆危险，具有可靠的防爆性能；无需架线，使用灵活。其缺点是需配置充电设备，初期投资大，用电效率低，运输费用较高。因此，这种电机车适用于有瓦斯或煤尘积存较多的巷道运输、巷道掘进运输以及产量较小或巷道不太规则的矿山。

除上述电机车外，还有架线蓄电池式和架线电缆式双能源电机车。前者既能从架线上取得电能工作，也可以在不便架设架线的地区或有瓦斯危险的巷道使用防爆蓄电池组供电工作。后者装有电缆滚筒，电缆一端可与架线连接，电机车在不便架设架线地区行驶时，可用电缆供电，但运输距离不能太长。

内燃机车不需架线，调度灵活。它的最大缺点是污染空气，井下很少使用。

在煤矿，通常采用带式输送机运送煤、铁路运送人员和材料这种综合方案。

在大型矿山主运输巷中，采用较宽的轨距，甚至准轨铁路，以提升运行速度和运输能力。而分段运输可采用小型紧凑的电机车，以适应陡坡和急转弯道路。

1.3.2　井下卡车运输

采用卡车作为井下阶段运输主要设备，将矿岩从工作面运往溜井口或直接运送到地面，构成无轨采矿运输系统，可以提高采矿强度。井下卡车运输中最常用的驱动方式为柴油驱动，其经济合理运距为 500 ~ 4000m，运输线路坡度不大于 20% ~ 30%。

1.3.2.1　井下卡车运输的特点

相比轨道运输，井下卡车运输的主要优点是机动灵活、应用范围广、劳动生产率高。

井下卡车自带动力，可以快速自行至任何工作场地，不需要铺轨架线，可在上、下坡及拐弯等不利条件下运输矿石、材料、设备及人员。

井下卡车运输存在如下缺点和问题：

（1）柴油发动机排出的废气对井下空气污染比较严重。卡车本身虽然配有废气净化装置，但不能彻底解决问题，因此必须辅以强力通风，从而增加通风设施等费用。

（2）轮胎消耗量大。这是由于井下碎石路面对卡车轮胎的磨损严重所致。

（3）维修工作量大，维修费用高。

（4）要求巷道规格较大，斜坡道坡度不应超过30%，以利于卡车行走，所以斜坡道较长。

1.3.2.2　卡车运输线路

井下使用卡车运输时，需要有供卡车及其他无轨设备通行的巷道。按照巷道的坡度，可分为运输平巷和斜坡道。采用无轨设备既可以作为单一运输方式，也可以与机车运输、竖井提升、带式输送机运输等其他运输方式构成联合运输方案。

斜坡道的布置形式有螺旋式和折返式两种。

（1）螺旋式斜坡道（简称螺旋道）。

螺旋道的优点：由于没有折返道的缓坡段，在相同高差时，螺旋道比折返道的线路短，巷道工程量小；与溜井等垂直井巷配合施工时，通风和出渣较方便。

螺旋道的缺点：掘进比较困难（如测量定向、线路外侧超高等）；司机可见距离短，行车安全性较差；由于拐弯多，车辆轮胎和差速器磨损增加；道路维修较麻烦；通风阻力较大。

（2）折返式斜坡道（简称折返道）。折返道由直线段和曲线段联合而成，直线段主要变换高程，曲线段主要变换方向。在折返道线路中，直线段长而曲线段短。

折返道的优点：施工比较容易；司机能见距离长，且有缓坡段，行车较安全；行车速度较螺旋道大，排出有害气体较少；车辆行驶较平稳，轮胎磨损较少；路面容易维护。

折返道的缺点：开拓工程量要比螺旋道增加20%~25%；掘进时需要有较多的通风量和出渣用的垂直井巷配合。

斜坡道形式的选择受多种因素的影响：

（1）斜坡道的用途：如果为运输矿岩的主干斜坡道应以折返式为好，当运输量较小时可选用螺旋道；

（2）使用年限：使用年限较长的斜坡道以折返道为好；

（3）开拓工程量：除考虑斜坡道的开拓工程量外，还应考虑掘进时的辅助井巷和各分段联络巷道的开拓工程量；

（4）行车安全和道路维修；

（5）通风条件：斜坡道一般都兼做通风用，螺旋道通风阻力较大，但其线路较短；

（6）围岩条件：为避开不稳定的围岩，用螺旋道还是用折返道，应根据具体情况确定。

增加斜坡道的坡度可以缩短开拓长度，减少掘进费用。但斜坡道坡度又与卡车及其他无轨设备的行驶速度、轮胎消耗、维修费用、通风费用等有密切关系，应综合考虑使用年限、巷道用途、运输量大小和运输设备性能等因素。

国外矿山斜坡道的坡度多为 10% ~ 27% 之间，较小值通常是卡车运输矿石的斜坡道坡度，较大值多为皮带运输机斜坡道兼作无轨设备通行时的坡度。

斜坡道坡度设计的参考值：运输矿石或废石的主斜坡道以及大型矿山要通行大量无轨车辆的长距离的辅助斜坡道，取 9% ~ 11%；运送人员、材料设备的一般辅助斜坡道 9% ~ 17%；皮带运输机和无轨设备共用的斜坡道，取 25% ~ 27%；阶段和分段水平之间的采准联络斜坡道（不作运矿用）取 16% ~ 25%；大型矿山运输量大的斜坡道一般应取较小的坡度，小型矿山的斜坡道可取较大的坡度；卡车运输平巷的坡度一般应保证 2% ~ 3% 的坡度，以便于排水。

根据国内外矿山的实践经验，从放矿口的装矿横巷到运输平巷的弯道半径，一般为 9 ~ 11m。斜坡道的弯道半径在 10 ~ 30m 之间，常取为 15 ~ 20m。

井下卡车运行巷道一般都为单车道，采用信号闭塞装置以解决错车问题。当需要开拓双车道时，一般认为两条单车道比一条双车道为好，因为运输干扰少、通过量大、巷道安全性高、施工费也增加不多。

1.3.2.3 井下卡车类型

按卸载方式不同，井下自卸卡车分为翻卸式和推卸式两种。两类自卸卡车中以翻卸式居多。井下卡车的结构特点：采用铰接结构，车体高度小，转弯半径小，机动性能好。

翻卸式卡车卸载时，是用液压缸将车箱前端顶起，使矿石从后端卸出的。推卸式卡车卸载时，是用液压缸控制的卸载推板，把车箱内的矿石往车箱后端挤出的。翻卸式卡车的卸载高度较大，只能在固定卸载点或地面卸载。若卸载地点不固定，或卸载空间受限制，则只能使用卸载高度低的推卸式卡车。

为克服柴油卡车存在的尾气污染严重、噪声大等问题，有国外设备厂家发明了电动卡车，通过安装于巷道顶板的架线系统给卡车供电，彻底克服了内燃无轨设备的尾气污染问题，如 20 世纪 90 年代 ABB 公司开发了 K635E 型电动卡车，并在瑞典、澳大利亚和加拿大等国矿山使用。我国三山岛金矿于 1998 年引进了该型电动卡车，并成功用于井下运输，积累了井下电动卡车应用的经验。由于电动卡车存在投资大、灵活性降低等问题，没有获得广泛使用。

井下卡车型号及吨位的选择，一般是根据矿岩运输量的大小、装车设备类型、运输距离和矿井服务年限等条件来选择，必要时可通过技术经济比较来选择技术上可靠、经济上合理的卡车类型方案。

1.3.3 矿山提升

矿山提升系统用钢丝绳带动容器在井筒中升降，完成运输任务。矿井提升设备的主要组成部分包括提升容器、提升钢绳、提升机、井架以及装卸载附属装置等。常用的提升容器为罐笼和箕斗，其中罐笼用于运送人员、设备和物料，箕斗用于提升矿物。我国把卷筒直径大于或等于 2m 的单绳缠绕式提升机称为矿井提升机，小于 2m 的称为矿井提升绞车。

按提升钢丝绳的工作原理，提升机分为缠绕式和摩擦式两类；按钢绳的数目，提升机分为单绳提升机和多绳提升机。目前我国生产和使用的矿井提升机主要有单绳缠绕式和多绳摩擦式两种，前者简称单绳提升机，后者简称多绳提升机。另外，多绳缠绕式提升机（又称布雷尔式提升机）是一种用于超深井的提升设备，这种提升技术在国外已经取得成功应用。

1.3.3.1 单绳提升机

早在公元前 1100 年左右，我国劳动人民就利用辘轳从井中提取重物，辘轳就是现代绞车和提升机的始祖。缠绕式提升设备的工作原理与辘轳类似，钢丝绳的一端固定并缠绕在提升卷筒上，另一端绕过天轮悬挂提升容器，利用卷筒正、反方向转动缠绕或放出钢丝绳，实现提升容器的升、降运动。

单绳缠绕式提升机是较早出现的一种提升设备，它工作可靠，结构简单，在我国矿山中使用较为普遍。但该类提升机仅适用于浅井及中等深度（小于 400m）的矿井，且终端载荷不能太大。随着矿井深度和产量的加大，钢丝绳的长度和直径相应增加，因而卷筒的直径和宽度也要增大，使得提升钢丝绳和提升机在制造、运输和使用上都有诸多不便，所以单绳缠绕式提升机不适宜在深井条件下使用。

1.3.3.2 多绳提升机

摩擦式提升机的钢绳搭挂在主导轮（摩擦轮）上，钢绳的两端各悬挂一个提升容器（或一端悬挂提升容器，另一端悬挂平衡锤）。利用主导轮上衬垫与钢绳之间的摩擦力来传动钢绳，使容器移动，从而完成提升和下放重物的任务。摩擦式提升一般均采用尾绳平衡，以减小两端张力差，提高运行的可靠性。

在摩擦提升中，单绳摩擦提升机首先被人们使用。由于只有一根钢绳搭在主导轮上，故其结构简单，质量轻，提升电动机容量亦可相应减小；但矿井很深或提升量很大时主导轮直径较大，钢绳较粗。例如我国某矿的单绳摩擦提升机主导轮直径达 7m，钢绳直径达 70mm。随着矿井深度的增加，单绳摩擦提升的钢绳和主导轮直径就越来越大。越来越粗的钢绳无论在制造、运输和悬挂上都是相当困难的。随着生产的发展出现了以几根钢绳代替一根钢绳的多绳摩擦提升机，简称多绳提升机。钢丝绳一般为 2~10 根。

与单绳提升相比，多绳提升设备具有安全性高、钢丝绳直径小、主导轮直径小、设备质量轻、耗电少、价格便宜、提升能力大等优点。虽然它最初是应深井提升的需要而诞生的，但目前许多国家的浅井提升也优先采用。年产 120 万吨以上、井深在 1700m 以下的竖井大多采用多绳提升机。

1.3.3.3 多绳缠绕式提升机

多绳摩擦式提升机在超深井运行中，尾绳悬垂长度变化大，钢丝绳静应力随容器的位置变化而变化，即提升钢丝绳承受很大交变应力，影响钢丝绳寿命；尾绳在井筒中还易扭转，妨碍工作。因此，摩擦式提升在深井的使用亦受到一定的限制。

而缠绕式提升机一般不设平衡尾绳，故在提升钢丝绳与容器连接处断面的应力波动值要比摩擦提升小。20 世纪 50 年代末，英国人 Blair（布雷尔）设计了一种多绳缠绕式提升机，称为布雷尔式提升机。Blair 采用一台直径 3.2m 双绳多层缠绕式提升机，提升高度 1580~2349m，一次提升量 10~20t。多绳缠绕式提升机的工作原理与单绳缠绕式相同，不同的是几根提升钢丝绳同时缠绕在一个分段的卷筒上，它属于多绳多层缠绕式，主要用于深井和超深井中。目前南非新设计的深井提升均采用布雷尔多绳提升机。

矿井提升机逐渐向体积小、质量轻、提升能力大、使用准确可靠和自动化程度高的方向发展。

1.4 本书的内容安排及目的

由于露天矿山运输线路需要同时满足水平运输和垂直提升的要求，受地形的制约较大，运输规模较大，相关技术规范也比较完善，而地下矿山的运输，除特殊情况外，水平运输和垂直运输采用不同的运输方式，其水平运输基本不考虑坡度约束，线路设计相对简单。所以本书汽车运输、铁路运输以露天矿山应用背景为主，兼顾地下矿山应用；而提升则以地下矿山为主。另外，本书以金属矿山运输与提升为主，兼顾煤矿等其他类型矿山。

通过本书的学习，使学生掌握矿山运输线路设计原理，了解相关设计规范，培养矿山运输线路设计基本技能；熟悉矿山运输及提升设备的选型计算，了解运输及提升设备的主要构造、类型、技术特征和使用范围。

—————— 本 章 小 结 ——————

（1）矿山运输的主要任务是将矿石、废石从工作面运出，同时实现人员、设备及材料的运输，是矿石开采的关键环节；（2）矿山开拓运输系统约占矿山基建投资的一半以上，运输成本也相当于矿石生产成本的一半，所以运输与提升系统对矿山建设及运营具有重要意义；（3）运输系统的关键构成要素包括运输设备、运输线路和运输系统的组织调度；（4）目前，矿山运输方式主要包括汽车运输、铁路运输和带式输送机运输，主要提升机类型包括单绳提升机和多绳提升机。

习题与思考题

1-1 如何理解矿山运输在矿山开采过程中的"动脉"和"纽带"作用？

1-2 从矿石开采过程、矿山基建投资及运营成本等方面说明矿山运输的重要性。

1-3 说明三种露天矿常用运输方式的特点及适用条件。

1-4 说明三种地下矿常用运输方式的特点及适用条件。

1-5 说明井下轨道运输矿车的常用类型及特点。

1-6 分别说明单绳提升机和多绳提升机的特点及适用条件。

1-7 说明布雷尔式提升机的结构特点。

2 露天矿汽车运输

本章学习重点：（1）露天矿山汽车运输的特点和适用条件；（2）矿山道路等级划分及相关参数；（3）平面线形设计与计算，最小转弯半径；（4）横断面设计，平曲线超高、加宽及视距的概念；（5）路基横断面形式，路基边坡与排水设计；（6）纸上定线主要步骤及矿山道路定线特点；（7）路面分级与分类，常用矿山道路路面类型；（8）矿用自卸汽车的选型计算。

本章关键词：电动轮汽车；汽车的粘重；汽车最小转弯半径；露天矿道路等级；计算行车速度；路线及路线的平面、纵断面和横断面；汽车行驶轨迹的几何特征；平面线形三要素；地理坐标系、象限角与方位角；缓和曲线；横向力系数；最小圆曲线半径；回头曲线；路肩；平曲线超高与路面加宽；行车视距、净横距；汽车的行驶阻力；道路纵坡折减与坡长限制；道路竖曲线；路基、路堤与路堑；路基边坡；匀坡线与导向线；纸上定线；路拱；柔性路面、刚性路面

2.1 概　　述

汽车运输在露天矿山即可作为单独的运输方式，也可与其他运输方式配合使用构成联合运输方式。近几十年来，随着汽车制造业的发展，特别是重型电动轮自卸汽车的出现，汽车运输在露天矿山得到广泛应用。

按照《厂矿道路设计规范》（GBJ 22—87）规定，露天矿山道路主要指矿区范围内采矿场与卸车点之间、厂区之间行驶自卸汽车的道路。

2.1.1 汽车运输的特点和适用条件

与铁路运输相比，汽车运输具有如下优点：

（1）转弯半径小，机动灵活，调运方便，特别有利于多金属矿石的分采，并适于开采分散的或不规则的矿体，对各种地形条件适应性强；

（2）爬坡能力强，最大可达 10% ~ 15%，矿山基建工程量小，掘沟速度快，基建时间短，基建投资小；

（3）可与挖掘机密切配合，缩短运输周期，提高挖掘机效率；

（4）个别汽车发生故障时，不致引起作业中断影响全矿生产；

（5）运输组织简单，可简化开采工艺；

（6）道路修筑和养护简单；

（7）有利于采用移动坑线开拓，分期、分区开采，陡帮开采，有利于分采、分装、分运，有利于采用高台阶和近距离排土。

汽车运输的缺点主要表现在：

（1）燃油和轮胎消耗量大，吨公里运费高，经济运距短；

（2）受气候条件影响较大，特别在雨季、冰雪期间行车困难，尤其在土质工作面汽车运输的困难更大；

（3）在深凹露天矿中，汽车运输还会造成大气污染；

（4）自卸汽车的维修和保养工作量大，所需人员较多。

汽车运输一般适用于地形或矿体产状复杂的露天矿，服务年限短的中小型露天矿，多品种矿石分采的矿体，要求矿山建设和开拓延伸速度快或产量大、推进强度高的露天矿以及联合运输中的采场运输。

汽车运输在国内外已获得广泛应用，在加拿大、澳大利亚几乎所有露天矿都采用汽车运输。汽车运输的发展趋势是发展大载重电动轮自卸汽车，先后出现有效载重为108t、154t、218t、275t、320t和360t等大型矿用汽车。

2.1.2　矿山道路分类及等级

矿山道路技术状况直接影响汽车运输效率及运输成本。矿山道路与一般公路不同，其运输距离短，道路断面复杂，线路坡度陡长，小半径弯道多。据部分矿山统计，陡坡坡长占道路全长的60%～70%，弯道长约占全线路长的35%～45%。此外，道路运行强度大，同类型的车辆行车密度大，轴上载荷高。

矿山道路按用途性质分为：

（1）生产干线：采场各工作平盘通往卸矿点或排土场的共用路段；

（2）生产支线：工作平盘或排土场与生产干线相连接的路线，以及由工作平盘不经过干线直接到卸矿点或排土场的路段；

（3）联络线：通往露天矿生产场所行驶自卸汽车的其他路段；

（4）辅助线：通往辅助设施（炸药库、水源地、变电站、机修厂等）行驶一般载重（或自卸）汽车的道路。

矿山道路根据服务年限的长短又可分为永久性、半永久性和临时性道路。永久性道路是指服务年限在3年以上的道路，如采场出入沟及地面上永久性道路；半永久性道路是指服务年限为1～3年的道路，如进入采场及排土场工作面的道路；临时性道路指采掘工作面和排土工作面的道路，这种道路一般不修筑路面，只需适当平整压实即可，这种道路随工作面推进需经常移动，故又称为移动道路。

露天矿道路按其任务、性质、行车密度、使用年限和地形条件分为三个等级，见表2-1。

表 2-1　露天矿道路等级

道路等级	年运量/万吨	单向行车密度/辆·h^{-1}	适　用　条　件
一	>1200	>85	大型矿山固定干线
二	250～1200	25～85	大中型矿山固定干线，运量较大服务年限较长的生产支线
三	<250	<25	中小型矿山固定干线及各类生产支线

道路几何设计（包括平曲线半径、纵坡、视距等）所采用的行车速度称为计算行车速度。计算行车速度也就是汽车在道路受限制部分的最大行车速度，它标志着设计道路技术标准的高低程度。各级露天矿山道路的计算行车速度按表 2-2 选取。

表 2-2 露天矿公路运输计算行车速度

露天矿山道路等级	一	二	三
计算行车速度/km·h^{-1}	40	30	20

一般情况下，生产规模确定后，所采用的汽车载重量也就基本确定，各路段上的行车密度也随之确定。行车密度计算公式为：

$$N = \frac{W}{24HGK_1K_2}K_3 \tag{2-1}$$

式中　N——行车密度，辆/h；

　　　W——通过计算路段的年运量，t；

　　　H——年工作日，d；

　　　G——汽车载重量，t；

　　　K_1——时间利用系数；

　　　K_2——汽车载重利用系数；

　　　K_3——运输不均衡系数，取 1.1 ~ 1.15。

即露天矿道路上的行车密度主要与设计年运量及选取的汽车吨位有关。具体道路选型时，只要设计年运量或行车密度中一项指标符合，即可选用相应的道路等级。

2.2 平 面 设 计

矿山道路设计的出发点是保证汽车安全可靠而经济地完成运输任务。汽车运输的实践表明，道路状况对汽车运输的经济指标有重大影响。

道路是一条三维空间的带状实体，该实体表面的中间线称为道路中线，道路中线的空间位置称为路线。为了便于设计，通常将道路分成三个投影来研究，即道路平面、纵断面和横断面，如图 2-1 所示。

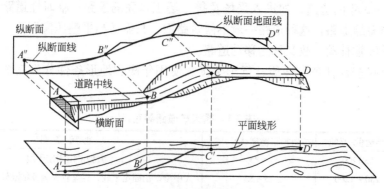

图 2-1 道路投影示意图

　　路线在水平面上的投影称作路线的平面；沿中线竖直剖切再行展开则是路线的纵断面；中线上任一点法向切面是道路在该点的横断面。路线的平面、纵断面和各个横断面是道路的几何组成。路线设计是指确定路线空间位置和各部分几何尺寸。设计一条矿山道路，对平、纵、横三个方面，既要综合考虑，又需分别处理，其中平面设计是道路设计的核心，是综合考虑社会经济、矿山自然地形条件和技术标准等因素，经过平、纵、横综合设计，反复修正才能确定。

2.2.1　汽车行驶轨迹与道路平面线形

　　汽车行驶过程中，车轮在路面上留下的痕迹可粗略地看成是汽车的行驶轨迹。在薄层的积雪上，车轮驶过会留下明显的轮迹。观察发现任何一辆正常行驶的汽车，无论直行还是转弯，留下的轨迹都是一条光滑优美的线形。分析表明，正常行驶的汽车，其重心轨迹的几何特征如下：

　　（1）轨迹是连续的，即轨迹上任一点不出现转折和错位；

　　（2）轨迹的曲率是连续的，即轨迹上任一点不出现两个曲率值；

　　（3）轨迹曲率的变化率是连续的，即轨迹上任一点不出现两个曲率变化率值。

　　汽车行驶轨迹的研究是道路平面设计的理论基础，理想的道路平面线形应与汽车的重心轮迹线完全重合。若道路的平面线形由直线和圆曲线构成，则仅符合汽车行驶轨迹特性的第（1）条，满足了车辆的直行和转向的要求，但在直线和圆曲线相切处出现曲率不连续，直线上曲率为0，圆曲线上曲率为$1/R$，如图 2-2 所示，与汽车行驶轨迹之间有较大偏离。随汽车交通量的增加和行驶速度的提高，在道路的直线和圆曲线之间引入一条曲率逐渐变化的"缓和曲线"，使整条线形符合汽车行驶轨迹特性的第（1）条和第（2）条，保持了线形的曲率连续性，如图 2-3 所示，但在直线、圆曲线及缓和曲线的连接点处曲率

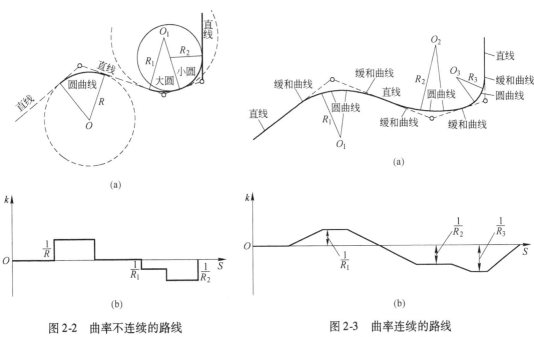

图 2-2　曲率不连续的路线　　　　　图 2-3　曲率连续的路线
（a）路线图；（b）曲率图　　　　　（a）路线图；（b）曲率图

的变化不连续，即不符合汽车行驶轨迹特性的第（3）条。

总之，道路平面是由许多直线和曲线组成，曲线又分为曲率固定的圆曲线和曲率逐渐变化的缓和曲线。直线、圆曲线和缓和曲线，称为平面线形三要素。道路平面线形设计，是根据汽车行驶的力学性质和行驶轨迹要求，合理地确定平面线形三要素的几何参数，保持线形的连续性和均衡性，并注意使线形与地形、地物等协调。

2.2.1.1　直线

汽车在直线上行驶受力简单，方向明确，驾驶操作简易。测设中，直线只需定出两点，就可方便地测定方向和距离。基于直线的这些优点，在道路线型设计中被广泛使用。直线的缺点是在地形起伏较大地区，难以与地形相适应，产生高填深挖路基。

路线设计中相邻两直线的交点标注为 JD_i，如 JD_1、JD_2 等，JD_0 表示起点。第 i 个交点的坐标为 $JD_i(XJ_i, YJ_i)$。

需要说明的是，道路设计中使用的是地理坐标系，以纵轴为 X 轴，横轴为 Y 轴，X 轴向北 N 为正，顺时针方向角度为正，各象限按顺时针方向排列，如图 2-4 所示。这与笛卡儿平面坐标系的 X 轴和 Y 轴正好相反。

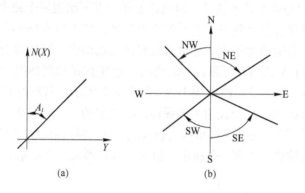

图 2-4　地理坐标系
（a）方位角；（b）象限角

交点 JD_{i-1} 到交点 JD_i，坐标增量：

$$DX = XJ_i - XJ_{i-1}$$

$$DY = YJ_i - YJ_{i-1}$$

交点间距：

$$S = \sqrt{DX^2 + DY^2}$$

象限角：地面直线与纵轴南端或北端构成的锐角，并冠以所在象限的名称，称为象限角，如图 2-4(b)所示。象限角计算公式为：

$$\theta = \arctan\left|\frac{DY}{DX}\right|$$

方位角：由标准方向的北端起顺时针至某一直线的水平角称为方位角，角度值由 $0° \sim 360°$，如图 2-4(a)所示。象限角与方位角的换算关系如表 2-3 所示。

表 2-3 方位角与象限角的换算关系

象 限	象限角 θ 与方位角 A 换算公式	象 限	象限角 θ 与方位角 A 换算公式
第一象限（NE）	$A = \theta$	第三象限（SW）	$A = 180° + \theta$
第二象限（SE）	$A = 180° - \theta$	第四象限（NW）	$A = 360° - \theta$

转角：相邻两方位角之差称为转角，计算公式为：

$$\alpha_i = A_i - A_{i-1}$$

α_i 为"＋"，表示路线右转；α_i 为"－"，表示路线左转。

2.2.1.2 圆曲线

平面线形中连接两直线间的曲线统称为平曲线，包括圆曲线和缓和曲线。

各级道路不论转角大小均应设置圆曲线。圆曲线具有如下特点：

（1）圆曲线上任意点的曲率半径 R = 常数，曲率 $1/R$ = 常数，故测设和计算简单；

（2）圆曲线上任意点都在不断地改变着方向，比直线更能适应地形的变化，由不同半径的多个圆曲线组合而成的复曲线，对地形、地物和环境有更强的适应能力；

（3）汽车在圆曲线上行驶要受到离心力的作用，对行车的安全性产生不利影响，圆曲线半径越小，行驶速度越高，行车越危险；

（4）汽车在圆曲线上转弯时各轮轨迹半径不同，比在直线上行驶多占用路面宽度；

（5）汽车在小半径的圆曲线内侧行驶时，视距条件较差，视线会受到路堑边坡或其他障碍物的阻挡，易发生行车事故。

道路平面设计圆曲线半径选取原则：应根据沿线地形、地物条件，尽量选用较大半径圆曲线，以保证行车安全；既要考虑技术适用性，又要考虑经济合理性。

2.2.1.3 缓和曲线

缓和曲线是设置在直线与圆曲线间或半径相差较大、转向相同的两圆曲线间的一种曲率连续变化的曲线，如图 2-5 所示。

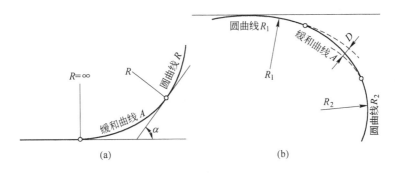

图 2-5 缓和曲线连接
（a）连接直线与圆曲线；（b）连接两圆曲线

缓和曲线的形式有多种，最常用的是回旋线。回旋线是曲率随曲线长度成比例变化的曲线，这一性质与汽车等速行驶、驾驶员匀速转动方向盘由直线驶入圆曲线或圆曲线驶入直线的轨迹线相符。其基本公式为：

$$rl = A^2 \qquad (2-2)$$

式中　r——回旋线上某点的曲率半径，m；

　　　l——回旋线上某点到原点的曲线长，m；

　　　A——回旋线参数。

回旋线参数 A 表征回旋线曲率变化的缓急程度，在回旋线内 r 随 l 的变化而变化，在回旋线起点曲率为 0，曲率半径为无穷大，但在回旋线终点处，$l = L_s$，则 $RL_s = A^2$，即：

$$A = \sqrt{RL_s} \tag{2-3}$$

式中　R——回旋线所连接的圆曲线半径，m；

　　　L_s——回旋线型缓和曲线长度，m。

回旋线参数 A 与车速有关，我国公路设计中一般采用 $A^2 = 0.035v^3$，v 为车辆平均车速，以 km/h 表示。则相应的缓和曲线的长度为：

$$L_s \geqslant 0.035\frac{v^3}{R}$$

所以当行车速度小到一定数值或圆曲线半径大到一定数值时，可以不必设置缓和曲线。

回旋线的曲率是连续变化的，而且其曲率的变化与曲线长度的变化呈线性关系。回旋线有利于保证汽车的平顺行驶，是世界各国使用最多的缓和曲线形式，我国《公路工程技术标准》推荐的缓和曲线也是回旋线。

缓和曲线的作用包括：

（1）曲率连续变化，便于车辆遵循；

（2）离心加速度逐渐变化，驾驶员感觉舒适；

（3）超高横坡度及加宽逐渐变化，行车更加平稳；

（4）与圆曲线配合，增加线形美观。

在高速公路上，有时缓和曲线所占比例超过了直线和圆曲线。由于线形要素的确定是以设计速度为依据进行的，而矿山道路的设计速度较低，如表 2-2 所示，加之缓和曲线测设和计算复杂，所以在矿山道路线形设计中通常不使用缓和曲线。

2.2.1.4　复曲线

由一个圆曲线组成的曲线称为单曲线；由两个或两个以上半径不同、转向相同的圆曲线径相连接构成的曲线称为复曲线，如图 2-6 所示；同向圆曲线之间通过缓和曲线连接的组合形式则称为卵形曲线，如图 2-7 所示。

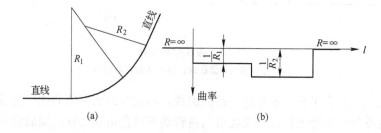

(a)   (b)

图 2-6　复曲线

（a）平面图；（b）曲率图

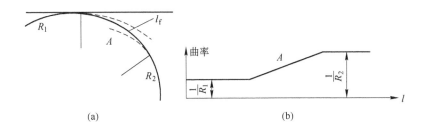

图 2-7 卵形曲线

(a) 平面图；(b) 曲率图

平面线形设计原则：平面线形应与地形、地物和环境相适应，宜曲则曲，宜直则直，保持线形的连续性和均衡性，并与纵断面设计相协调。

2.2.2 汽车行驶的横向稳定性与圆曲线半径

矿山道路由于受地形条件的限制，往往采用较多的曲线，而且曲线半径偏小。据理论分析及实际资料，当平曲线半径不大于 30m，半径每减少 5m，在弯道上的车速要降低 3 ~ 5km/h。露天矿道路中 $R \leqslant 30m$ 的弯道约占弯道总长的 40% ~ 60%，占线路全长的 20% 左右。合理地选择平曲线半径、确定最小平曲线半径对安全行车和节约投资有很大意义。在地形条件困难的情况下，采用小半径曲线可以节约一部分土石方工程量。对于露天坑内运输线路，采用较小的平曲线半径可有效降低开拓运输线路总长度，对于提高边坡角、降低剥采比具有重要意义。但汽车在小半径曲线上行驶也会带来许多问题，如路面结冰和积雪时，横向摩阻系数降低，有可能危及行车安全；在横向力作用下，弹性轮胎会产生横向变形，增加了驾驶操纵的困难；安全车速要大大降低，故小半径曲线过多时汽车运输能力下降；汽车在急转弯时行驶阻力增加引起燃油消耗和轮胎磨损增加，势必造成设备投资和运营费的增加。所以在矿山道路设计时，不能只考虑道路工程的节约，而要根据运量、服务年限等方面综合考虑，确定合理的曲线半径，在条件许可的情况下应尽量采用较大的曲线半径。

汽车道路曲线半径的选择与汽车类型、行车速度、路面类型、路面横向坡度、道路等级等有关。

2.2.2.1 汽车在圆曲线上行驶时受力分析

汽车在圆曲线上行驶时会产生离心力，其作用点在汽车的重心，方向水平背离圆心。一定质量的汽车其离心力大小与行驶速度平方成正比，而与圆曲线半径成反比，即：

$$F = \frac{Gv^2}{gR} \tag{2-4}$$

式中　F——离心力，N；

　　　G——汽车重力，N；

　　　v——汽车行驶速度，m/s；

　　　g——重力加速度，m/s^2；

　　　R——圆曲线半径，m。

离心力对汽车在圆曲线上行驶的稳定性影响很大，它可能使汽车向外侧滑移或倾覆。因此曲线半径的大小、汽车在曲线上行驶速度的高低对汽车行驶的稳定性有重大影响。

为抵消或减小离心力的作用，保证汽车在圆曲线上稳定行驶，可以将圆曲线上路面做成外侧高、内侧低呈单向横坡的形式。汽车在倾斜路面上曲线行驶时的受力状况如图2-8所示，将汽车所受的重力 G 和离心力 F 分解为平行于路面的横向力 X 和垂直于路面的竖向力 Y，即

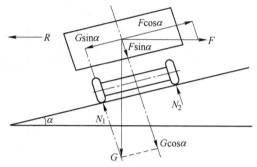

图 2-8   曲线上汽车的受力分析

$$X = F\cos\alpha - G\sin\alpha$$
$$Y = G\cos\alpha + F\sin\alpha \tag{2-5}$$

横向力是汽车行驶的不稳定因素，竖向力是稳定因素。当路面向曲线外侧倾斜时，$\sin\alpha$ 取负值，将使横向力增大，竖向力减小，进一步增大汽车行驶的不稳定性。

因路面横向倾角 α 一般很小，则 $\cos\alpha \approx 1$，$\sin\alpha \approx \tan\alpha = i$，其中 i 称为横向超高坡度（简称超高值），所以

$$X = F - Gi = \frac{Gv^2}{gR} - Gi = G\left(\frac{v^2}{gR} - i\right) \tag{2-6}$$

因横向力大小无法直接反映汽车的稳定性，定义横向力系数来衡量稳定性程度，其意义为单位车载的横向力，即：

$$\mu = \frac{X}{G} = \frac{v^2}{gR} - i \tag{2-7}$$

当速度单位取 km/h，g 取 9.8 时，上式变为如下形式：

$$\mu = \frac{v^2}{127R} - i \tag{2-8}$$

上式表达了横向力系数与车速、圆曲线半径及超高值的关系。μ 值越大，汽车在圆曲线上的稳定性越差。

2.2.2.2 横向滑移条件分析及最小曲线半径计算

为使汽车不产生滑移，必须使横向力小于等于轮胎与路面之间的横向摩阻力，即：

$$X \leqslant Y\varphi_h \approx G\varphi_h$$

式中 φ_h ——车轮与地面之间的横向粘着系数，一般 $\varphi_h = (0.6 \sim 0.7)\varphi$，$\varphi$ 为粘着系数。

上式两边同时除以汽车重力 G，得：

$$\mu \leqslant \varphi_h \tag{2-9}$$

即汽车不发生横向滑移的条件是横向力系数小于横向粘着系数。

将式（2-8）带入上式并整理得

$$R \geqslant \frac{v^2}{127(\varphi_h + i)} \tag{2-10}$$

或

$$R_{\min} = \frac{v^2}{127(\varphi_h + i)} \tag{2-11}$$

用此式可计算出汽车在圆曲线上行驶时，不产生横向滑移的最小圆曲线半径 $R_{\min}$ 或最大允许行驶速度 v。另外，在不设超高的情况下，露天矿道路的横断面是两面坡的，即外侧车道的路面是向曲线外侧倾斜的，此时最小曲线半径计算公式变为

$$R_{\min} = \frac{v^2}{127(\varphi_h - i)} \tag{2-12}$$

露天矿各级道路的最小曲线半径可按表 2-4 选用。一般露天矿道路应尽量采用不设超高的圆曲线半径，当受地形或其他条件限制时可采用表中的最小曲线半径，但一般情况下应尽量少用或不用。

表 2-4　各级公路最小圆曲线半径

曲线半径	汽车类型 线路等级	一般载重汽车			100t 电动轮汽车		
		一	二	三	一	二	三
不设超高曲线半径/m		≥250	≥150	≥100	≥250	≥150	≥100
最小曲线半径/m		45	25	15	50	35	20

2.2.3　平面线形设计

2.2.3.1　平面线形设计要点

平面线形应与地形、地物和环境相适应，保持线形的连续性和均衡性，并与纵断面设计相协调。

露天矿坑内运输线路设计要服从和服务于总体的开拓运输系统，在降低基建投资、满足相关规范的总目标下，尽量提高线路质量。另外，露天矿坑内线路设计时要考虑线路运营特征，如空、重车运营路线基本固定，尽量提高重车线路技术参数。

（1）平面线形应直捷、流畅，与地形、地物相适应，宜直则直，宜曲则曲，不片面追求直曲。

（2）保持线形的连续与均衡，避免出现各线形技术指标的突变：

1）不论转角大小均应敷设平面曲线，并尽量选用较大的圆曲线半径。

2）尽量避免长直线尽头接小半径平曲线。长直线和长大半径平曲线会导致较高的速度，若突然出现小半径平曲线，会因减速不及而发生事故。特别是在下坡方向的尽头更要注意线形的连续性，若因地形所限小半径曲线难以避免时，中间应插入中等曲率的过渡性平曲线，并使纵坡不要过大。

3）尽量避免短直线接大半径平曲线。这种组合线形均衡性差，且线形不美观。

4）高低标准之间要有过渡，使路线的平面线形指标逐渐过渡，避免出现突变。

5）相邻平曲线之间的设计指标应连续、均衡，避免突变。在条件允许时，相邻圆曲线大半径与小半径之比宜小于 2.0，这种要求对行车是有利的。

（3）在平面线形设计中，应考虑纵断面设计的要求，与纵断面线形相协调。

（4）平曲线应有足够的长度。汽车在道路的曲线路段上行驶，如平曲线长度过短，驾

驶员需急转转向盘，在高速行驶时是不安全的，也会使离心加速度变化率过大，使乘客感到不舒适。当道路转弯很小时，容易产生曲线半径很小的错觉。因此，平曲线半径应有一定的长度。

最小平曲线长度一般应考虑按下述条件确定：

1）驾驶员操作从容、乘客感觉舒适要求的平曲线最小长度。平曲线一般由前后回旋线和中间圆曲线三段组成。根据经验，在每段曲线上驾驶员操作转向盘不感到困难至少需3s 的行程，全长需9s；如中间圆曲线长度为零，需要 6s 的行程；如无缓和曲线，也至少需 3s 的行程。平曲线最小长度不应小于表 2-5 的规定。

表 2-5　平曲线最小长度

设计速度/km·h^{-1}	40	30	20
一般值/m	350	250	200
最小值/m	70	50	40

2）转角 α 小于7°时的平曲线长度。从道路直捷要求，平曲线转角小一些为宜。但转角过小时，即使半径较大，驾驶员也会将平曲线长度看成比实际的短，给其造成急转弯的错觉。因此，当线路转角小于 7°时，应设置较长的平曲线。小转角平曲线长度应大于表2-6的规定。当表中的转角 α 小于 2°时，仍按 2°计算。

表 2-6　转角等于或小于 7°时的平曲线长度

设计速度/km·h^{-1}	40	30	20
平曲线最小长度/m	500/α	350/α	280/α

2.2.3.2　平面线形的组合

由于矿山道路通常不使用缓和曲线，所以平面线形的组合方式较少，计算也比较简单。

A　单圆曲线

使用一段圆曲线连接两相邻直线段称为单圆曲线，是矿山道路连接两相邻直线的常用形式。

圆曲线上有三个主要控制点（简称主点），按线路前进方向分别冠名为：直圆点（ZY）、曲中点（QZ）和圆直点（YZ）。此外，交点（JD）也是一个很重要的点。圆曲线的几何元素如图 2-9 所示。

圆曲线几何元素包括切线长 T、曲线长 L、外距 E 和超距 J，计算公式如下：

$$T = R\tan\frac{\alpha}{2} \qquad (2\text{-}13)$$

式中　T——切线长，m；

　　　R——圆曲线半径，m；

　　　α——圆曲线转角，(°)。

$$L = \frac{\pi}{180}\alpha R \qquad (2\text{-}14)$$

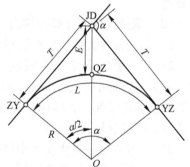

图 2-9　圆曲线几何元素

$$E = R \frac{1}{\cos(\alpha/2)} - R = R\left(\sec\frac{\alpha}{2} - 1\right) \tag{2-15}$$

$$J = 2T - L \tag{2-16}$$

式中 L——曲线长，m；

   E——外矢距，简称外距，m；

   J——超距，又称切曲差，m，工程测量中也表示为 D。

主点桩号的计算如下：

$$\text{桩号 ZY} = \text{JD}（桩号）- T$$

$$\text{桩号 YZ} = \text{ZY}（桩号）+ L$$

$$\text{桩号 QZ} = \text{YZ}（桩号）- L/2 \tag{2-17}$$

$$\text{桩号 JD} = \text{QZ}（桩号）+ J/2（校正）$$

桩号包括桩号名称和里程两部分。里程指由线路起点算起，沿线路中线到该中线桩的距离。

里程的表示方法示例：26 + 284.56

其中，" + "前为千米数，" + "后为米数，即 26km，284.56m；这种表示法的好处是读数方便，减少差错。

【例 2-1】 已知交点桩号为 JD3 + 135.12，转角 $\alpha = 40°20'$，$R = 120$m，求主点测设元素和主点的桩号。

解：采用 Excel 进行计算。由于 Excel 中三角函数参数使用弧度，所以应先将角度转换成弧度格式，曲线长相应的计算公式也需要修改成弧度的格式。

$\alpha = (40 + 20/60) * \text{PI}( )/180 = 0.704\text{rad}$

切线长 T = R * TAN((α/2)) = 120 * TAN((0.704/2)) = 44.07m

曲线长 L = R * α = 120 * 0.704 = 84.47m

外矢距 E = R * (1/COS(α/2) − 1) = 120 * (1/COS(0.704/2) − 1) = 7.84m

切曲差 J = 2 * T − L = 2 * 44.07 − 84.47 = 3.64m

ZY 桩号 = JD 桩号 − T = (K3 + 135.12) − 44.07 = K3 + 091.05

YZ 桩号 = ZY 桩号 + L = (K3 + 091.05) + 84.47 = K3 + 175.52

QZ 桩号 = YZ 桩号 − L/2 = (K3 + 175.52) + 84.47/2 = K3 + 133.28

校验：JD 桩号 = QZ 桩号 + J/2 = (K3 + 133.28) + 3.64/2 = K3 + 135.12

B 圆曲线连接

a 两相邻同向曲线

同向曲线是指两个转向相同的圆曲线，中间用直线或缓和曲线或径相连接而成的平面线形，如图 2-10 所示。

当相邻两个同向圆曲线间的直线长度较短时，在视觉上容易形成直线与两端曲线形成反弯的错觉；当直线过短甚至把两个曲线看成是一个曲线，破坏了线

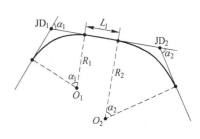

图 2-10 同向曲线

形的连续性，形成所谓的"断背曲线"，易造成驾驶操作失误，应尽量避免。《厂矿道路设计规范》规定：当相邻两个同向圆曲线间的直线长度较短时，宜改变半径合并为一个单曲线或复曲线（如图 2-6 所示）。复曲线的两个半径的比值，不宜大于 2。

复曲线的超高、加宽不相同时，应按超高横坡之差、加宽值之差，从公切点向较大半径的圆曲线内插入超高、加宽过渡段，其长度为两个超高缓和段长度之差；当两个圆曲线仅加宽不相同时，应在较大半径的圆曲线内设置加宽过渡段，其长度可采用 10m。

如改变半径有困难时，可将两个同向圆曲线间的直线段按两个圆曲线的超高设置单向横坡，此时加宽可自两个圆曲线的切点以一直线连接。

b　两相邻反向曲线

反向曲线是指两个转向相反的圆曲线之间以直线或缓和曲线或径相连接而成的平面线形，如图 2-11 所示。

两个相邻反向圆曲线均不设超高、加宽时，可径相连接；当均设置超高时，考虑超高过渡的需要，以及驾驶员操作的方便，相邻两个反向圆曲线间应有设置两个超高缓和段长度的距离；当曲线两端设有缓和曲线时，也可以直接连接，构成 S 形曲线，如图 2-12 所示。

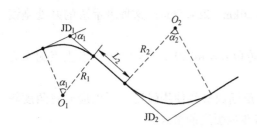

图 2-11　反向曲线

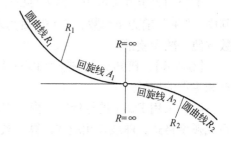

图 2-12　S 形曲线

C　回头曲线

把两条锐角相交的直线路线用圆滑曲线在锐角的外侧将其连接起来，形成转角接近或大于 180° 的曲线，这种曲线形式称为回头曲线，如图 2-13 所示。回头曲线的上线一般应设辅助曲线，以免出现长直下坡接小半径平线的不安全组合；下线辅助曲线视地形可设可不设。主、辅曲线可以是反向曲线或同向曲线，根据地形条件确定。上线辅助曲线半径 R_1 与主曲线半径 R_2 比值不宜大于 2.0。

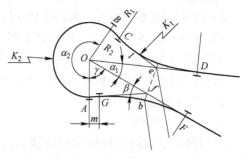

图 2-13　对称式回头曲线平面图

回头曲线的主要组成部分有：

主曲线 $\overgroup{AB} = K_2$；

主曲线半径 R_2；

辅助曲线 $\overgroup{CD}$、$\overgroup{GF} = K_1$；

辅助曲线半径 R_1；

插入直线段 BC、$AG = m$；

回头曲线的中心角 α_1；

辅助曲线的总偏角 β；

辅助曲线的切线长 T。

由图 2-13 可知：

$$\tan\beta = \frac{R_2}{m + T}$$

$$T = R_1 \tan \frac{\beta}{2}$$

$$\tan\beta = \frac{R_2}{m + R_1 \tan \frac{\beta}{2}}$$

将 $\tan\beta = \dfrac{2\tan \dfrac{\beta}{2}}{1 - \tan^2 \dfrac{\beta}{2}}$ 代入上式得：

$$\tan \frac{\beta}{2} = \frac{-m \pm \sqrt{m^2 + R_2(2R_1 + R_2)}}{2R_1 + R_2}$$

由上式可求出 β 角。由于 $\tan(\beta/2) < 0$ 对应的 $\beta > 180°$，而实际设计中不会采用超过 $180°$ 的总偏角，因此 $\tan(\beta/2) < 0$ 无意义，即：

$$\tan \frac{\beta}{2} = \frac{-m + \sqrt{m^2 + R_2(2R_1 + R_2)}}{2R_1 + R_2} \tag{2-18}$$

辅助曲线切线长 T、曲线长 K_1 及外矢距 E 可由下式求出：

$$T = R_1 \tan \frac{\beta}{2} \tag{2-19}$$

$$K_1 = \frac{\pi\beta R_1}{180} \tag{2-20}$$

$$E = R_1 \left(\sec \frac{\beta}{2} - 1 \right) \tag{2-21}$$

主曲线转角点到辅助曲线转角点之间的距离：

$$Of = Oe = d = \frac{R_2}{\sin\beta}$$

辅助曲线转角点到主曲线始、终点距离：

$$Af = Be = m + T = d\cos\beta$$

回头曲线能否布置得下，关键是上下两辅助曲线相隔最近处的距离是否够用，此距离为：

$$Z = 2d\sin\frac{\alpha_1}{2} + 2E$$

根据地形不同，回头曲线常采用下列几种形式：

（1）双向式。两条辅助曲线方向不同，以其半径是否相同又分为对称式和不对称式两类，如图 2-13 和图 2-14(a)所示，主曲线圆心在转角点上或转角平分线上。

（2）单向式。两条辅助曲线方向相同，主曲线圆心偏于转角一侧，如图 2-14(b)所示。此外，依地形条件也有可能只在一侧设置辅助曲线。

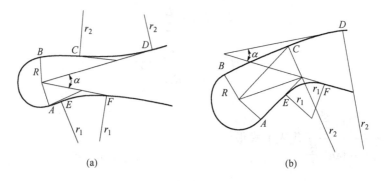

图 2-14　双向式（a）和单向式（b）回头曲线

露天矿各级道路采用回头曲线时，其主要技术指标可按表 2-7 选取。布线条件特别困难时，一、二级道路的回头曲线可分别降低一级使用。使用年限较短无发展远景的三级道路，可根据车型大小及实际经验适当减小主曲线半径，但不得小于汽车最小转弯半径的 1.3～1.5 倍。

表 2-7　回头曲线主要技术指标

技术指标名称			露天矿山道路等级		
			一	二	三
设计行车速度/km·h^{-1}			25	20	15
最小主曲线半径/m			20	15	15
超高横坡/%			6	6	6
超高缓和段长度/m			25	20	15
最大纵坡/%			3.5	4.0	4.5
停车视距/m			25	20	15
会车视距/m			50	40	30
双车道路面加宽值/m	轴距加前悬/m	5	1.3	1.7	1.7
		6	1.8	2.4	2.4
		7	2.0	2.5	2.5
		8	2.5	3.0	3.0
		8.5	2.7	3.3	3.3

在山坡定线时，常需用曲线把锐角相交的沟线连接起来，此种情况常采用回头曲线。在深凹露天矿采用回返坑线布置时（如图 2-15 所示），以及公路斜井胶带联合运输中（如图 2-16 所示），都大量采用回头曲线。

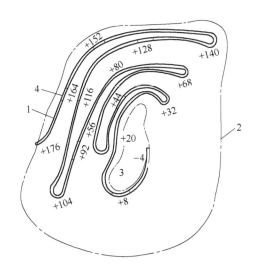

图 2-15　深凹露天矿回返坑线布置

1—出入沟；2—露天开采上部境界；3—露天底平台；4—连接平台

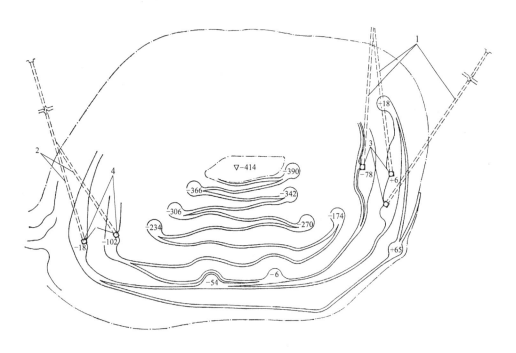

图 2-16　公路斜井胶带联合运输中回头曲线的应用

1—岩石胶带输送斜井；2—矿石胶带输送斜井；3—岩石破碎站；4—矿石破碎站

当采用回头曲线展线时，关键在于选择回头曲线的位置和确定合适的主曲线半径。在山坡露天矿布置回头曲线宜选择坡度较缓较开阔的地带，以便能布置下回头曲线上下两个路基和边沟。同时，连接回头曲线两端的路线，也需要一段坡度较平缓的地形才能把上下路线的路基布置下。设置回头曲线标高要适合纵坡的要求，并留有余地以免形成急弯陡坡或填挖过大。回头曲线地段对行车运行很不利，车速一般较同级道路低 10km/h 左右。在干线上需接支线的回头曲线，应该尽可能采用非对称回头曲线，使干线尽可能顺直，以改善干线运行条件。深凹露天矿的回头曲线宜选择在地表封闭口地形最低处的相应位置，以减少扩帮，条件许可宜将回头曲线布置在固定帮平台宽阔处。当采用 60t 以上汽车时，各级道路的主曲线最小半径应较表 2-7 中规定的数值增加 10m。

回头曲线加宽值内外侧车道宜分别计算，如全部设在内侧，必有一部分面积用不上，并导致汽车通过的平曲线半径缩小。

2.2.4 平面设计成果

路线平面设计成果主要通过路线设计图纸和相关表格来体现。

2.2.4.1 道路平面设计的表格

反映路线平面线形设计成果的主要表格有直线、曲线及转角表，逐桩坐标表等。

直线、曲线及转角表是路线平面设计的重要成果之一，它集中反映了道路平面设计的成果和数据，是施工放线和复测的主要依据。表中应列出交点号、交点里程、交点坐标、转角、曲线要素值、曲线主点桩号、直线长、计算方位角等。在道路纵断面设计、横断面设计和其他构造物设计时都要使用该表。

2.2.4.2 道路平面图

道路平面图是道路设计的主要文件。道路平面图的比例尺为 1：1000～1：5000，图中除绘有地形、地貌、地物和经纬距外，应绘出道路中心线、道路宽（画出路基宽度边线）。道路应进行编号，干线用罗马字编号，支线及其他辅助道路用阿拉伯数字按干线顺序编号。标注线路起点、百米标。去采场或其他区域的道路应用箭头标明线路的去向和名称。应标注所有排水构筑物的编号名称、孔径和人工构筑物的编号、名称等。在平面图中需要标注各类标志点及桩号，线路主要标志点名称如表 2-8 所示。

表 2-8 线路主要标志点名称

标志点名称	简 称	缩 写	标志点名称	简 称	缩 写
交 点		JD	公切点		GQ
转 点		ZD	第一缓和曲线起点	直缓点	ZH
圆曲线起点	直圆点	ZY	第一缓和曲线终点	缓圆点	HY
圆曲线中点	曲中点	QZ	第二缓和曲线起点	圆缓点	YH
圆曲线终点	圆直点	YZ	第二缓和曲线终点	缓直点	HZ

某露天矿道路线路平面图如图 2-17 所示。

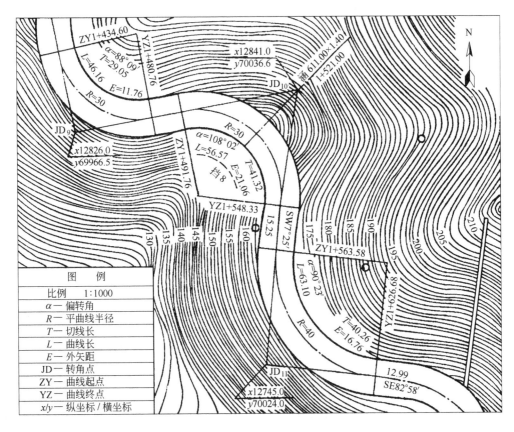

图 2-17 某露天矿道路线路平面图

2.3 横断面设计

2.3.1 横断面组成

道路横断面是指道路中线上任意一点垂直于路线前进方向的法向切面，由横断面设计线和地面线组成。其中设计线包括行车道、路肩、边沟、边坡等。地面线是表征地面起伏变化的线。路线设计研究的横断面设计只限于与行车直接有关的路幅部分，即两侧路肩外缘之间各组成部分的宽度、横向坡度等问题。边坡、边沟、截水沟、护坡道等设计在路基设计中介绍。

公路横断面的组成及各部分尺寸要根据设计交通量、交通组成、设计速度、地形条件等因素确定。在保证公路通行能力、交通安全与畅通的前提下，尽量做到用地省、投资少，使公路发挥其最大的经济效益和社会效益。

矿山道路的典型横断面包括行车道路面和路肩，如图 2-18 所示。

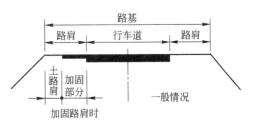

图 2-18 道路横断面组成

道路在直线段和小半径平曲线路段路基宽度不同，在小半径平曲线上，路基宽度还包括行车道加宽的宽度。

位于行车道外缘至路基边缘具有一定宽度的带状部分称为路肩，各级公路都要设置路肩，其作用是：

（1）保护和支撑路面结构；

（2）供临时停车之用；

（3）作为侧向余宽的一部分，能增加驾驶的安全性和舒适感，尤其在挖方路段，可增加弯道视距，减少行车事故；

（4）提供道路养护作业及埋设地下管线的场地；

（5）对未设人行道的道路，可供行人及非机动车使用。

路肩从构造上可分为硬路肩和土路肩。硬路肩是指进行了铺装的路肩，可承受汽车荷载的作用力。在填方路段，如采用集中排水方式，为使路肩能汇集路面积水，在路肩边缘应设路缘石。土路肩是指不加铺装的土质路肩，起保护路面和路基的作用，并提供侧向余宽。

2.3.2　平曲线超高

2.3.2.1　平曲线超高计算

为抵消或减小车辆在平曲线上行驶时所产生的离心力，在该路段横断面上做成外侧高于内侧的单向横坡形式，称为平曲线超高。合理设置超高，可全部或部分抵消离心力，提高汽车在平曲线上行驶的稳定性。

露天矿山道路，当采用的圆曲线半径小于表 2-4 中不设超高的最小圆曲线半径时，应在圆曲线上设置超高；当速度限制在 15km/h 及以下时可不设置超高。

超高横坡计算公式

$$i_h = \frac{v^2}{127R} - \varphi_h \tag{2-22}$$

式中第一项是汽车行驶在圆曲线上所产生的离心加速度，横向粘着系数为常数，只要代入相应的车速、半径，即可计算出超高横坡。上式计算出的超高横坡是使汽车在圆曲线上按设计速度行驶时不发生横向滑移的最小超高横坡。

超高横坡的最大值，是自卸汽车在超高路段上以减速行驶时，不会顺坡向内侧下滑的极限坡度。

小半径曲线要求的超高横坡是很大的，但过大的超高横坡会使汽车在低速通过曲线时沿横坡下滑，尤其在冬天路面覆冰时，轮胎的粘着系数降低（约为 10%），所以超高横坡的最大值不能大于 10%。按照设计车速、曲线半径及路面类型，一般规定在 2% ~ 6% 之间，矿山道路的超高横坡值可按表 2-9 选取。

表 2-9　平曲线超高横坡

圆曲线半径/m ＼ 露天矿山道路等级　　超高横坡/%	一	二	三
2	< 250 ~ 195	< 150 ~ 115	< 100 ~ 80
3	< 195 ~ 130	< 115 ~ 75	< 80 ~ 50

圆曲线半径/m / 露天矿山道路等级	一	二	三
超高横坡/%			
4	<130~90	<75~55	<50~35
5	<90~60	<55~35	<35~20
6	<60~45	<35~25	<20~15

2.3.2.2 超高过渡

当道路曲线段设置超高横坡时，为行车舒适和排水通畅，必须设置一定长度的超高过渡段，又称超高缓和段，使道路逐渐从双面坡的路面过渡到单面坡的超高路面，如图 2-19 所示。超高过渡是在超高过渡段全长范围内进行，超高缓和段是在进入曲线部分之前的直线部分或缓和曲线部分实现的。

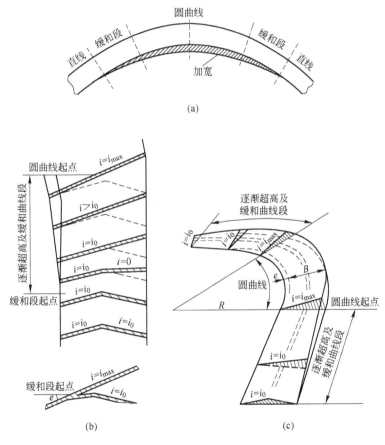

图 2-19　平曲线超高加宽
（a）平面图；（b）横断面图；（c）透视图

若超高值小于或等于路拱坡度时，路面由直线上双向倾斜路拱过渡到圆曲线上具有超高的单向倾斜形式，只需行车道外侧绕中线逐渐抬高，直至与内侧横坡相等为止，如图 2-20(a) 所示。

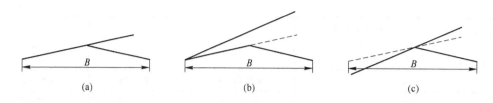

图 2-20　道路的超高过渡方式
（a）绕中线抬高；（b）绕内边线旋转；（c）绕中线旋转

当超高值大于路拱坡度时，可采用如下方式进行过渡：

（1）绕内边线旋转。先将外侧车道绕路中线旋转，待达到与内侧车道构成的单向横坡后，整个断面再绕未加宽前的内侧车道边线旋转，直至超高值，如图 2-20（b）所示。这种过渡方式的特点是车道内侧不降低，利于路基纵向排水，一般新建工程多用此法，其过渡段长度计算公式为：

$$L_c = \frac{Bi_h}{p} \tag{2-23}$$

式中　L_c——最小超高过渡段长度，m；

　　　B——行车道路面宽度，m；

　　　p——超高渐变率，即路面外边缘超高缓和段的纵坡与路线设计纵坡的坡度差，又称超高附加纵坡，可按表 2-10 的规定选用。

表 2-10　超高附加纵坡

计算行车速度/km·h^{-1}	100	80	60	40	30	20
超高附加纵坡/%	0.57	0.67	0.80	1.00	1.33	2.00

（2）绕中线旋转。先将外侧车道绕中线旋转，待达到与内侧车道构成的单向横坡后，整个断面仍绕中线旋转，直至超高值，如图 2-20（c）所示。绕中线旋转可保持中线高程不变，在超高值一定情况下，外侧边缘的抬高值较小。矿山道路超高横坡较大且路面较宽，为减少路面外侧边缘的升高值，常采用这种旋转方式过渡，其过渡段长度计算公式为：

$$L_c = \frac{B}{2}(i_G + i_h)/p \tag{2-24}$$

式中　i_G——路拱横坡度。

实际上超高过渡段的长度一般取 10 ~ 30m，如果超高过渡段的计算长度小于 10m，应取 10m。如设置缓和曲线同时配合超高过渡段，应使它们长度相等。

【例 2-2】　某矿山三级公路，路面宽度 11m，圆曲线半径 40m，路拱横坡度 2%，试计算其超高过渡段长度。

解：由表 2-9 可得超高横坡 4%，三级公路的设计行车速度为 20km/h，由表 2-10 得超高渐变率 2%。

如采用绕内线旋转法，代入式（2-23）得 $L_c = 11 \times 4\% \div 2\% = 22$m

如采用绕中线旋转法，代入式（2-24）得 $L_c = 11 \div 2 \times (2\% + 4\%) \div 2\% = 16.5$m

2.3.3 平曲线路面加宽

2.3.3.1 路面加宽计算

汽车在曲线上行驶时，每个车轮所走过的轨迹是不一样的，如图 2-21 所示。其中前轴外轮行驶轨迹半径最大，后轴内轮行驶轨迹的半径最小，而且偏向曲线内侧，故曲线内侧应增加路面宽度，以确保曲线上行车的安全和顺畅。此外，汽车在曲线上行驶时，有较大的摆动偏移，也需要加宽曲线路面。

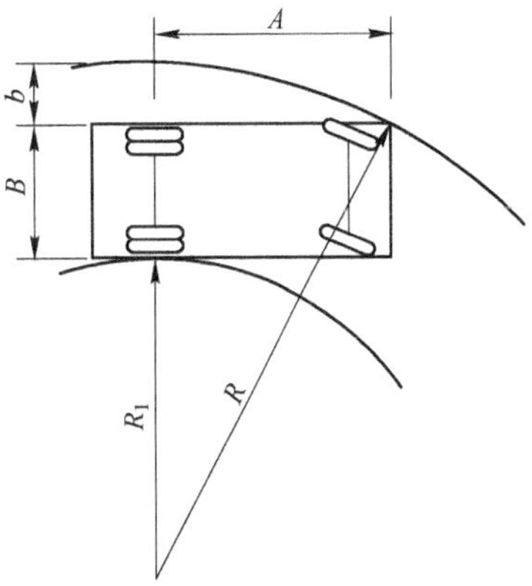

由图 2-21 所示几何关系可知，加宽值 b 计算公式为

$$b = R - \sqrt{R^2 - A} \approx \frac{A^2}{2R} \qquad (2\text{-}25)$$

图 2-21 路面加宽计算

式中 b——曲线路面加宽值，m；

R——圆曲线半径，m；

A——汽车后轴至前挡板（保险杠）的距离，m。

根据实测，汽车转弯加宽还与车速有关，计算一个车道摆动加宽值的经验公式为：

$$b' = \frac{0.05v}{\sqrt{R}} \qquad (2\text{-}26)$$

所以，双车道曲线部分的加宽值为：

$$b = \frac{A^2}{R} + \frac{0.1v}{\sqrt{R}} \qquad (2\text{-}27)$$

露天矿山道路，当圆曲线半径等于或小于 200m 时，应在圆曲线内侧加宽路面。双车道路面加宽值应按表 2-11 的规定采用；单车道路面加宽值，应按表列数值的 50% 采用。在工程艰巨的路段，可将加宽值的 50% 设在弯道外侧。

表 2-11 双车道路面加宽值　　　　　　　　　　　　　　　　m

圆曲线半径/m	轴距加前悬/m				
	5	6	7	8	8.5
200	—	—	—	0.3	0.4
150	—	—	0.3	0.4	0.5
100	0.3	0.4	0.5	0.6	0.7
80	0.3	0.6	0.6	0.8	0.9
70	0.4	0.6	0.7	0.9	1.0
60	0.4	0.6	0.8	1.1	1.2
50	0.5	0.7	1.0	1.3	1.4
45	0.6	0.8	1.1	1.4	1.6
40	0.6	0.9	1.2	1.6	1.8

圆曲线半径/m	轴距加前悬/m				
	5	6	7	8	8.5
35	0.7	1.0	1.4	1.8	2.1
30	0.8	1.2	1.6	2.1	2.4
25	1.0	1.4	2.0	2.6	2.9
20	1.3	1.8	2.5	3.2	3.6
15	1.7	2.4	3.3	4.3	—
12	2.1	3.0	4.1	—	—

注：当采用的圆曲线半径值和汽车轴距加前悬值在表列各相邻两值之间时，可按内插法计算加宽值。

2.3.3.2　加宽过渡

为使路面由直线上的正常宽度过渡到圆曲线上设置了加宽的宽度应设置加宽过渡段（也称加宽缓和段），在加宽过渡段内，路面宽度逐渐过渡变化。

理想的加宽过渡段路面内侧边线应与行车轨迹相符，以保证行车的顺适。矿山道路一般采用在过渡段内按其长度成比例逐渐加宽的比例过渡方式。

全加宽值与加宽过渡段长度的比值称为加宽渐变率，加宽渐变率通常取值为1：15，并依此计算加宽过渡段长度。当圆曲线不设超高仅有加宽时，加宽过渡段长度不应小于10m，当设有超高时，应与超高过渡段长度一致。

超高、加宽缓和段宜设在紧接圆曲线起点（或终点）的直线上。在地形困难地段，可将超高、加宽缓和段长度的一部分插到圆曲线内，但插到圆曲线内的长度不得超过超高、加宽缓和段长度的50%，且插到圆曲线后所剩余的直线长度不得小于10m。

2.3.4　行车视距

2.3.4.1　汽车制动距离

汽车制动的全过程包括驾驶员发现前方的障碍物或接到紧急停车信号后做出行动反应、制动器起作用、持续制动和放松制动器四个阶段。制动距离是汽车从制动生效到汽车完全停止，这段时间内所行驶的距离。制动距离的计算公式为：

$$S = \frac{v^2}{254(\varphi + \psi)} = \frac{v^2}{254(\varphi + f + i)} \tag{2-28}$$

式中　S——汽车制动距离，m；

　　　v——行车速度，km/h；

　　　φ——路面与轮胎间的粘着系数（又称附着系数）；

　　　ψ——道路阻力系数，$\psi = f + i$；

　　　f——路面与轮胎间滚动阻力系数；

　　　i——道路纵坡，上坡为正值，下坡为负值。

决定汽车制动距离的主要因素是附着力和汽车行驶速度。

2.3.4.2　行车视距的类型

为行车安全，驾驶员应能随时看到汽车前方相当远的一段距离，一旦发现前方路面上有障碍物或迎面来车，能及时采取措施，避免相撞，这一必须的最短距离称为行车视距。行车视距是否充分，直接关系到行车的安全，是道路使用质量的重要指标之一。在平面上的暗弯（处于挖方路段的弯道和内侧有障碍物的弯道）以及纵断面上的凸形变坡处可能存在视距不足的问题，如图 2-22 所示。

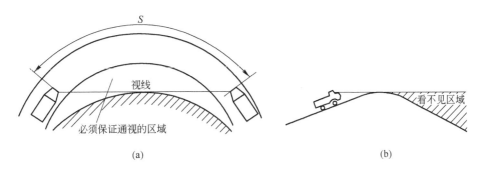

图 2-22　平面视距不足
（a）平面视距；（b）纵断面视距

矿山道路行车视距主要包括停车视距、会车视距和错车视距。

（1）停车视距：汽车行驶时，驾驶员自看到前方有障碍物时起，至到达障碍物前安全停止，所需的最短距离。

（2）会车视距：两辆车在同一行车道上相向行驶，驾驶员自看到前方车辆时起，至安全会车时止，两辆汽车行驶所需的最短距离。可理解为两辆车自相互发现至同时采取制动措施双双安全停止所需的最短距离。

（3）错车视距：在没有明确划分车道的双车道道路上，两对向行驶汽车相遇，自发现后采取减速避让措施至安全错车所需的最短距离。

三种对向视距中会车视距最长，一般情况下应满足会车视距的要求，在工程艰巨或受限制的地段可采用停车视距，但必须设置分车道行驶设施或限速、鸣笛标志。根据计算分析，会车视距约等于停车视距的两倍，故只需计算出停车视距即可。另外，矿山道路不允许行进中超车，所以不考虑超车视距。

2.3.4.3　视距计算

计算视距首先得明确"目高"和"物高"。"目高"是指驾驶人员眼睛距地面的高度。《公路工程技术标准》规定以车体较低的小客车为标准，采用 1.2m。"物高"是指路面上障碍物的高度，道路上可能出现的障碍物，除迎面来车外，还有行人、坠落的石头等，规定物高为 0.10m。

停车视距可分解为反应距离 S_1 和制动距离 S_2 两部分。反应距离是当驾驶员发现前方的障碍物，经判断决定采取制动措施的瞬间到制动器真正开始起作用的瞬间汽车所行驶的距离。这段时间又分为驾驶员"感觉时间"和制动"反应时间"。根据实测资料，设计采用的感觉时间为 1.5s，制动反应时间取 1.0s。感觉和制动反应的总时间 $t = 2.5s$。在该时间段内汽车行驶的距离 S_1 为：

$$S_1 = \frac{v}{3.6}t \tag{2-29}$$

式中　v——行驶速度，km/h。

总的停车视距为：

$$S_\mathrm{T} = S_1 + S_2 = \frac{v}{3.6}t + \frac{v^2}{254(\varphi + \psi)} \tag{2-30}$$

设计中推荐选用表 2-12 中的数值。

表 2-12　最小行车视距

道 路 等 级	停车视距/m	会车视距/m
一	50	100
二	30	60
三	20	40

2.3.4.4　行车视距的保证

对纵断面的凸形竖曲线在规定竖曲线最小半径时已经考虑，因此只要满足规定的最小竖曲线半径，亦满足了竖曲线视距的要求。因此在视距检查中，主要检查平面上的"暗弯"，即平曲线内侧有边坡等障碍物的平曲线。视距检查的方法是绘制视距曲线，如图 2-23 所示，AB 是驾驶员视点轨迹线，从该轨迹线上的不同位置引出一系列弧长等于行车视距 S 的视线，如图中的 1—$1'$、2—$2'$、3—$3'$、4—$4'$，与这些视线相切的曲线（包络线）即为视距曲线。在视距曲线与视点轨迹线之间的空间范围，应保证通视，如有障碍物应予以清除。

在弯道各点的横断面上，驾驶员视点轨迹线与视距曲线之间的距离称为横净距，用 h 表示。在弯道内所有横净距中的最大值，称为最大横净距。

我国标准规定，驾驶员视点位置离地面 1.2m，离未加宽路面内侧边缘 1.5m，视距检查及视距台断面如图 2-24 所示。

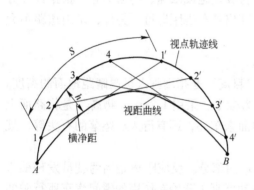

图 2-23　弯道内侧应保证通视的区域

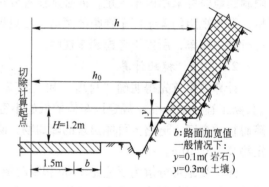

图 2-24　视距检查及视距台断面

2.3.5　横断面设计

公路横断面的组成除包括与行车有关的路幅外，还包括与路基工程、排水工程、环保工程有关的各种设施，这些设施的位置和尺寸均应在横断面设计中有所体现。

横断面设计必须结合地形、地质、水文等条件，本着节约用地的原则，选用合理的断面形式，以满足行车顺适、工程经济、路基稳定且便于施工和养护的要求。

2.3.5.1 标准横断面图

在设计每个横断面之前，应确定路基的标准横断面（或称典型横断面）。在标准横断面图中，一般应包括路堤、路堑、半填半挖、护坡路堤、挡土墙路堤等断面设计中将用到的典型断面形式。在横断面上的内容包括：行车道、路肩、边坡、边沟、截水沟、护坡道、碎落台等设施。断面路幅内行车道、路肩的宽度和横坡度等参数应具体确定，如图2-25所示。断面中路基的边坡坡率、边沟尺寸、挡土墙断面等应按相关规范确定。标准横断面图一般采用1：100比例。

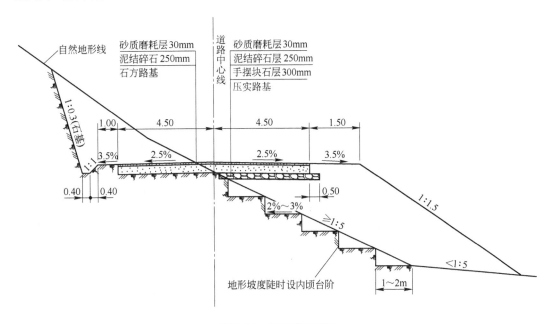

图2-25 标准横断面图

2.3.5.2 横断面图绘制方法

（1）在计算纸上绘制横断面地面线，横断面图的比例一般是1：200。

（2）根据纵断面设计所确定的路基高度，参考标准横断面图，绘出路幅宽度、填或挖的边坡线等路基设计线，通常把这一工作称为"戴帽子"。

（3）在需要设置各种支挡工程和防护工程的地方画出该工程结构的断面示意图。

（4）根据综合排水设计，画出路基边沟、截水沟、排灌渠等的位置和断面形式，必要时须注明各部分尺寸。

通常在横断面图中应标注里程桩号、中线位置填挖高度、填方面积、挖方面积等，如图2-26所示。

在曲线路段的横断面设计时，要根据超高、加宽及横净距来进行设计；对特殊情况下的横断面，如高填、深挖、特殊地质、陡坡路堤、浸水路基等，则必须按照路基工程中所讲述的原理和方法，并遵照相关规范进行特殊设计，绘图比例尺也应按需要进行调整。

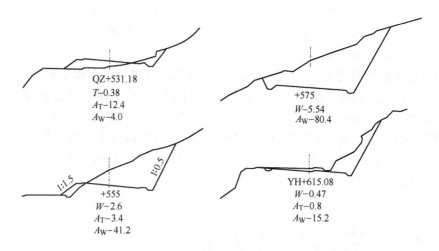

图 2-26 路基横断面设计图

2.3.6 路基土石方数量计算

路基土石方是道路工程的一项主要工程量,在设计和路线方案比选中,路基土石方数量是评价路线质量的主要技术经济指标之一。

因地面形状复杂,填挖方不是规则的集合体,其计算只能是近似的,计算的精度取决于中桩间距、测绘横断面时采点密度和计算公式与实际接近程度等。采用计算机辅助设计系统可极大地提高填挖方量计算的效率和精度。

2.3.6.1 横断面面积计算

路基填挖的断面积,是指横断面图中原地面线与路基设计线所围面积,高于地面线为填方,低于地面线为挖方,填挖方面积应分别计算。常用面积计算方法包括积距法、坐标法、几何图形法、数方格法、求积仪等。

A 积距法

如图 2-27 所示,将断面按单位横宽划分为若干梯形与三角形条块,每个小块的近似面积为:

$$F_i = bh_i$$

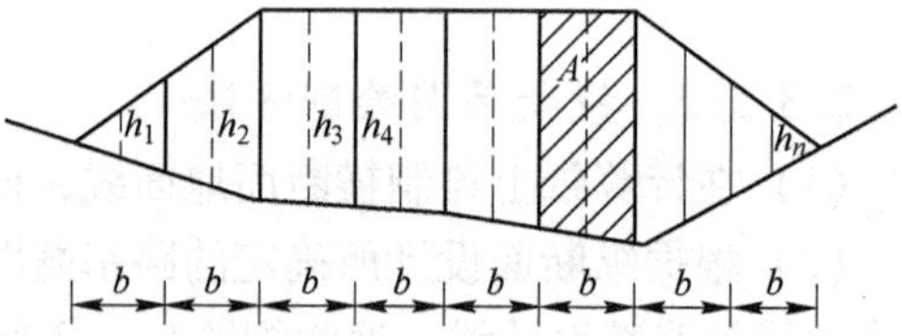

式中 b——条块的宽度,m;

图 2-27 横断面面积计算——积距法

h_i——条块的平均高度,可由卡规直接量取,m。

则横断面面积:

$$F = bh_1 + bh_2 + \cdots + bh_n = b\sum_{i=1}^{n} h_i \tag{2-31}$$

当 $b=1$ m 时,则 F 等于各小条块平均高度之和 Σh_i。用积距法计算面积简单、迅速。若地面线较顺直,也可增大 b 值。若要进一步提高精度,可增加测量次数并取平均值。

B 坐标法

如图 2-28 所示,已知断面图上各转折点坐标 (x_i, y_i),则断面积为:

$$F = \frac{1}{2} \sum_{i=1}^{n} (x_i y_{i+1} - x_{i+1} y_i) \tag{2-32}$$

坐标法精度较高，适于计算机计算。

2.3.6.2 土石方数量计算

若相邻两断面均为填方或均为挖方且面积大小相近，则可假定断面之间为一棱柱体，如图 2-29 所示。其体积计算公式为：

$$V = \frac{1}{2} (F_1 + F_2) L \tag{2-33}$$

式中 V——体积，即土石方数量，m^3；

F_1，F_2——分别为相邻两断面的面积，m^2；

L——相邻两断面之间的距离，m。

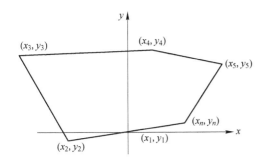

图 2-28 横断面面积计算——坐标法

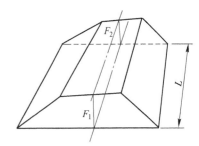

图 2-29 体积计算

此法计算简易，较为常用，一般称之为"平均断面法"，但在 F_1、F_2 相差较大时，误差较大。

若 F_1 和 F_2 相差较大，则与棱台更为接近，其计算公式为：

$$V = \frac{1}{3} (F_1 + F_2 + \sqrt{F_1 \times F_2}) L \tag{2-34}$$

此方法的精度较高，特别是在用计算机计算时，应尽量采用。

2.3.6.3 路基土石方数量计算表

将各断面的填挖方面积、桩号填入路基土石方数量计算表，如表 2-13 所示。

其中，平均面积计算公式为 $(F_1 + F_2 + \sqrt{F_1 \times F_2})/3$。

表 2-13 路基土石方数量计算表

序号	桩 号	断面面积		平均面积		断面间距 /m	土方工程量	
		挖方/m²	填方/m²	挖方/m²	填方/m²		挖方/m³	填方/m³
1	K0 + 000.000	21.076	21.709					
2	K0 + 084.625	7.793	1175.864	890.086	10.518	84.625	1175.864	890.086
3	K0 + 131.949	8.076	375.469	103.687	2.191	47.324	375.469	103.687
4	K0 + 177.314	3.297	250.007	189.580	4.179	45.365	250.007	189.580
5	K0 + 231.690	8.329	305.702	249.205	4.583	54.376	305.702	249.205

序号	桩　号	断面面积		平均面积		断面间距 /m	土方工程量	
		挖方/m²	填方/m²	挖方/m²	填方/m²		挖方/m³	填方/m³
6	K0+280.263	7.012	372.118	217.947	4.487	48.573	372.118	217.947
7	K0+347.477	18.566	828.681	151.568	2.255	67.214	828.681	151.568
8	K0+405.031	6.400	688.116	60.604	1.053	57.554	688.116	60.604
9	K0+457.324	12.660	489.149	85.447	1.634	52.293	489.149	85.447
10	合　计					457.324	4485.106	1948.124

2.4　纵断面设计

2.4.1　基本概念

　　沿道路中线竖直剖切，再行展开即为路线纵断面。因自然因素的影响及经济性的要求，路线纵断面总是一条有起伏的空间线，如图2-1所示。将道路的纵断面图与平面图结合起来，就能准确地定出道路的空间位置。

　　纵断面设计线是由直坡线和竖曲线组成。直坡线分为上坡和下坡，其大小用坡度和坡长表示，如图2-30所示。

　　坡度计算公式为：

$$i = \frac{H_i}{L_i} \times 100 \qquad (2-35)$$

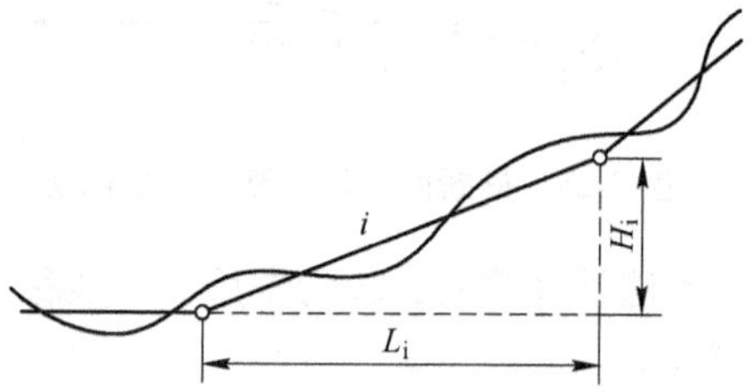

式中　i——坡度，%；

　　　H_i——两变坡点的高差，m；

　　　L_i——相邻两变坡点间的水平距离，即坡长，m。

图2-30　坡度计算示意图

　　不同纵坡转折处称为变坡点，为平顺过渡需要设置竖曲线，竖曲线有凹有凸，其大小用半径和水平长度表示。

2.4.2　汽车的动力特性与纵坡

　　道路设计必须满足汽车的行驶要求，在进行道路纵断面设计时，应研究汽车在道路上的行驶特性及其对道路纵断面设计的具体要求，为道路设计提供理论依据。

2.4.2.1　汽车驱动力

　　汽车行驶的动力来自它的内燃发动机，发动机把热能转变为机械能，产生有效功率$P(kW)$，设发动机轴的转速为$n(r/min)$，则发动机轴上的扭矩$M(N \cdot m)$为

$$M = 9549 \frac{P}{n} \qquad (2-36)$$

　　发动机轴上的扭矩通过传力机构传给驱动轮，则汽车驱动轮上的扭矩为

$$M_Q = M\gamma\eta_M \qquad (2-37)$$

式中 M_Q——汽车驱动轮扭矩，N·m；

γ——总变速比；

η_M——传动系统的机械效率。

汽车的牵引力 F_Q 可由下式求得

$$F_Q = \frac{M_Q}{r_k} \tag{2-38}$$

式中 F_Q——汽车牵引力，也称轮周牵引力，N；

r_k——驱动轮工作半径，即轮胎变形后的半径，一般为未变形半径的 0.93 ~ 0.95 倍。

汽车的轮周牵引力除受发动机功率限制外，还受轮面与路面的粘着条件限制，也即为了防止驱动轮打滑空转，轮周牵引力不能大于粘着牵引力。粘着牵引力可由下式计算：

$$F_\varphi = \varphi G_2 \tag{2-39}$$

式中 F_φ——粘着牵引力；

φ——轮胎与地面之间的粘着系数（也称摩阻系数），在高级路面上行驶时，可取 $\varphi = 0.6 \sim 0.67$，在不密实的矿岩堆上行驶时 $\varphi = 0.35 \sim 0.5$；

G_2——汽车的粘着重量。

自卸汽车的粘着重量可按汽车总质量的70%计算。

2.4.2.2 汽车的行驶阻力

汽车行驶时需要不断克服运动中所遇到的各种阻力，这些阻力有来自汽车周围空气介质的阻力，有来自道路路面不平整和上坡行驶所形成的阻力，也有来自汽车变速行驶时克服惯性的阻力，分别称为空气阻力、道路阻力和惯性阻力。

A 空气阻力

汽车迎面空气质点的压力、车后的真空吸力及空气质点与车身表面的摩擦力阻碍汽车前进，总称为空气阻力。由空气动力学的研究和试验可知，汽车在空气介质中运动时所产生的空气阻力 R_w 可表示为：

$$R_w = \frac{1}{2} K A \rho v^2 \tag{2-40}$$

式中 K——空气阻力系数，与汽车的流线形有关；

ρ——空气密度，一般 $\rho = 1.2258\text{kg/m}^3$；

A——汽车迎风面积，m^2；

v——汽车与空气的相对速度，可近似取汽车的行驶速度，m/s。

B 道路阻力

道路阻力主要包括滚动阻力和坡度阻力，表示为：

$$R_R = R_f + R_i = Gf\cos\alpha + G\sin\alpha$$

式中 R_R——道路阻力，N；

R_f——滚动阻力，N；

R_i——坡度阻力，N；

f——滚动阻力系数，与路面类型、轮胎结构和行驶速度等有关；

α——道路倾角；

G——车辆总重，N。

因道路倾角 α 一般很小，认为 $\cos\alpha \approx 1$，$\sin\alpha \approx \tan\alpha = i$，则：

$$R_R = G(f + i) \tag{2-41}$$

式中　i——道路坡度，上坡为正，下坡为负；

$f + i$——道路阻力系数。

C　惯性阻力

汽车的质量分为平移质量和旋转质量，汽车变速行驶时，需克服其质量变速运动所产生的惯性力和惯性力矩称为惯性阻力，表示为：

$$R_I = \delta \frac{G}{g} a \tag{2-42}$$

式中　R_I——汽车惯性阻力，N；

a——汽车的加速度，m/s^2；

g——重力加速度，m/s^2；

δ——惯性力系数，又称旋转质量换算系数，主要与飞轮的转动惯量、车轮的转动惯量及传动系的传动比有关。

因此，汽车的总行驶阻力 R 为：

$$R = R_w + R_R + R_I$$

2.4.2.3　汽车的运动方程

汽车在道路上行驶时，必须有足够的驱动力 T 来克服各种阻力，由此得到汽车的运动方程（也称驱动平衡方程）：

$$T = R = R_w + R_R + R_I \tag{2-43}$$

2.4.2.4　汽车的动力因数

由式（2-43）得：

$$T - R_w = R_R + R_I$$

上式等号左端 $T - R_w$ 称为汽车的后备驱动力，又称为剩余牵引力，其值主要与汽车的构造和行驶速度有关；等号右边为汽车在道路上行驶时的道路阻力和惯性阻力之和，其值主要与道路状况和汽车的行驶方式有关。

汽车动力因数 D 定义为：

$$D = \frac{T - R_w}{G} \tag{2-44}$$

动力因数指某汽车在海平面高程上，满载情况下，每单位车重克服道路阻力和惯性阻力的能力。

动力因数可表示为汽车行驶速度 v 的二次函数形式，D 与 v 的函数关系图称为汽车的动力特性图，某型汽车的动力特性图如图 2-31 所示。利用该图可直接查出各排挡下不同车速对应的动力因数值。对不同排挡 D-v 曲线，D 值有一定使用范围，挡位愈低，D 值愈大，车速愈低。

不同海拔高度及不同载重下的动力因数应通过修正系数 λ 进行修正。

2.4.2.5 汽车的行驶状态

每一排挡都存在各自的最大动力因数 D_{max}，如图 2-32 所示，与之对应的速度称作临界速度 v_k。当汽车采用 $v_1 > v_k$ 的速度行驶时，若道路阻力额外增加（如道路局部纵坡增大、路面出现坑凹等），汽车可在原来排挡上降低车速，以获得较大 D 值来克服额外阻力，待阻力消失后可立即提高到原速度行驶，这种行驶状态称为稳定行驶。

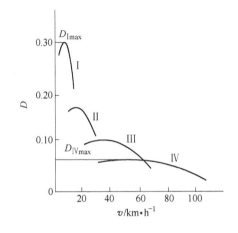

图 2-31 某型汽车的动力特性图

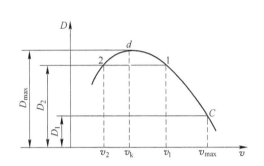

图 2-32 某排挡的动力特性图

当汽车采用 $v < v_k$ 的速度行驶时，若道路阻力额外增加，汽车减速行驶而 D 值随之减小，如此时不换挡或开大节流阀，汽车将因发动机熄火而停驶，这种行驶状态称不稳定状态。

因此，临界速度 v_k 是汽车稳定行驶的极限速度，通常汽车采用大于某排挡临界速度作为行驶速度，以克服额外阻力而连续行驶。如道路阻力更大，使车速降低较快，若车速降至本挡 v_k 时需换低挡行驶；相反，道路阻力更小时车速增加较快，当增至本挡位最高车速 v_{max} 时需换高挡行驶。

2.4.2.6 理想最大纵坡

理想最大纵坡是指设计车型在油门全开的情况下，持续以希望速度等速行驶所能克服的纵坡。设希望车速为 v，理想最大纵坡为 i，动力因数为 D，则汽车正常行驶时有：

$$\lambda D = f + i$$

式中 $f + i$ ——道路阻力系数；

         f ——路面滚动阻力系数；

         λ ——动力因数 D 的海拔、荷载修正系数。

由上式得理想最大纵坡公式：

$$i = \lambda D - f \qquad\qquad (2\text{-}45)$$

在不大于理想最大纵坡 i 的道路上，汽车能以理想速度等速行驶。理想最大纵坡的意义在于，在具有不大于理想最大纵坡的坡道上，载重汽车能以最高速度行驶，这样可以指望载重汽车与小客车、重车与轻车之间的速差最小，因而相互干扰也将最小，道路通行能力将最大。

2.4.2.7　最大纵坡

纵坡是道路的主要技术参数之一，对汽车的运行安全、设备的使用寿命、道路工程造价以及设备效率、运输成本等具有重要影响，凹陷露天矿的开拓运输线路会对露天边坡角及剥采比造成影响，所以选择合理的道路纵坡涉及安全、经济、环境等多种因素，需要做技术经济综合分析。有关技术规定中的最大纵坡仅是道路设计的允许极限坡度，并不是道路的合理经济坡度，在条件许可、运量较大、使用年限又较长的情况下，宜适当降低纵坡。

试验证明纵坡大小对汽车耗油量影响较大，如 SH-380 汽车在克服同一高差下，采用 8% 的纵坡较 7% 的纵坡耗油量增加 1.33%，而 9% 的纵坡较 8% 的纵坡耗油量增加 11.38%；在相同条件下，T-20 汽车采用 8% 的纵坡较 7% 的纵坡耗油量增加 2.27%，而 9% 的纵坡较 8% 的纵坡耗油量增加 6.66%。

矿山道路的特点是空重车的运行方向、汽车类型等均较明确。因此，在确定矿山道路的合理纵坡时，应综合考虑采掘工艺的要求、地形条件的可能、运量的大小、空重车方向、线形条件（如重车下坡遇急弯、长大下坡等情况）、道路使用年限和选用的汽车类型等影响因素，经技术经济比较后确定。据国内矿山实际情况统计，主要运输干线的最大纵坡达 7% ~ 8%，生产支线及中小型矿山的运输干线纵坡多为 8% ~ 9%。重车上坡一般不宜大于 6%，电传动汽车的重车上坡可采用 8%，三级道路可采用 9%。我国《厂矿道路设计规范》推荐使用的最大纵坡如表 2-14 所示。

表 2-14　最大纵坡

露天矿山道路等级	一	二	三
最大纵坡/%	7	8	9

在工程艰巨或受开采条件限制时，重车上坡的二、三级露天矿山道路生产干线、支线的最大纵坡可增加 1%；深凹露天矿开采底部的较短路段的最大纵坡可增加 2%；山坡露天矿开采山头的较短路段的最大纵坡可增加 1%。联络线、辅助线的最大纵坡可增加 2%。但在海拔 2000m 以上地区的露天矿山道路的最大纵坡不得增加。

在多雾或寒冷、冰冻积雪地区的二、三级露天矿山道路及专供抢险或运输易燃易爆危险品的辅助线的最大纵坡不应大于 8%。

当设计行驶电传动自卸汽车的生产干线、支线时，考虑到汽车本身的特点，在有足够依据时，其最大纵坡及坡长限制一般可按车辆性能确定。

2.4.3　纵坡折减

矿山道路的纵坡折减主要考虑平曲线纵坡折减与高原地区纵坡折减两种情况。

2.4.3.1　合成坡度与平曲线纵坡折减

当平曲线地段具有纵坡时，尤其在纵坡大而又存在较大超高横坡的情况下，会在路面产生较大的合成坡度，严重影响行车安全。

合成坡度是指道路纵坡和横坡的矢量和，其方向即流水线方向，如图 2-33 所示。

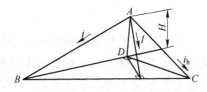

图 2-33　合成坡度

合成坡度计算公式为：

$$I = \sqrt{i^2 + i_h^2} \qquad (2-46)$$

式中　I——合成坡度，%；

　　　i——路线纵坡，%；

　　　i_h——横坡超高值，%。

因合成坡度是由纵向坡度和横向坡度组合而成的，其坡度值比原路线纵坡或超高横坡大。汽车在设有超高的坡道上行驶时，不仅受坡度阻力的影响，且受离心力的影响。当纵坡较大而圆曲线半径较小时，合成坡度较大，使汽车重心发生偏移，给汽车行驶带来危险。所以，在有平曲线的坡道上，应将合成坡度控制在一定范围内，避免急弯和陡坡的不利组合，防止因合成坡度过大而引起该方向滑移，保证行车安全，即应从道路最大纵坡中减去一折减值来确定曲线上允许的最大纵坡度。表 2-15 为推荐选用的曲线段纵坡折减值。另外，为保证路面排水，最小合成坡度也不宜小于 0.5%。

表 2-15　平曲线纵坡折减

平曲线半径/m	15	20	25	30	35	40	45	50
纵坡折减值/%	4.0	3.5	3.0	2.5	2.0	1.5	1.0	0.5

2.4.3.2　高原地区纵坡折减

在海拔很高的高原地区，汽车发动机的功率因空气稀薄而降低，相应地降低了汽车的爬坡能力。海拔越高，汽车发动机的功率降得越多，同时在高原地区行车时，汽车水箱中的水宜沸腾而破坏冷却系统，因此在海拔 3000m 以上的高原地区，对露天矿山道路的最大纵坡值应进行折减，折减值见表 2-16。折减后的最大纵坡值如小于 4.5% 时，应采用 4.5%。

表 2-16　高原地区纵坡折减

海拔高度/m	最大纵坡折减值/%
3000～4000	1
4000～5000	2
>5000	3

2.4.4　坡长限制

坡长是纵断面相邻变坡点的桩号之差，即水平距离。对一定纵坡长度的限制称为坡长限制，包括最大坡长限制和最小坡长限制。

2.4.4.1　最大坡长限制

根据汽车的行驶性能，过长的陡坡对行车是不利的。纵坡越陡，坡长越长，对行车的影响也越大。主要表现在：重车上坡时行驶速度显著下降，甚至要换低排挡以克服坡度阻力，甚至会发生跳挡；易使水箱开锅，导致汽车爬坡无力，甚至熄火；使机件加速磨损；下坡行驶时因制动次数过多，易使制动器发热失效，甚至造成车祸；影响通行能力。因此，对纵坡坡长必须加以限制。矿山道路的限制坡长如表 2-17 所示，应在不大于限制坡长处设置缓和坡段。当受地形条件限制或需要适应开采台阶标高时限制坡长可采用括号内的数值。

表 2-17　纵坡限制坡长　　　　　　　　　　　　　　　　　m

道路等级		一	二	三
纵坡坡度/%	$4 < i \leq 5$	700		
	$5 < i \leq 6$	500	600	800
	$6 < i \leq 7$	300	400	500
	$7 < i \leq 8$		250(300)	350
	$8 < i \leq 9$		150(170)	200
	$9 < i \leq 11$			100(150)

2.4.4.2　缓和坡段

在纵断面设计中，当纵坡的长度达到限制坡长时，设置较平缓的路段称为缓和坡段。其作用是恢复在较大纵坡上降低的速度，减少下坡制动次数，保证行车安全，确保道路通行质量。在缓坡上汽车加速行驶，缓坡的长度应适应该加速过程的需要。

根据实际观测实验，缓和坡段的坡度不应大于 3%。实践表明，缓和坡段长度在 40m 以下不能起到缓和作用，应不小于最小坡长。矿山道路缓坡最小长度如表 2-18 所示。表中地形条件困难的缓和坡段最小长度不得连续采用。

表 2-18　缓和坡段最小长度　　　　　　　　　　　　　　　m

道路等级	一、二	三（生产干线、直线）	三（联络线、辅助线）
地形条件一般	100	80	60
地形条件困难	80	60	50

缓和坡段的具体位置应结合纵向地形起伏情况，尽量减少填挖方工程量，同时应考虑路线的平面线形要素。缓和坡段宜设在平面的直线或较大半径的平曲线上，以充分发挥缓和坡段的作用，提高整条道路的使用质量。

矿山道路经常使用回头曲线，其纵坡要求一般为 4%～5%，如果回头曲线前的纵坡已达到限制长度，则重车上坡时宜在回头曲线末端设置缓和坡段，以恢复行驶速度；重车下坡时在回头曲线的始端设置缓和坡段，以避免在长下坡的尽头采用小半径平曲线；在必须设置缓和坡段而地形又困难地段，可将缓和坡段设置在半径比较小的平曲线上，但应适当增加缓和坡段的长度，以使缓和坡段端部的竖曲线位于小半径平曲线之外，这种要求对提高行驶质量、保证行车安全是必要的。

2.4.4.3　最小坡长限制

从汽车行驶的平顺性要求，如坡长过短，变坡点增多，汽车行驶在连续起伏路段产生的增重与减重变化频繁，会降低行车速度和导致矿岩物料外泄；缓坡太短上坡不能保证加速行驶要求，下坡不能减缓制动；从相邻竖曲线的设置和纵断面视距等方面也要求坡长应有一定最短长度。露天矿山道路的纵坡长度不应小于 50m。

2.4.4.4　平均纵坡

平均纵坡是指一定长度路段两端点的高差与该路段长度的比值，它是衡量纵断面线路质量的一个重要指标。

$$i_{\mathrm{P}} = \frac{H}{L} \qquad (2-47)$$

式中　i_{P}——平均纵坡,%;

　　　H——相对高差,m;

　　　L——路线长度,m。

在路线纵坡设计时,当地形困难、高差很大时,可能交替使用最大纵坡和缓和坡段,形成台阶式纵断面。汽车在这种坡段上行驶,上坡会长时间使用低挡,易导致车辆水箱沸腾;下坡则频繁制动,驾驶员心里紧张,易引起操作失误。因此有必要控制平均纵坡。

限制平均纵坡是为合理运用最大纵坡、坡长限制及缓和坡段的规定,保证车辆安全顺适行驶。任意相邻两个缓和坡段之间,如果是由几个不同纵坡值的坡段组合而成时,其中任意两点间的平均纵坡及其坡长,应符合表 2-17 的要求。

同一等级的生产干线、支线,任意连续 1km 路段的平均纵坡,一、二、三级矿山道路,分别不宜大于 5.5%、6%、6.5%。

2.4.4.5　换算坡长

在具体设计时,往往只注意单一纵坡下的坡长限制,容易忽略综合纵坡与坡长的关系,这样会出现连续拉大坡的现象,引起纵坡过长过大的问题。为了对综合纵坡的坡长有所限制,除了采用平均纵坡进行校验外,还可以计算换算坡长,即采用换算系数将综合纵坡中大于 6% 的坡段折算成相当于 5% ~6% 的纵坡限制坡长。换算长度计算公式如下:

$$L_{\mathrm{c}} = \sum_{i=1}^{n} L_i \gamma_i \qquad (2-48)$$

式中　L_{c}——换算坡长,m;

　　　L_i——第 i 坡段坡长,m;

　　　γ_i——第 i 坡段坡长换算系数。

纵坡坡长换算系数如表 2-19 所示。换算坡长应符合表 2-17 的要求。

表 2-19　纵坡换算系数

纵向坡度/%	坡长换算系数	纵向坡度/%	坡长换算系数
$5 < i \leqslant 6$	1	$8 < i \leqslant 9$	3.2
$6 < i \leqslant 7$	1.6	$9 < i \leqslant 12$	5.3
$7 < i \leqslant 8$	2.3		

2.4.5　竖曲线

竖曲线是指在道路纵坡的变更处设置的纵向曲线。竖曲线的作用是满足行车平顺、舒适及视距的需要。《厂矿道路设计规范》规定,当露天矿山道路纵坡变更处的相邻两个坡度代数差大于 2% 时,应设置竖曲线。竖曲线的线型可采用圆曲线或抛物线,在使用范围内二者差别不大,但在设计和计算上,抛物线比圆曲线方便,一般采用二次抛物线作为竖曲线。抛物线的纵轴保持直立,且与两相邻纵坡线相切,抛物线竖曲线有两种可能的形式：一是包含抛物线顶（底）部；二是不含抛物线顶（底）部。

2.4.5.1 竖曲线要素计算

取 xoy 坐标系如图 2-34 所示，坐标原点在竖曲线起点。设变坡点相邻两直坡线纵坡分别为 i_1 和 i_2，它们的代数差称为坡差（又称转坡角），用 ω 表示，即 $\omega = i_2 - i_1$。当 $\omega > 0$ 时，表示凹形竖曲线，当 $\omega < 0$ 时，表示凸形竖曲线。

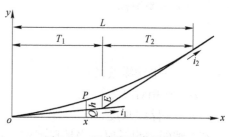

图 2-34　竖曲线要素示意图

在图 2-34 所示坐标系下，二次抛物线一般方程为：

$$y = \frac{1}{2k}x^2 + i_1 x \tag{2-49}$$

式中　k——抛物线顶点处的曲率半径。

竖曲线上任一点 P，其斜率 i 为：

$$i = \frac{\mathrm{d}y}{\mathrm{d}x} = \frac{x}{k} + i_1 \tag{2-50}$$

当 $x = 0$ 时，$i = i_1$。

曲线上任一点的曲率半径为：

$$r = \left[1 + \left(\frac{\mathrm{d}y}{\mathrm{d}x} \right)^2 \right]^{3/2} \Big/ \frac{\mathrm{d}^2 y}{\mathrm{d}x^2}$$

对抛物线方程（2-49），$\dfrac{\mathrm{d}y}{\mathrm{d}x} = i$，$\dfrac{\mathrm{d}^2 y}{\mathrm{d}x^2} = \dfrac{1}{k}$，代入上式得：

$$r = k(1 + i^2)^{3/2}$$

因 i 介于 i_1 和 i_2 之间，且 i_1、i_2 均很小，故 i^2 可略去不计，则：

$$r \approx k$$

竖曲线半径 R 指竖曲线的顶部（凸竖曲线）或底部（凹竖曲线）的曲率半径。由上式得 $R \approx k$；若竖曲线包含抛物线顶点，则 $R = k$。所以，二次抛物线形竖曲线基本方程可表示为：

$$y = \frac{1}{2R}x^2 + i_1 x \tag{2-51}$$

对于式（2-50），当 $x = L$ 时，$i = \dfrac{L}{k} + i_1 = i_2$，则

$$k = \frac{L}{i_2 - i_1} = \frac{L}{\omega}$$

即

$$R = \frac{L}{\omega}, \quad L = R\omega \tag{2-52}$$

因竖曲线切线长 $T = T_1 \approx T_2$，则竖曲线切线长计算公式为：

$$T = \frac{L}{2} = \frac{R\omega}{2} \tag{2-53}$$

竖曲线上任一点竖距 h，即竖曲线上任意点与坡线的高差：

$$h = PQ = y_P - y_Q = \frac{x^2}{2R} + i_1 x - i_1 x = \frac{x^2}{2R} \tag{2-54}$$

竖曲线外距 E（外矢距）：

$$E = \frac{T^2}{2R} \quad \text{或} \quad E = \frac{R\omega^2}{8} = \frac{L\omega}{8} = \frac{T\omega}{4} \tag{2-55}$$

理论上可以证明，圆形竖曲线基本参数 R、L、T、h、E 计算公式与二次抛物线形竖曲线相应公式一致。

2.4.5.2 竖曲线上任意点设计标高计算

已知变坡点桩号、变坡点高程、坡度 i_1、坡度 i_2、竖曲线半径 R，则竖曲线上任意点设计标高计算过程如下：

（1）计算转坡角 ω、切线长 T，并判断凹凸性。

注意：坡度 i_1、i_2 取值，上坡为正值，下坡为负值。

（2）计算竖曲线起点桩号、高程。

$$竖曲线起点桩号 = 变坡点桩号 - T$$
$$竖曲线起点高程 = 变坡点高程 - i_1 \times T$$

（3）计算特定点的横距 x、竖距 h。

$$横距 x = 特定点桩号 - 竖曲线起点桩号$$
$$竖距 h = \frac{x^2}{2R}$$

（4）计算切线高程、竖曲线高程。

$$切线高程 = 竖曲线起点高程 + x \times i_1$$
$$竖曲线高程 H = 切线高程 \pm h$$

式中，h 的正负号与转坡角 ω 的正负号一致，即当竖曲线为凹曲线时取"＋"，当为凸曲线时取"－"。

2.4.5.3 竖曲线最小半径和最小长度

在纵断面设计中，限制竖曲线最小半径的因素包括缓和冲击、竖曲线行驶时间和视距要求三个因素。对矿山道路而言，凸形竖曲线主要计算视距要求，凹形竖曲线主要计算缓和冲击要求。

A 缓和冲击

汽车行驶在竖曲线上时，产生径向离心力。在凹形竖曲线上表现为增重，在凸形竖曲线上表现为减重。这种增重与减重达到某种程度时，会造成车辆及矿岩的剧烈颠簸。汽车在过小的凹形竖曲线半径路线上行驶时，对汽车的悬挂系统产生冲击，甚至引起汽车的弹簧超载，所以，对离心加速度应加以控制。汽车在竖曲线上行驶的离心加速度 a（m/s²）为：

$$a = \frac{v^2}{R}$$

速度单位用 km/h 表示，则半径 $R(m)$ 为：

$$R = \frac{v^2}{13a}$$

据试验，离心加速度 a 限制在 $0.5 \sim 0.7 m/s^2$ 比较合适，可据此计算竖曲线最小半径。

$$R_{min} = \frac{v^2}{13a_0} = \frac{v^2}{13 \times 0.5} = \frac{v^2}{6.5}$$ (2-56)

式中　R_{min}——竖曲线最小半径，m；

　　　v——计算行车速度，km/h；

　　　a_0——允许最大离心加速度，矿山道路取 $0.5 \sim 0.7 m/s^2$，公共道路取 $0.278 m/s^2$。

最大允许离心加速度是限制凹形竖曲线最小半径的主要因素。

B　行驶时间不过短

汽车从直坡线行驶到竖曲线上，若坡差较小时，竖曲线长度很短，使汽车倏忽而过，驾驶员会产生变坡很急的错觉。因此，汽车在竖曲线上的行驶时间不应过短，最短应满足 3s 行程，即：

$$L_{min} = \frac{v}{3.6}t = \frac{v}{1.2}$$ (2-57)

C　视距要求

汽车行驶在竖曲线上，若为凸形竖曲线，如半径过小，会阻挡驾驶员的视线；若为凹形竖曲线，过小的竖曲线半径，会造成夜间行驶时前灯照射距离过近，影响行车速度和行车安全。因此，应限制竖曲线的最小半径和最小长度以利于行车安全。理论分析及实践证明，视距（夜间行车前灯照射距离）要求不是限制凹形竖曲线最小半径的主要因素，在此仅分析凸形竖曲线的视距要求。

从保证转坡点的视距的观点来说，对转坡角小的转坡点不需要缓和即可保证视距。究竟转坡角多大才需要设置缓和曲线以保证视距，如图 2-35 所示。

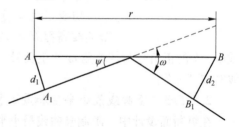

图 2-35　最小转坡角计算

设 A 点为司机视点，据地面距离 $AA_1 = d_1$，B 点为障碍物的顶点，据地面距离 $BB_1 = d_2$，AB 之间的距离为 r。A、B 位置的不同组合会得出不同的 r 值，最重要的是 A、B 在什么位置时 r 最小。由图 2-35 可知，一般角 ψ 和 $\omega - \psi$ 都很小，可使角度的正切和正弦值等于以弧度表示的角的值，得：

$$r = \frac{d_1}{\psi} + \frac{d_2}{\omega - \psi}$$ (2-58)

即求解 A、B 不同位置处 r 最小的问题转化为求解 ψ 为何值时 r 最小的问题。求上式一次导数得：

$$\frac{dr}{d\psi} = \frac{-d_1}{\psi^2} + \frac{d_2}{(\omega - \psi)^2}$$

上式等于 0，即可求出 r 为最小时的 ψ 值。

$$\psi = \frac{\omega \sqrt{d_1}}{\sqrt{d_1} + \sqrt{d_2}}$$

代入式（2-58）得：

$$r_{\min} = \frac{(\sqrt{d_1} + \sqrt{d_2})^2}{\omega}$$

$$\omega = \frac{(\sqrt{d_1} + \sqrt{d_2})^2}{r_{\min}}$$

显然，若 $r_{\min}$ 大于视距 s，即 $\omega \leqslant \dfrac{(\sqrt{d_1} + \sqrt{d_2})^2}{s}$，则转坡点不需要缓和即可保证所规定的视距 s；若 $\omega > \dfrac{(\sqrt{d_1} + \sqrt{d_2})^2}{s}$，说明转坡点的视距不能保证，必须缓和转坡点，即通过设置竖曲线增大视距。

凸形竖曲线最小视距长度的计算，按竖曲线长度 L 和停车视距 S_T 的关系分为两种情况。

（1）当 $L < S_T$ 时（图 2-36）

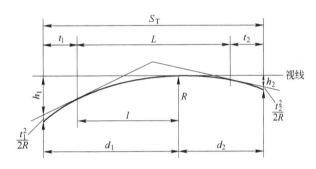

图 2-36 凸形竖曲线视距计算（$L < S_T$）

由竖曲线方程得：

$$h_1 = \frac{d_1^2}{2R} - \frac{t_1^2}{2R}$$

则

$$d_1 = \sqrt{2Rh_1 + t_1^2}$$

$$h_2 = \frac{d_2^2}{2R} - \frac{t_2^2}{2R}$$

则

$$d_2 = \sqrt{2Rh_2 + t_2^2}$$

式中　R——竖曲线半径，m；

　　　h_1——驾驶员视线高，按规定取 $h_1 = 1.2\mathrm{m}$；

　　　h_2——障碍物高，按规定取 $h_2 = 0.1\mathrm{m}$。

由 $t_1 = d_1 - l = \sqrt{2Rh_1 + t_1^2} - l$，得：

$$t_1 = \frac{Rh_1}{l} - \frac{l}{2}$$

由 $t_2 = d_2 - (L - l) = \sqrt{2Rh_2 + t_2^2} - (L - l)$，得：

$$t_2 = \frac{Rh_2}{L - l} - \frac{L - l}{2}$$

视距长度　　　　　　$S_T = t_1 + L + t_2 = \frac{Rh_1}{l} + \frac{L}{2} + \frac{Rh_2}{L - l}$

h_1、h_2 不同位置处，S_T 长度不同，其最小长度值即 $\dfrac{\mathrm{d}S_T}{\mathrm{d}l} = 0$ 的长度，解此得：

$$l = \frac{\sqrt{h_1}}{\sqrt{h_1} + \sqrt{h_2}} L$$

代入上式：

$$S_T = \frac{R}{L}(\sqrt{h_1} + \sqrt{h_2})^2 + \frac{L}{2} = \frac{(\sqrt{h_1} + \sqrt{h_2})^2}{\omega} + \frac{L}{2}$$

满足视距要求的最小曲线长为：

$$L_{min} = 2S_T - \frac{2(\sqrt{h_1} + \sqrt{h_2})^2}{\omega} = 2S_T - \frac{4}{\omega} \tag{2-59}$$

（2）当 $L \geqslant S_T$ 时（图 2-37）

$$h_1 = \frac{d_1^2}{2R}$$

则　　　　　　$d_1 = \sqrt{2Rh_1}$

$$h_2 = \frac{d_2^2}{2R}$$

则　　　　　　$d_2 = \sqrt{2Rh_2}$

$$S_T = d_1 + d_2 = \sqrt{2R}(h_1 + h_2)$$

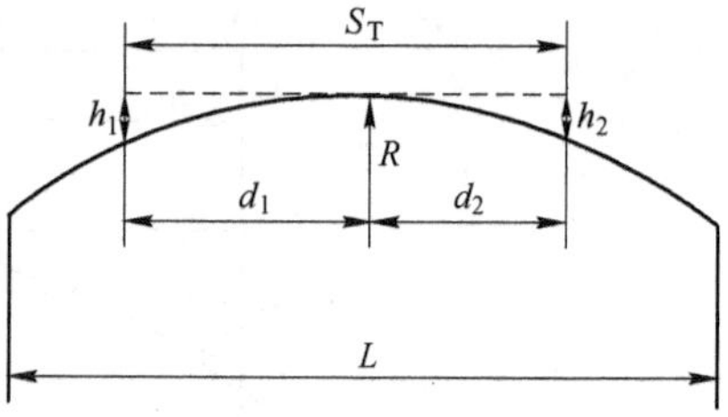

或　　　　　　$S_T = \sqrt{\dfrac{2L}{\omega}}(\sqrt{h_1} + \sqrt{h_2})$

图 2-37　凸形竖曲线视距计算（$L \geqslant S_T$）

满足视距要求的最小曲线长为：

$$L_{min} = \frac{S_T^2 \omega}{2(\sqrt{h_1} + \sqrt{h_2})^2} = \frac{S_T^2 \omega}{4} \tag{2-60}$$

比较以上两种情况，显然式（2-60）的计算结果大于式（2-59），应以式（2-60）作为有效控制。

依据影响竖曲线最小半径的三个限制因素，可分别计算出凸形竖曲线和凹形竖曲线各设计速度时的最小半径和最小长度。设计时竖曲线最小半径和最小长度可按表 2-20 选取。

表 2-20　竖曲线最小半径和最小长度

矿山道路等级	一	二	三
竖曲线最小半径/m	700	400	200
竖曲线最小长度/m	35	25	20

【例2-3】 某矿山一级道路，变坡点桩号 K5 +030.00，高程为 427.68m，i_1 = +5%，i_2 = -4%，竖曲线半径 R =2000m。试计算竖曲线诸要素以及桩号为 K5 +000.00 和 K5 +100.00 处的设计高程。

解：（1）计算竖曲线要素。

转坡角 $\omega = i_2 - i_1 = -0.04 - 0.05 = -0.09$，为凸型。

曲线长 $L = R\omega = 2000 \times 0.09 = 180$m

切线长 $T = \dfrac{L}{2} = \dfrac{180}{2} = 90$m

外距 $E = \dfrac{T^2}{2R} = \dfrac{90^2}{2 \times 2000} = 2.03$m

（2）计算设计高程。

竖曲线起点桩号 =（K5 +030.00）- 90 = K4 +940.0

竖曲线起点高程 = 427.68 - 90 × 0.05 = 423.18m

桩号 K5 +000.00 处：

横距 x =（K5 + 000.00）-（K4 + 940.00）= 60m

竖距 $h = \dfrac{x^2}{2R} = \dfrac{60^2}{2 \times 2000} = 0.90$m

切线高程 = 423.18 + 60 × 0.05 = 426.18m

设计高程 = 426.18 - 0.90 = 425.28m

桩号 K5 +100.00 处：

横距 x =（K5 + 100.00）-（K4 + 940.00）= 160m

竖距 $h = \dfrac{x^2}{2R} = \dfrac{160^2}{2 \times 2000} = 6.40$m

切线高程 = 423.18 + 160 × 0.05 = 431.18m

由于 $\omega < 0$，所以

设计高程 = 431.18 - 6.40 = 424.78m

2.4.6 纵断面图

道路纵断面图如图 2-38 所示。纵断面示意图应布置在图幅上部，线路资料和测设数据应采用表格形式布置在图幅下部。高程标尺应布置在测设数据表的上方左侧，测设数据表格可根据不同设计阶段和不同道路等级的要求而增减。纵断面图中的距离与高程宜按不同比例绘制，距离比例尺应与平面图一致。

线路平面：测设数据表中的线路平面栏标示线路平面信息，如图 2-38 所示。具体标注平曲线信息时，由于纵断面图上空间所限，经常只标注交点编号和部分曲线参数。从起点开始，沿距离增大方向，中间直线表示直线段；凸折线表示右偏曲线，凹折线表示左偏曲线；缓和曲线用斜线表示，如图 2-39 所示。

在测设数据表中，设计高程、地面高程、填高、挖深的数值应对准其桩号，单位以米计。不同设计阶段桩号的疏密不同，桩号类型包括与等高线相交的桩号、主点桩号、百米桩号、加桩号、换坡点桩号等。

坡度/距离：向上或向下斜线表示上坡路段和下坡路段，水平线表示平道。线上数字

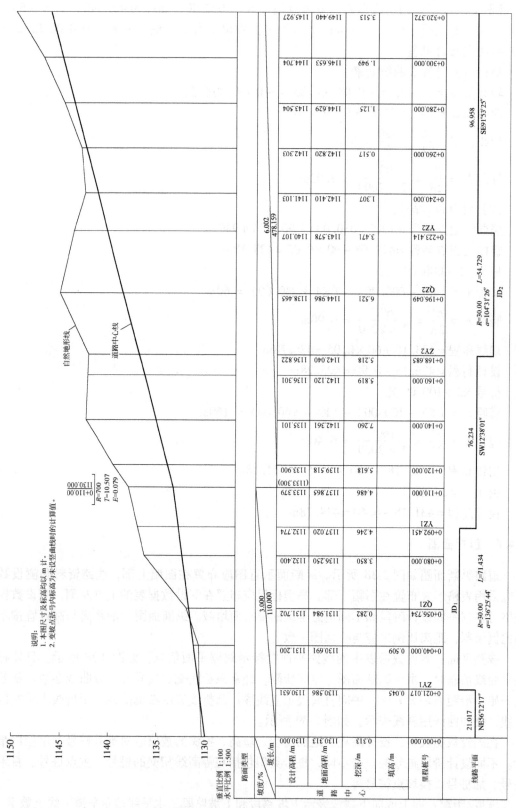

图 2-38　某露天矿道路纵断面图

里程桩号	填高/m	挖深/m	道路中心地面高程/m	道路中心设计高程/m	
0+000.000		0.313	1130.313	1130.000	
ZY1 0+021.017	0.045		1130.586	1130.631	
0+040.000	0.509		1130.691	1131.200	
QZ1 0+056.734	0.282		1131.984	1131.702	
0+080.000	3.850		1136.250	1132.400	
YZ1 0+092.451	4.246		1137.020	1132.774	
0+110.000	4.486		1137.865	1133.379	
0+120.000	5.618		1139.518	1133.900 (1133.300)	
0+140.000	7.260		1142.361	1135.101	
0+160.000	5.819		1142.120	1136.301	
ZY2 0+168.685	5.218		1142.040	1136.822	
QZ2 0+196.049	6.521		1144.986	1138.465	
YZ2 0+223.414	3.471		1143.578	1140.107	
0+240.000	1.307		1142.410	1141.103	
0+260.000	0.517		1142.820	1142.303	
0+280.000	1.125		1144.629	1143.504	
0+300.000	1.949		1146.653	1144.704	
0+320.372	3.513		1149.440	1145.927	

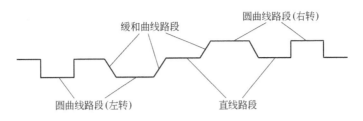

图 2-39 平曲线的标注

表示坡度的百分数，线下数字表示坡段长度。

2.5 路 基 设 计

路基是路面的基础，它承受着土体本身的自重和路面结构的重力，同时还承受由路面传递下来的行车荷载，所以路基是公路的承重主体。路基应具有足够的强度和良好的稳定性，对影响路基强度和稳定性的地面水和地下水必须采取相应的排水措施，并应综合考虑附近农田排灌的需要。

在工程地质和水文地质条件良好的地段修筑的一般路基，其设计主要包括以下内容：

（1）选择路基断面形式，确定路基宽度与路基高度；

（2）选择路堤填料与压实标准；

（3）确定边坡形状与坡度；

（4）路基排水系统布置和排水结构设计；

（5）坡面防护与加固设计；

（6）附属设施设计。

2.5.1 路基的类型

一般路基通常指在良好的地质与水文等条件下，填方高度和挖方深度不大的路基。通常认为一般路基可以结合当地的地形、地质情况，直接选用典型断面图或设计规定，不必进行个别论证和验算。对于超过规范规定的高填、深挖路基，以及地质和水文等条件特殊的路基，为确保路基具有足够的强度与稳定性，需要进行个别设计与验算。

由于挖填情况的不同，路基横断面的典型形式可归纳为路堤、路堑和填挖结合三种类型。路堤是指全部用岩土填筑而成的路基，也称为填方路基。路堑是指全部在天然地面开挖而成的路基，也称为挖方路基。当天然地面横坡大，且路基较宽，需要一侧开挖而另一侧填筑时，为挖填结合路基，也称为半填半挖路基。路基横断面设计的主要参数有路基宽度、横坡、边坡等。

2.5.1.1 路堤

路堤横断面的常见形式如图 2-40 所示。按路堤的填土高度不同，划分为矮路堤、一般路堤和高路堤。填土高度小于 1.0～1.5m 者，属于矮路堤；大于 18m 的土质路堤和大于 20m 的石质路堤属于高路堤；填土高度介于矮路堤和高路堤之间的路堤为一般路堤。地面横坡较陡时宜采用护脚路堤。

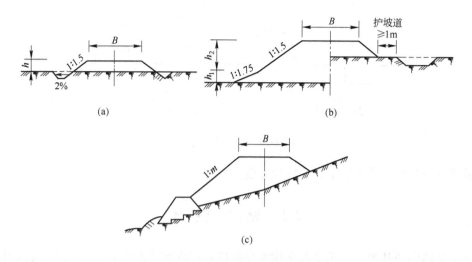

图 2-40   路堤的常用横断面形式

（a）矮路堤；（b）一般路堤；（c）护脚路堤

为保护填方坡脚不受流水侵害，保证边坡稳定性，可在坡脚与沟渠之间预留 1~2m 宽度的护坡道，其坡度为 2%。地面横坡较陡（大于 1∶5）时，应设置石砌护脚，或将原地面挖成台阶，台阶宽度不宜小于 1m，如图 2-41 所示。

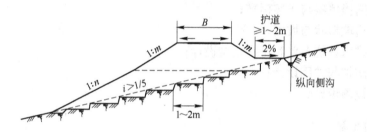

图 2-41   山坡路堤横断面示意图

高路堤的填方数量大，占地多，为使路基稳定和横断面经济合理，需进行个别设计。高路堤和浸水路堤的边坡可采用上陡下缓的折线形式或台阶形式，如在边坡中部设置护坡道。为防止水流侵蚀和冲刷坡面，高路堤和浸水路堤的边坡须采取适当的坡面防护和加固措施，如铺草皮、砌石等。

2.5.1.2   路堑

路堑横断面的常见形式如图 2-42 所示，有全挖路基、台口式路基、半山洞路基（又称半隧道路基）。挖方边坡可视高度和岩土层情况设置成直线或折线。挖方边坡的坡脚处设置边沟，以汇集和排除路基范围内的地表径流。路堑的上方应设置截水沟，以拦截和排除流向路基的地表径流。挖方弃土可堆放在路堑的下方。边坡坡面易风化时，在坡脚处设置 0.5~1.0m 的碎落台，坡面可采用防护措施。

陡峭山坡上的半路堑，路中线宜向内侧移动，尽量采用台口式路基，避免路基外侧的少量填方。遇有整体性的坚硬岩层，为节省石方工程，可采用半山洞路基。

通常将深度大于 20m 的路堑视为深路堑。深路堑的土石方数量大，施工困难，边坡稳

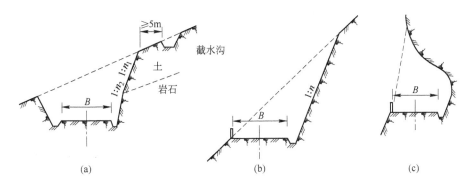

图 2-42 路堑的常用横断面形式

（a）全挖路基；（b）台口式路基；（c）半山洞路基

定性差，行车不利，应尽量避免使用，不得已而一定要用时，应进行个别特殊设计。

2.5.1.3 半填半挖路基

半填半挖路基横断面的常见形式如图 2-43 所示。位于山坡上的路基，通常取路中心的高程接近原地面高程，以便减少土石方数量，保持土石方数量横向平衡，形成半填半挖路基。若处理得当，路基稳定可靠，是比较经济的断面形式。

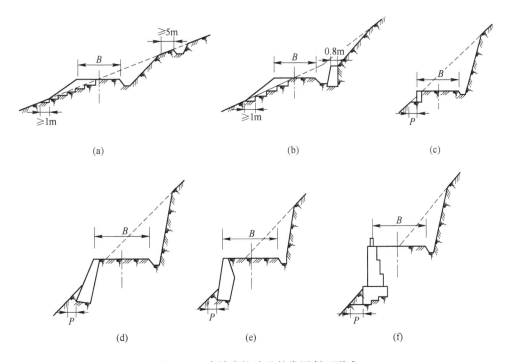

图 2-43 半填半挖路基的常用断面形式

（a）一般填挖路基；（b）矮挡土墙路基；（c）护肩路基；（d）砌石护坡路基；

（e）砌石护墙路基；（f）挡土墙支撑路基

半填半挖路基兼有路堤和路堑两者的特点，上述对路堤和路堑的要求均应满足。填方部分的局部段落，如遇原地面的短缺口，可采用砌石护肩。如果填方量较大，也可就近利用废石方砌筑护坡或护墙，石砌护坡或护墙相当于简易式挡土墙，承受一定的侧向压力。

有时填方部分需要设置挡土墙以确保路基稳定，进一步压缩用地宽度。

上述三类典型路基横断面形式各具特点，分别在一定条件下使用。由于地形、地质、水文等自然条件差异性很大，且路基位置、横断面尺寸及要求等，亦应服从于路线、路面及沿线结构物的要求，所以路基横断面类型的选择，必须因地制宜，综合设计。

2.5.2 路基高度

路基高度是指路堤的填筑高度或路堑的开挖深度，是路基中心线处设计高程与原地面高程之差。路基两侧边坡的高度是指填方坡脚或挖方坡顶与路基边缘的相对高差，所以路基高度有中心高度和边坡高度之分。

路基的填挖高度，是在路线纵断面设计时，综合考虑路线纵坡要求、路基稳定性和工程经济因素确定的。从路基的强度和稳定性要求出发，路基上部土层应处于干燥或中湿状态，路基高度应根据临界高度并结合公路沿线具体条件和排水及防护措施确定路堤的最小填土高度。

路基高度的设计应使路肩边缘高出地面积水，并考虑地面水、地下水、毛细水和冰冻作用对路基强度和稳定性的影响。当路基高度不符合规定时，可采取降低水位、设置毛细水隔断层等措施。

沿河及受水浸淹的路基，其路肩边缘标高应高出设计水位 0.5m 以上。

2.5.3 路基宽度

路基宽度是由行车道路面宽度和路肩宽度组成，如图 2-44 所示。

2.5.3.1 路面宽度

路面宽度取决于行车道数据和每一行车道的宽度。路面宽度是根据设计车辆宽度、行车密度、汽车行驶速度等因素确定。

路面宽度不仅与汽车宽度有关，还与行

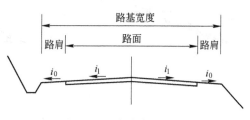

图 2-44 公路路基组成

车速度有关，车速愈快愈不容易使汽车保持在车道中心线上行驶，而是沿着一个摆动幅度前进，因此会车时需要一个适当的安全距离。路面宽度表示为：

$$B = nb + (n - 1)x + 2y \tag{2-61}$$

式中 B——路面宽度，m；

       n——行车道数目，矿山道路通常为双车道或单车道，条；

       b——汽车的计算宽度，m；

       x——两汽车会车时所需车箱间安全距离，一般采用 0.7 ~ 1.7m；

       y——汽车后轮外缘与路面边缘之间的安全距离，一般取 0.4 ~ 1m。

生产线（除单向环行者外）和联络线宜按双车道设计，联络线在条件困难时可按单车道设计，辅助线可根据需要按单车道或双车道设计。当单车道需要同时双向行车时，应在适当的间隔距离内设置错车道。根据国内外实际资料，双车道的路面宽度为车宽的 2.6 ~ 3.5 倍，多数为 2.9 倍。单车道路面宽度取车宽的 1.6 ~ 2 倍。矿山道路路面宽度可按表 2-21 的规定选用。

表 2-21　矿山道路路面宽度

车宽类别		一	二	三	四	五	六	七	八
计算车宽/m		2.3	2.5	3.0	3.5	4.0	5.0	6.0	7.0
双车道路面宽度/m	一级	7.0	7.5	9.5	11.0	13.0	15.5	19.0	22.5
	二级	6.5	7.0	9.0	10.5	12.0	14.5	18.0	21.5
	三级	6.0	6.5	8.0	9.5	11.0	13.5	17.0	20.0
单车道路面宽度/m	一、二级	4.0	4.5	5.0	6.0	7.0	8.5	10.5	12.0
	三级	3.5	4.0	4.5	5.5	6.0	7.5	9.5	11.0

注：1. 当实际车宽与计算车宽的差值大于 15cm 时，应按内插法，以 0.5m 为加宽量单位调整路面的设计宽度；

　　2. 辅助线的路面宽度，在工程艰巨或交通量较小的路段，可减少 0.5m。

2.5.3.2　路肩宽度

路肩是指路面外缘至路基边缘的带状部分。各级公路都要设置路肩，它是用来保护和支撑路面结构，临时停靠车辆，堆积维修道路的物料及行人之用，它有利于行车的安全和路面的稳定。路肩应有足够的宽度，特别对通行大型车辆的道路，在地形有利时应尽量加宽路肩。

矿山道路运输干线根据不同车型可参照表 2-22 确定路肩宽度。在急弯、陡坡、高路堤、地形险峻等路段，为运行安全，可根据具体情况在路肩上设置墙式护栏（护墙、护堤），如图 2-45 所示。护墙长 2m，两墙间距为 3m，曲线处为 2m。也可用废石堆置挡车堆（护堆），护堆尺寸应根据车型确定，堆高一般为车轮高的一半，如图 2-46 所示。路面边缘至护墙内侧或护堆内侧坡脚的净距，不宜小于表 2-23 的规定。

表 2-22　矿山道路路肩宽度

车宽类别		一、二	三	四	五	六	七、八
路肩宽度/m	挖 方	0.50	0.50	0.75	1.00	1.00	1.00
	填 方	1.00	1.25	1.50	1.75	2.00	2.50

注：1. 挖方路基的单车道路肩宽度或双车道外侧无堑壁的路肩宽度，不得小于 1m。当挖方路基外侧无堑壁、原地面横坡陡于 25° 时，路肩宽度应再按车型大小增加 0.25～1m。

　　2. 填方路基的填土高度大于 1m 时，路肩宽度应按车型大小增加 0.25～1m。

　　3. 当路肩上需要设置墙式护栏或挡车堆时，路肩宽度应结合表 2-23 的规定予以增加。

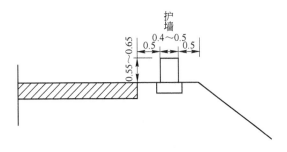

图 2-45　护墙

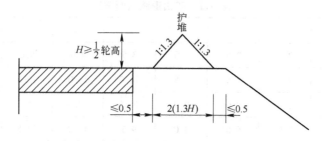

图 2-46　护堆

表 2-23　路面边缘至护墙或护堆内侧坡脚的最小净距

车宽类别	一、二、三	四	五、六、七、八
护　墙	0.75	1.00	1.25
护　堆	0.50	0.75	1.00

2.5.3.3　运输平台宽度

道路路基宽度等于路面宽度与路肩宽度之和，而采场内运输平台宽度应包括水沟宽度，路基外侧无堑壁时还应增加一定的安全宽度。运输平台断面规格如图 2-47 所示，运输平台宽度计算参见图 2-48，计算公式如下：

$$B = b_1 + 2b_2 + b_3 + b_4 \tag{2-62}$$

式中　B——采场内运输平台宽度，m；

　　　b_1——道路路面宽度，m；

　　　b_2——道路路肩宽度，m；

　　　b_3——水沟（包括碎石落台）宽度，m；

　　　b_4——路基外侧无堑壁时的安全宽度。它与汽车轮胎高度及岩性有关，不设护堆时可取 $1 \sim 3m$。

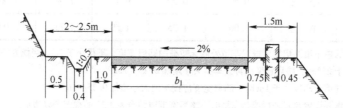

图 2-47　运输平台断面规格示意图

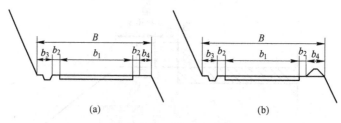

图 2-48　运输平台宽度

（a）不设挡车堆；（b）设挡车堆

各类计算车宽的运输平台宽度可参照表2-24选用。

表2-24　采场内运输平台宽度表

车宽类别		一	二	三	四	五	六	七	八
运输平台宽度/m	单线	7.5	8.0	9.0	10.0	11.5	13.5	15.0	17.0
	双线	10.5	11.5	13.0	14.5	16.5	19.5	22.5	26.5

2.5.4　路基边坡坡度

路基边坡坡度对路基稳定十分重要，确定路基边坡坡度是路基设计的重要任务。公路路基的边坡坡度，可用边坡高度 H 与边坡宽度 b 之比值表示，并取 $H=1$，如图2-49所示。

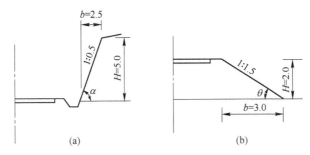

图2-49　路基边坡坡度示意图
（a）路堑；（b）路堤

路基边坡坡度的大小取决于边坡的土质、岩石的性质及水文地质条件等自然因素和边坡的高度。在陡坡或填挖较大的路段，边坡坡度不仅影响到土石方工程量和施工的难易，而且是路基整体稳定性的关键。因此，确定边坡坡度对于路基的稳定性和工程的经济性至关重要。

2.5.4.1　路堤边坡

路堤边坡坡度应根据自然条件、填料类别、边坡高度、施工方法等确定。当路堤基底情况良好时，可按表2-25所列数值并结合实践经验采用。

表2-25　路堤边坡坡度

填 料 种 类		边坡最大高度/m			边 坡 坡 度		
		全部高度	上部高度	下部高度	全部坡度	上部坡度	下部坡度
一般性黏土		20	8	12		1:1.5	1:1.75
砾石土、粗砂、中砂		12			1:1.5		
碎石土、卵石土		20	12	8		1:1.5	1:1.75
不易风化的石块	块度小于25cm	8			1:1.3填筑		
		20			1:1.5填筑		
	块度大于25cm	20			1:1.3表面码砌		
	块度大于40cm	5			1:0.5表面码砌		
		10			1:0.75表面码砌		
		20			1:1表面码砌		

注：1. 路堤边坡高度超过表列数值时，属于高路堤，应进行单独设计；
　　2. 浸水部分的路堤边坡坡度，可采用1:2。

2.5.4.2 路堑边坡

路堑是从天然地层中开挖出来的路基结构物，设计路堑边坡时，首先应从地貌和地质构造上判断其整体稳定性。在遇到工程地质或水文地质条件不良的地层时，应尽量使路线避绕它；而对于稳定的地层，则应考虑开挖后，是否会由于减少支承，坡面风化加剧而引起失稳。

影响路堑边坡稳定的因素较为复杂，除了路堑深度和坡体土石的性质之外，地质构造特征、岩石的风化和破碎程度、土层的成因类型、地面水和地下水的影响、坡面的朝向、施工方法以及当地的气候条件等都会影响路堑边坡的稳定性，在边坡设计时必须综合考虑。当地质条件良好，且土质均匀时，可按表 2-26 所列数值范围并结合实践经验采用。

表 2-26 路堑边坡坡度

土 石 类 别		边坡最大高度/m	边坡坡度
一般土		20	1：0.5～1：1.5
黄土及类黄土		20	1：0.1～1：1.25
碎石土、卵石土	胶结和密实	20	1：0.5～1：1.0
	中　密	20	1：1.0～1：1.5
风化岩石		20	1：0.5～1：1.5
一般岩石			1：0.1～1：0.5
坚　石			直立～1：0.1

非均质土层路堑边坡，可采用适应于各土层稳定的折线或台阶形状。通常大于 20m 的路堑视为深路堑，应进行个别特殊设计。

2.5.5 路基排水

路基路面的强度与稳定性同水的关系十分密切。水对路面的危害可以表现为：降低路面材料的强度，在水泥混凝土路面的接缝和路肩处造成唧泥；对于沥青路面，水使沥青从石料表面剥落造成各种病害；移动荷载作用下引起的唧泥和高压水冲刷，造成路面基层承载能力下降；在冻胀地区，融冻季节水会引起路面承载能力的普遍下降。因此，为使路基稳固，必须排除影响路基的地面水及地下水。

所谓唧泥是指车辆通过时，路面基层细料和水一起从接缝处挤出，由缝中喷溅出稀泥浆的现象。基础逐渐失去支撑能力，在荷载的重复作用下，最终将产生板断裂的现象。产生的主要原因是填缝料损坏，雨水下渗和路面排水不良。

路基排水的任务，就是将路基范围内的土基湿度降低到一定的限度以内，保持路基常年处于干燥状态，确保路基及路面具有足够的强度与稳定性。

路基设计时，必须考虑将影响路基稳定性的地面水排除和拦截于路基用地范围以外，并防止地面水漫流、滞积或下渗。对于影响路基稳定性的地下水，则应予以隔断、疏干和降低，并引导至路基范围以外的适当地点。各级道路应根据沿线地表水和地下水的实际情况，设置必要的边沟、截水沟、排水沟、渗沟等路基排水设施。厂矿道路，必要时可采用暗式排水系统，设置雨水口、雨水管等排水设施。

2.5.5.1 边沟

挖方路基的路肩外侧或低路堤的坡脚外侧及不填不挖的路段，均应设置边沟，用以汇集和排除路基范围内流向路基的少量地面水。

边沟排水量不大，一般不需要进行水文水力计算，依沿线具体条件，直接选用标准横断面即可。边沟由于紧靠路基，通常不允许其他排水沟渠的水流进入，亦不能与其他人工沟渠合并使用。

边沟的横断面形式有梯形、矩形、三角形等，如图 2-50 所示，应按土石类别和施工方法确定。土质边沟一般采用梯形或三角形断面；石质边沟一般采用矩形或三角形断面。三角形边坡的水流条件较差，通常只在少雨、浅挖地段采用，流量较大时沟深宜适当加大。梯形或矩形边沟的底部宽度一般为 0.4m，沟深一般大于 0.4m；在分水点处的边沟深度可减小到 0.2m。干燥少雨地区或不易风化的岩石地段，且道路纵坡较大时，深度可减至 0.3m。边沟靠近路基一侧的边坡，梯形宜采用 1:1 ~ 1:1.5，三角形宜采用 1:2 ~ 1:3；边沟外侧的边坡，可与路堑边坡坡度相同。

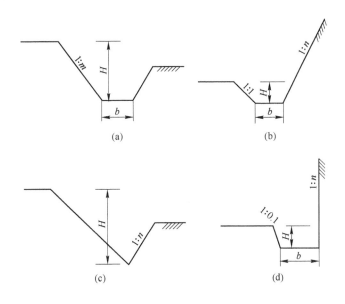

图 2-50 边沟的横断面形式
(a)，(b) 梯形；(c) 三角形；(d) 矩形

边沟的沟底纵坡不宜小于 0.5%，一般与路线纵坡一致，但平坡路段的边沟纵坡可减少到 0.2%，此时边沟出口间距宜减短。

2.5.5.2 截水沟

截水沟（又称天沟），用以拦截并排除路基上方流向路基的地表径流，减轻边沟的水流负担，保护挖方边坡和填方坡脚不受水流冲刷和损害。当有较大的山坡地表水流向路基时，应在挖方路基边坡顶以外或山坡路堤的上方的适当位置设置截水沟。降雨量较少或坡面坚硬和边坡较低以至冲刷影响不大的路段，可以不设截水沟。

挖方路段截水沟宜在距离路堑边坡坡顶 5m 以外设置，如图 2-51 所示。但当土质良好、路堑边坡不高或沟内有铺砌时，截水沟离路堑坡顶亦可不小于 2m。湿陷性黄土地区截水沟离路堑坡顶，不宜小于 10m，并应加固防渗。截水沟下方一侧，可堆置挖沟的土方，要求做成顶部向沟倾斜 2% 的土台。

山坡填方路段可能遭到上方水流的破坏作用，此时必须设截水沟，以拦截山坡水流，保护路基。如图 2-52 所示，截水沟与坡脚之间，要有不小于 2.0m 的间距，并做成 2% 的向沟倾斜横坡，确保路堤不受水害。

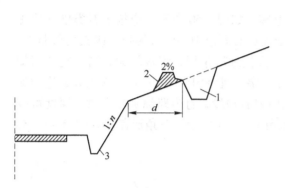

图 2-51　挖方路段截水沟

1—截水沟；2—弃土堆；3—边沟

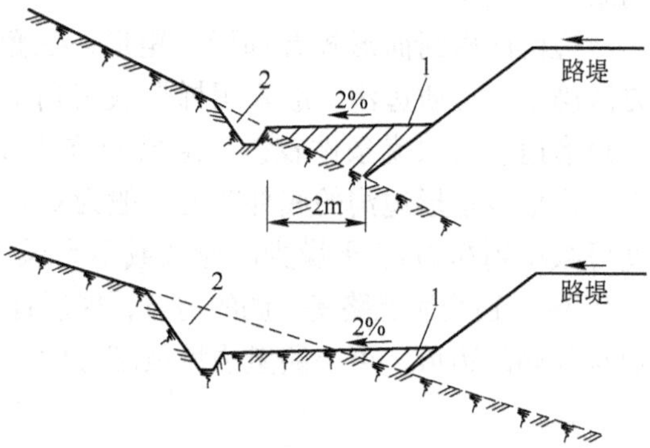

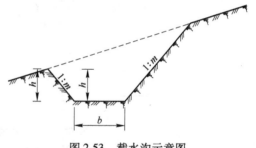

图 2-52　填方路段截水沟

1—土台；2—截水沟

截水沟的横断面形式宜采用梯形，如图 2-53 所示。除需要按流量计算者外，底部宽度可采用 0.5m，深度可采用 0.4~0.6m。截水沟边坡坡度，因岩土条件而定，一般采用 1:1~1:1.5。沟底纵坡不宜小于 0.5%，但在条件困难时可减小到 0.2%。截水沟内的水，应引到路基范围以外排泄；当受地形条件限制，需要通过边沟排泄时，应采取防止冲刷路基或淤塞边沟的措施。

图 2-53　截水沟示意图

2.5.5.3　排水沟

将路基范围内各种水源的水流（如边沟、截水沟、取土坑、边坡和路基附近积水），引排至桥涵或路基范围以外的指定地点。排水沟的横断面形式宜采用梯形，其尺寸应按流量计算确定，底宽和深度不宜小于 0.5m，土沟的边坡坡度约为 1:1~1:1.5。排水沟沟底纵坡不宜小于 0.5%，但在条件困难时可减小到 0.2%。

2.5.5.4　其他

当边沟、截水沟和排水沟有渗漏或冲刷可能时，应根据流速（或纵坡）、土质、材料、气候等，采取防渗或防冲的加固措施，如铺草皮、砌石、砌砖、铺水泥混凝土预制块等。

为避免高路堤边坡被路面水冲毁可在路肩上设拦水缘石，将水流拦截至挖方边沟或在适当地点设急流槽引离路基。设拦水缘石路段的路肩宜适当加固。

对危害路基的地下水，应采取截断、疏干、降低或引排至路基范围以外的措施，如挖明沟、埋渗沟等。当地下水埋藏深时，可采用渗水隧洞、渗井和水平钻孔等设施。

运输平台和露天采场的道路路基排水应结合整个采场的排水系统统一考虑。

2.5.6 路基压实、防护与加固

为了提高路基土体的密实度,降低透水性,避免其软化和冻胀等病害,路基必须要充分压实。施工过程中采用压实系数 K 作为控制指标(压实系数指土基压实后的干容重与该种土在室内标准压实试验下最大干容重之比值)。土的原生结构 K 值一般只能达到 0.85 左右,一般不应在未经压实的土质路基上修筑路面。行驶重型自卸汽车的露天矿山道路,其路基最小压实度如表 2-27 所示。

表 2-27 路基最小压实度

填挖类别	深度/cm	路基最小压实度		
		一般地区	干旱地区	潮湿地区
填　方	0 ~ 80	0.95 ~ 0.93	0.93 ~ 0.91	0.93 ~ 0.91
	80 ~ 150	0.93 ~ 0.91	0.91 ~ 0.89	0.89 ~ 0.87
	>150	0.93 ~ 0.91	0.91 ~ 0.89	0.87 ~ 0.85
挖　方	0 ~ 40	0.95 ~ 0.93	0.93 ~ 0.91	0.93 ~ 0.91

注:1. 干旱地区系指年降雨量小于 100mm,且地下水源稀少的地区;潮湿地区系指年降雨量大于 2500mm、年降雨天数大于 180d,且土的含水量超过最佳含水量 5% 以上的地区。
　　2. 黏性土宜采用下限;砂性土宜采用上限。

路基应根据道路性质、使用要求(包括道路服务年限)、地质、水文、材料等,采取适当的防护或加固措施。

考虑到矿山道路的特点和就近取材的原则,易受自然作用破坏的路基边坡,一般可采用干砌或浆砌片石等加固措施。有条件也可采取种草籽、铺草皮、植树(灌木)等坡面防护措施;对植物不易生长或过陡的边坡,可采取抹面、喷浆、捶面、勾缝以及砌筑边坡渗沟、护坡、护墙等措施。

在地面横坡较陡地段,当修筑路堤有顺基底及基底下软弱层滑动可能或开挖路堑有滑动可能时,必须设置挡土墙或采取其他加固措施。挡土墙宜采用重力式或衡重式浆砌片石结构。

2.5.7 路基附属设施

2.5.7.1 弃土堆

路基开挖的废方一般选择路旁低洼地,就近弃堆,如图 2-54 所示。弃土堆内侧坡脚至路堑坡顶的距离 d 可根据土质和边坡高度采用 2 ~ 5m。

弃土堆宜设在路堑的下坡一侧。当地面横坡缓于 1:5 时,可设在路堑两侧。设在山坡下侧的弃土堆,应间断堆集,并应保证弃土堆内侧地面水能顺利排出;设在山坡上侧的弃土堆应连续堆集,除应根据地面水情况设置截水沟或排水沟外,应保证弃土堆和路堑边坡的稳

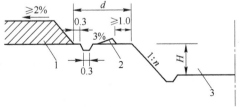

图 2-54 路旁弃土堆示意图
1—弃土堆;2—平台与三角土块;3—路堑

定。当沿河弃土时，不得淤塞河道，挤压桥孔和造成河岸冲刷。

弃土堆边坡坡度，宜采用 1∶1 ~ 1∶1.5。弃土堆顶面应设置背向路基的不小于 2% 的横坡。弃土堆宜选择在低洼处的荒地或坡地。在保证排水的情况下，宜将弃土堆摊平利用。

2.5.7.2　护坡道

护坡道是保护路基边坡稳定性的措施之一，设置的目的是加宽边坡横向距离，有利于降低边坡平均坡度、保护边坡稳定，软土地段还有助于路基沉降均匀及路基整体稳定。但护坡道设置涉及土地占用及工程经济性，应兼顾好稳定与经济合理性。

通常护坡道宽度 d 视边坡高度 h 而定，$h \leqslant 3.0\,\mathrm{m}$，$d = 1.0\,\mathrm{m}$；$h = 3 ~ 6\,\mathrm{m}$，$d = 2\,\mathrm{m}$；$h = 6 ~ 12\,\mathrm{m}$，$d = 2 ~ 4\,\mathrm{m}$。

护坡道一般设置在路基坡脚处，边坡较高时亦可设在边坡上方及挖方边坡的变坡处。浸水路堤的护坡道，可设在浸水线以上的边坡上。

2.5.7.3　碎落台

碎落台设于土质或石质土的挖方边坡坡脚处，主要用于临时堆积边坡下落的零星土石块，以避免边沟阻塞，亦有护坡道的作用。其宽度可根据土质和边坡高度确定，一般取 1.0 ~ 1.5m，不宜小于 0.5m，如兼有护坡作用，可适当放宽。碎落台上的堆积物应定期清理。当边坡适当加固或高度小于 2m 时，可不设碎落台。

2.6　道路选线与定线

简单地说，道路选线指确定道路的基本走向和总体布局，而道路定线指具体定出道路中线。

2.6.1　道路选线

选线是根据路线基本走向和技术标准，结合地形、地质条件，考虑安全、环保、土地利用和施工条件，以及经济等因素，通过全面比较，选定路线中线的工作。

2.6.1.1　选线的方法和步骤

一条路线的起点、终点确定以后，它们之间有很多走法。选线的任务就是在这众多的方案中选出一条符合设计要求、经济合理的最优方案，确定道路的走向和总体布局。最有效的做法是通过分阶段、分步骤，由粗到细，反复比选来求最佳解。选线的具体内容主要是选择决定路线走向的控制点和加密中间控制点，并具体定出道路中线。选线工作可分三步进行。

（1）路线方案选择。路线方案选择主要是解决起、终点间路线基本走向问题。通常先在小比例尺（1∶2.5 万 ~ 1∶10 万）地形图上找出各种可能的方案，进行初步评选，确定几条可行方案；然后进行现场勘察，通过多方案比选，得出一个最佳方案。

（2）路线带选择。在路线基本方向选定的基础上，按地形、地质、水文等自然条件选定出一些细部控制点，连接这些控制点，即构成路线带，也称路线布局。路线布局一般应在 1∶1000 ~ 1∶5000 比例尺的地形图上进行。

（3）具体定线。根据技术标准和路线方案，结合有关条件在选定的路线带内进行平、纵、横综合设计，具体定出道路中线的工作，即定线是选线工作的一部分。

2.6.1.2 布设方式

路线带选择按地形大致可分为平原区选线、山岭区选线和丘陵区选线。地貌特征不同的区域，其选线原则和布线方式也不相同。矿区多位于地形复杂的丘陵区，布线方法应随路线行经地带的具体地形而采用不同的布线方式，具体可概括为三类地形地带和相应的三种布线方式。

（1）平坦地带——走直线。两个已知控制点间地势平坦，应按平原区以方向为主导的原则布线。如其间无地物、地质障碍，或应趋附的风景、文物以及居民点，路线应走直线；如有障碍，或应趋附的地点，则加设中间控制点，相邻控制点间仍以直线相连，路线转折处设长而缓的平曲线。

（2）较陡横坡地带——走匀坡线。匀坡线是两控制点之间，沿自然地形，以均匀坡度定的地面点的连线，如图 2-55 所示。匀坡线须多次试放才能获得。

在具有较陡横坡的地带，两已定控制点间，如无地物、地形、地质上的障碍，路线应沿匀坡线布线；如有障碍，则在障碍处加设控制点，相邻控制点间仍沿匀坡线布线。

（3）起伏地带——走直连线和匀坡线之间。两已定控制点间存在一组起伏，如图 2-56 所示。此类地形布线，如沿直连线走，路线最短，但起伏很大，为了减缓起伏，必将出现高填深挖，增大工程量；如沿匀坡线走，纵坡较缓，但路线绕长太多，工程量也不会省。这种"硬拉直线"和"弯曲求平"的做法，都是不正确的。

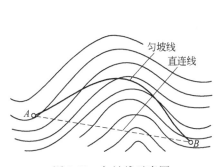

图 2-55 匀坡线示意图

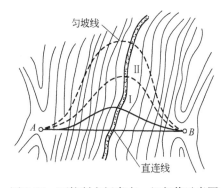

图 2-56 两控制点间存在一组起伏示意图

如路线走在直连线和匀坡线之间，比直连线的起伏小，比匀坡线的距离短，且工程较省。路线在平面上的具体位置，应根据路线等级，做到平、纵、横合理组合。

对较小起伏地带，应先考虑纵坡和缓，再考虑平面与横断面。低级路工程宜小，平面上稍迂回增长距离是可行的，即路线可离直连线远些；高级路则应尽可能缩短距离，使路线离直连线近些。

较大起伏地带，两控制点间梁谷高差不同，高差大的侧坡坡度常成为决定因素，应根据采用的合理纵坡，结合梁顶挖深和谷底填高确定路线的平面位置。

2.6.1.3 展线方式

矿山道路的展线方式主要有自然展线、回头展线、螺旋展线三种。

A 自然展线

自然展线是以适当的纵坡，顺着自然地形，绕山嘴、侧沟来延展距离，克服高差的展线方式。自然展线的优点是方向符合路线基本走向，行程与升降统一，路线最短。与回头展线相比，线形简单，技术指标一般较高，特别是路线不重叠，对行车、施工、养护均有利。如路线所经地带地质稳定，无割裂地形阻碍，布线应尽可能采用自然展线。缺点是避让艰巨工程或不良地质的自由度不大，只有调整纵坡这一途径。如遇到高崖、深谷或大面积地质病害很难避开，不得不采取其他展线方式。

B 回头展线

回头展线是路线沿山坡一侧延展，选择合适地点，用回头曲线做方向相反的回头后再回到该山坡的布线方式。

当控制点间高差大，靠自然展线无法取得需要的距离以克服高差，或因地形、地质条件限制，不宜采用自然展线时，路线可利用有利地形设置回头曲线进行展线，如图 2-57 所示。

回头展线的优点是便于利用有利地形，避让不良地形、地质和难点工程。其缺点是在同一坡面上、下线重叠，尤其靠近回头曲线前后的上、下线相距很近，对行车、施工、养护都不利，因此不得已时方可采用这种展线方式。

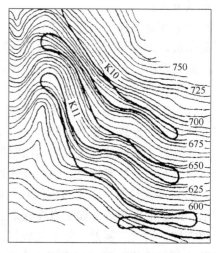

图 2-57 利用山坡进行回头展线

回头地点对回头曲线工程量和使用质量关系很大，应慎重选择。回头曲线的形状取决于回头地点的地形，一般利用以下三种地形设置：

（1）直径较大、横坡较缓、相邻有较低鞍部的山包或平坦的山脊，如图 2-58（a）、（b）所示。特点是上、下线干扰不大，利于施工；视距较差，不利于行车。

（2）地形、水位地质良好的平缓山坡，如图 2-58（c）所示。特点是视距条件较好；施工时上、下线干扰大，工程量一般较大。

（3）地形开阔、横坡较缓的山沟或山坳，如图 2-58（d）、（e）所示。特点是视距条件好，涵洞工程量大，应注意水文地质状况。

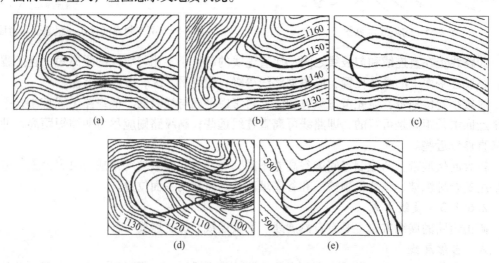

图 2-58 适宜设置回头曲线的有利地形示意图

（a）利用山包回头；（b）利用山脊平台回头；（c）利用缓坡回头；（d）利用山沟回头；（e）利用山坳回头

为消除或减轻回头展线对行车、施工、养护等的不利影响，要尽量将回头曲线间的距离拉长，以分散回头曲线、减少回头个数，避免上、下两个回头曲线并头。回头曲线对不良地形、地质的避让有较大自由度，但不应遇到难点工程，不分困难大小和能否克服就轻易回头，致使线路在小范围内重叠盘绕。对障碍应具体分析，当突破一点而有利于全局时，应设法突破。

C 螺旋展线

螺旋展线是当线路受到限制，需要在某处集中提高或降低某一高度才能充分利用前后有利地形或位置，而采用的螺旋状展线方式。螺旋展线一般多在山脊利用山包盘旋，如图2-59中实线所示；或在山谷内就地迂回，用桥跨线，如图2-60中实线所示；也可在山体内以隧道方式旋转。

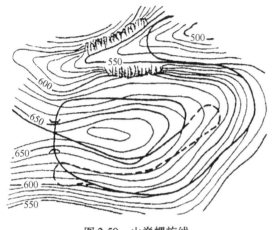

图2-59 山脊螺旋线

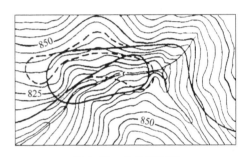

图2-60 山谷螺旋线

螺旋展线比回头展线（参见图2-59、图2-60中的虚线）具有线形较好，避免路线重叠的优点，但因建隧道或高长桥，造价较高，因而较少采用。必须采用时，应根据路线性质和任务，与回头曲线展线方式做详细比较。由于矿山运输系统本身具有终点装载或卸料后回返的特点，不需要通过隧道或高桥延续路线，而线路质量又明显好于回返坑线开拓系统，所以螺旋展线方式在矿山运输系统设计中经常使用。

2.6.2 纸上定线

在选线布局的基础上，具体定出道路中线位置的作业过程称为定线。

定线的任务是在选线布局阶段选定的"路线带"（或称定线走廊）的范围内，按已定的技术标准，结合细部地形、地质等自然条件，综合考虑平、纵、横三面的合理安排，定出道路中线的确切位置。

按工作对象的不同，常用的定线方法分为纸上定线和现场定线两种。

纸上定线是指先在大比例尺（一般用1∶1000或1∶2000）地形图上进行室内定线，然后通过实地放线再把纸上路线敷设到地面上的定线过程。纸上定线具有俯视范围大，控制点容易确定，平、纵线形及其组合可反复试线修改，可发挥定线组集体作用等优点。纸上定线精度依赖于地形图的精度。纸上定线适用于各等级、各类型地形条件的路线，对技术标准高，地形、地物复杂的路线必须采用纸上定线，以提高定线质量。

　　现场定线是指设计人员直接在现场定出路线中线的具体位置。现场定线适用于标准低或地形、地物简单的路线，

　　纸上定线的主要过程包括地形分析、定导向线、平面试线、试拉纵坡、修正导向线、二次修正导向线、定线等步骤。

2.6.2.1　定导向线

　　（1）分析地形，找出各种可能的走法。在地形图上仔细研究路线布局阶段选定的主要控制点间的地形、地质情况，选择有利地形，如平缓顺直的山坡、开阔的侧沟、利于回头的地点等，拟定路线各种可能的走法。如图2-61所示，图中左侧地形较陡，右侧地形较缓，A、D为两控制点，B为可利用的山脊平台，C为应避让的陡崖，则A-B-C-D为路线的一种可能走法。

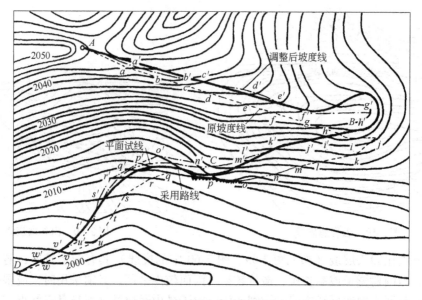

图2-61　纸上定线平面图

　　（2）定匀坡线。纸上定线的放坡是用两脚规进行的，如图2-62所示。

　　定线步距a可按下式计算：

$$a = \frac{h}{i_{均}} \qquad (2-63)$$

式中　a——定线步距，m；

　　　h——等高距，m；

　　　$i_{均}$——平均纵坡，%，通常取5.0% ~5.5%，视地形曲折程度和高差而定。

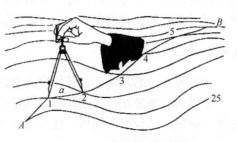

图2-62　放坡试定匀坡线

　　求得定线步距后，在比例尺上截取相应的长度，或直接按比例尺换算成两脚规的张开度，从某一固定点如A点开始，沿拟定走法依次截取每根等高线得a、b、c…点（图2-61），在B点附近回头（如图中j点）后，再向D点截取，当最后一点的位置和高程都与D点接近时，说明该方案成立，否则应该修改走法（如改变回头位置）或调整步距，

重新放坡至方案成立为止。

连线 $Aab\cdots D$ 为具有平均纵坡的折线，称为坡度线（匀坡线），它验证了一种走法的成立，并可发现一些中间控制点，为下步工作提供依据。

（3）确定中间控制点，分段调整纵坡，定导向线。

首先，分析匀坡线利用地形、避让地物或不良地质的情况，找出应穿或应避的中间控制点。如图 2-61 所示，在 B 处利用回头曲线的地点未能利用，在 C 处的陡崖未能避让，若调整 B、C 前后的纵坡（可在最大和最小纵坡间选用，但不轻易采用极限值），能避开陡崖和利用有利回头地点，可将 B、C 定为中间控制点。再分段调整纵坡试定匀坡线，各段匀坡线的连线 $Aa'b'\cdots D$ 为分段安排纵坡的折线，称为导向线。导向线具有分段均匀纵坡，并利用了有利地形，避开了不利障碍，可作为试定平面线形的参考。

定导向线时应注意以下问题：

1）导向线应绕避不良地质地段，并使导向线趋向前方的控制点。

2）导向线要顺直，无急剧的转折，在取直后能满足路线平面的要求。

3）如果两脚规的张开度（定线步距）a 小于等高线平距，表示定线坡度大于局部地面自然坡度，路线不受高程控制，即可根据路线短直方向定线。遇到等高线平距小于 a 的地段（如陡崖地段），应继续绘制下一地段的导向线。

4）路线跨越沟谷时，需要设置桥涵，故导向线不必降至沟底，可直接向对面引线，预留因设桥涵所需的路堤高度。路线穿过山嘴或山脊时，需要开挖路堑或设置隧道，导向线也不必升至山顶，可直接跳过山嘴或山脊，根据路堑深度或隧道标高，确定跳过几根等高线，以便决定在山嘴或山脊对侧的哪条等高线开始绘制导向线。

2.6.2.2 修正导向线

A 试定平面和纵断面

参照导向线定出直线和平曲线即平面试线。平面试线要尽量靠近导向线，并保证一定的技术标准，依地形灵活采用直线法或曲线法进行连线。曲线半径的选取一方面要考虑技术标准的要求，一方面要考虑地形。

读取与等高线相交的各桩号及地面高程，点绘纵断面的地面线。参考地面线设计理想纵坡，即试拉纵坡，如图 2-63 所示。纵坡设计要符合技术标准，并依据地形尽量降低填

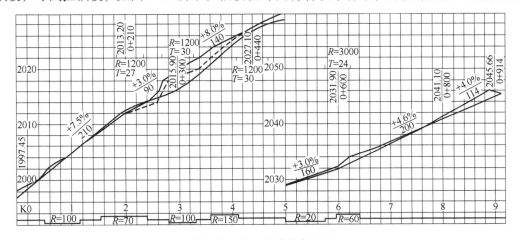

图 2-63 纸上定线纵断面图

挖方量。

B　一、二次修正导向线

在平面试线各桩的横断面方向上点出与概略设计高程相应的点，这些点的连线是一条具有理想纵坡、中线上不填不挖的折线，称为一次修正导向线，目的是利用纵断面修改平面，避免纵向大填大挖。

如果设计的纵断面合理，为减少填方高度，应在平面图上把路线向山坡上方或较高地势方向移动，反之，为减少挖方，应将路线向山坡下方或较低地势方向移动，如图 2-64 所示。

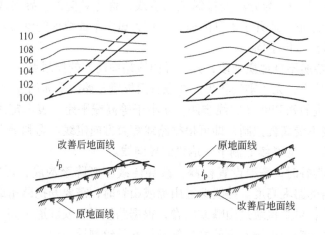

图 2-64　修正导向线示意图

如图 2-63 中 K0 + 200 ~ K0 + 400 之间，实线地面线挖方较大，但该路段纵坡已近极限值无法调整，如将路线向崖顶方向偏移，平面线形变化不大，但挖方工程减少很多，修正后地面线如图中虚线所示。

对一次修正导向线各点绘制横断面图，用路基模板逐点找出最经济或起控制作用的最佳中线位置及其可移动范围，如图 2-65 所示。将这些最佳点再点回到平面图上，这些点的连线是一条具有理想纵坡、横断面位置最佳的平面折线，称为二次修正导向线。连接各控制点，可得到在平面图上路线可能移动的带状合理范围，如图 2-66 所示，为下一步平面定线提供依据。

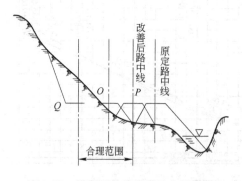

图 2-65　横断面最佳位置及合理范围

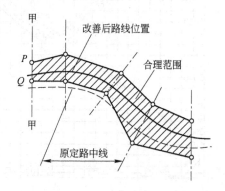

图 2-66　带状合理范围及修正导向线

二次修正的目的是用横断面最佳位置修正平面，避免横向填挖过大，又称为横断面修正。对横坡较陡的困难地段均需要进行横断面修正。由于矿山道路大多要求坚实的挖方路基，因此横断面修正对于矿山道路具有特别重要的意义。

2.6.2.3　定线

定线是在二次修正导向线的基础上进行的。二次修正导向线是一条平面折线，为提高线路质量和满足技术标准的要求，必须适当取直，并用平曲线连接。基于二次修正导向线上各特征点的性质和可活动范围，按照"保证重点，照顾一般"的原则，经过反复试线才能定出满足要求的中线。

纸上定线是一个反复试验修改的过程，定线中是修改纵坡还是改移中线位置或两者都改，应在对平、纵、横三方面充分研究后确定。在一定程度上，试线越多，最后的成品就越好，直到无论修改哪一方面都不能显著节省工程量或提高线路质量时，才可认为纸上定线工作结束。中线定出以后就可以进行纵断面、横断面以及相关内容的设计。

定线的具体操作又分为直线形定线方法和曲线形定线方法。

A　直线形定线法（即传统方法）

先根据控制点或导向线及相应的技术指标，试穿出一系列与地形相适应的直线作为基本线形单元，然后在两直线转折处用曲线予以连接的定线方法，即传统的以直线为主的定线方法，如图2-67所示。平面线形以直线为主，适用于地形简单的平原、微丘区。

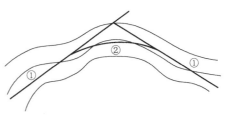

图2-67　直线形定线

B　曲线形定线法

根据导向线和地形条件及相应技术指标，先试定出合适的圆曲线单元及部分直线单元，然后将它们用适当的直线和缓和曲线连接的定线方法，即与传统的先定直线后定曲线相反的以曲线为主的定线法，如图2-68所示。平面线形以曲线为主，适用于地形、地物复杂的丘陵和山岭区。

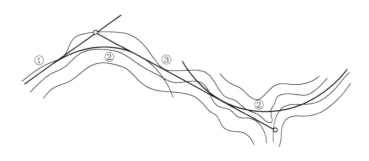

图2-68　曲线形定线

曲线形定线步骤：

（1）参照导向线或控制点，徒手画出线形顺适、平缓并与地形相适应的概略线位。

（2）用直尺或不同半径的圆曲线弯尺拟合徒手线位，形成一条由圆弧和直线组成的具有错位（即设缓和曲线后圆曲线的内移值）的间断线形。

（3）在圆弧和直线上各采集两点坐标固定位置，通过试定或试算，用合适的缓和曲线将它们顺滑连接，形成连续的平面线形。

两种定线方法，在本质上并无区别，定线成果都是直、缓、圆组成的中线。在定线手法上二者正好相反，各有特点和适用条件，具体定线过程中，应根据地形特征灵活应用，宜直则直，宜曲则曲，避免教条。

C　定线注意事项

定线过程中应注意以下几点：

（1）平面。平面上不强拉长直线，尽量采用与地形协调的长缓平曲线，路线转折不要过于零碎频繁，相距不远的同向曲线尽可能并为一个单曲线或复曲线，反向曲线间应有一定长度的直线段，或采用S形曲线。

（2）纵断面。起伏地区路线采用起伏坡型是缩短里程或节省工程的有效方法。但起伏切忌太频繁，太急剧，坡长宜长，纵坡宜缓，陡而长的坡道中间要利用地形插设缓和坡段。竖曲线长而缓，相离不远的同向曲线尽量连接起来，反向曲线间最好有一段直坡。

（3）平、纵组合。长陡下坡尽头避免设小半径平曲线。平、竖曲线的位置，在两者半径很大的情况下，各设在什么地方对行车并无太大影响；但在起伏地形如梁顶、沟底等处，使暗弯与凸竖曲线，明弯与凹竖曲线结合起来，则能增进行车安全感和路容的美观。但要注意两者半径都应大些，特别是明弯与凹竖曲线重合处，因车速都较高，半径过小增加驾驶困难。

最不利的情况是凸竖曲线与一个小半径平曲线相隔很近，因为凸竖曲线阻碍视线，失去引导视线作用，易发事故。应使平、竖曲线相互重合，且平曲线应稍长于竖曲线，并将竖曲线的起、终点分别放在平曲线的两个缓和曲线内，这是平、纵面最好的组合，即所谓的"平包竖"。

计算车速大于或等于40km/h的路线，凸形竖曲线的顶部和凹形竖曲线的底部，应避免插入小半径平曲线。如果在凸形竖曲线的顶部设有小半径的平曲线，驾驶员须驶近坡顶才能发现平曲线，会导致制动并急转方向盘而易发行车危险；在凹形竖曲线的底部设有小半径平曲线，会因汽车高速下坡时急转弯，同样可能发生行车危险。

2.6.3　矿山道路选线

由于矿山道路本身的特殊性，如运行重型卡车、线路服务期较短、地形复杂等，因而在矿山道路设计时，除了遵守公共道路的一般规范、规律外，还应考虑矿山本身的特点和要求。

2.6.3.1　矿山道路选线特点

矿山道路选线，主要考虑矿山的具体情况，根据已确定的开拓运输方案、矿区总平面布置，进一步拟定线路的大致形式、位置和走向，解决线路平面和高程的总体关系，为确定具体线路创造条件。

拟定线路系统首先应依据采矿设计提供的露天矿开采境界、年末图、终了平面图及地形图，结合总平面设计确定的破碎厂、排土场、转载站、工业场地等设施的位置及高程来决定。要充分研究路线系统的控制点，并对各控制点进行统筹安排和适当调整。线路的控制点有两种，一种是位置及高程都不易改变的固定控制点，如破碎厂、各水平出车口等；

另一种是位置固定、高程可以变动或高程固定、位置可以变动的活动控制点，如排土场、转载站、半固定破碎站、隧道等。

固定控制点是拟定线路系统的出发点，应在满足固定控制点要求的基础上，对活动控制点进行合理安排和调整。拟定剥离运输系统时，应与排土场的规划及堆置计划相配合，初期应尽可能采用较短运输距离及垂直爬坡高度。在山坡露天矿中，如果由于地形陡峻而使上下水平的出车线相互干扰，或在深凹露天矿中，由于开采范围狭小，可结合开采工艺采用间隔水平布置出入沟及采场移动坑线相配合的方法来拟定线路系统。

深凹露天矿的总出入沟口位置及标高，应根据采场推进方向、地形条件、卸载位置及方向等因素综合考虑。当矿岩运行方向一致，总出入沟口宜布置在靠近卸载地点的位置上。当矿岩运行方向不一致，且矿岩运量均较大时，可分别布设矿石出入沟口和岩石出入沟口以缩短运距。总出入沟口标高应与矿岩卸载点标高和地形相适应，必要时可开挖外部沟或隧道以降低出入沟口标高。

在拟定线路系统的过程中，根据具体条件局部问题可能有不同方案，视需要对不同方案进行比选。如固定控制点或活动控制点间的道路方案、回头曲线布设方案、特殊路基和路基防护设施方案以及艰难路段的纵坡调整和曲线半径的比选。

2.6.3.2 矿山道路选线、定线原则

（1）必须满足开拓运输系统、剥采工程发展计划及矿区总平面布置的要求，保证露天矿的各个生产工艺过程成为一个有机的整体；

（2）符合矿山道路设计规范的规定，保证要求的运输能力和行车安全；

（3）尽量避免反向运输和反向坡度，减少空、重车的交叉，力求达到线路短、线形好、平面顺适、纵坡均衡、横面合理；

（4）尽量减少土石方、排水、防护设施等工程量，以降低造价和节省运营费、养护费；

（5）"宁挖勿填"，尽可能采用挖方路基，避免填方，使道路有坚实、均匀及稳固的基础。

2.6.3.3 矿山道路定线特点

道路定线，即具体确定线位，是指在平面上安排线路位置，它的主要控制因素是道路纵坡。确定线位可自上而下或自下而上进行，在定线过程中除注意各控制点的标高、位置外，还应满足线路设计的各项技术标准和要求。在深凹露天矿中确定线位，为确保设计的开采深度，宜采用自下而上方式进行；为确保采场出入沟位置合理宜采用自上而下方式进行。一个理想的运输系统需要反复多次，并根据开采工艺设计提供的台阶高度、平盘及平台宽度、坡面角等数据逐段验算，以使道路与采场边坡在空间位置上吻合。在线路密集区段，除根据纵坡确定线位外，还必须辅以联合横断面法进行定位，同时必须综合考虑线路的平、纵、横三者的关系和排水、防护设施的安排。回头曲线的布设应尽量做到回头曲线中心角的分角线与等高线平行。在位置狭窄和路基松软等条件下，可考虑采用挡土墙或其他防护措施，以减少线路的工程量和增加路基的稳定性。

线路的具体位置极大程度上取决于地区的地形条件及其所采用的最大纵坡。平均地面坡度（自然坡度）小于最大纵坡的地段，称为自由导线，这里没有高程障碍，定线主要是绕避平面障碍。平均地面坡度大于最大纵坡的地段称为紧迫导线，这里有显著的高程障

碍，往往需要展长线路以争取高程。

露天矿道路的定线方法一般均采用"零点法"确定线位，即按照拟定的线路系统和走向，采用一定的道路纵坡，沿地形等高线找到道路中心线的填挖高度等于零的各点，然后再按规定的技术标准将各零点连成线形，并绘出纵断面图进行拉坡，必要的路段还需要利用横断面图进行校正，最后确定线位。

由于露天矿道路路基大部分都要求处在挖方地段，故"零点法"多为路基的边缘线而不是道路中心线。所以"零点法"定线只能作为确定线位的参考，必须通过横断面图进行线位校正。定线的技巧和熟练程度就在于能充分利用地形条件，灵活运用道路设计规范的规定（如纵坡、曲线半径、坡长限制、曲线折减和加宽、缓和坡段、视距、路基宽度和边坡等），准确选择"零点线"的位置。

2.7　路　面　设　计

路面设计应根据厂矿道路性质、使用要求、交通量及其组成、自然条件、材料供应、施工能力、养护条件等，结合路基进行综合设计，并应参考条件类似的厂矿道路的使用经验和当地经验，提出技术先进、经济合理的设计。

路面设计应根据厂矿企业不同时期的使用要求、交通量发展变化、基本建设计划及投资等，按一次建成或分期修建进行设计。

设计的路面应具有足够的强度和良好的稳定性，其表面应平整密实和粗糙度适当。

2.7.1　路面的结构

路面是用筑路材料铺于路基上供车辆行驶的层状构造物，具有承受车辆质量、抵抗车轮磨耗和保持道路表面平整的作用。为此，要求路面有足够的强度、较高的稳定性、一定的平整度、适当的抗滑能力、行车时不产生过大的扬尘，以减少路面和车辆机件的损坏，保持良好视距，减少环境污染。

2.7.1.1　路面横断面形式

在路基顶面铺筑的路面结构沿横断面方向由行车道、硬路肩和土路肩所组成。路面横断面的形式随道路等级的不同，可选择不同的形式，通常分为槽式横断面和全铺式横断面，如图 2-69 所示。

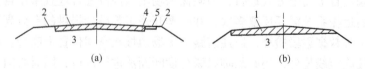

图 2-69　路面横断面形式

（a）槽式；（b）全铺式

1—路面；2—土路肩；3—路基；4—路缘石（侧石）；5—硬路肩

A　槽式横断面

在路基上按路面行车道及硬路肩设计宽度开挖路槽，保留土路肩，形成浅槽，在槽内铺筑路面，此时路肩作为路面两侧的支撑，使材料得以压缩；也可采用培槽方法，在路基两侧培槽，或半填半挖的方法培槽。露天矿道路一般采用槽式横断面。

B 全铺式横断面

在路基宽度范围内全幅铺筑路面。在盛产石料的山区或较窄的路基上，全宽铺筑中、低级路面。在高等级公路建设中，有时为了将路面结构内部的水分迅速排出，在全宽范围内铺筑基层材料，保证水分由横向排入边沟。有时考虑到道路交通的迅速增长，为适应扩建的需要，将硬路肩及土路肩的位置全部按行车道标准铺筑面层。全铺式路面施工方便。

2.7.1.2 对路面的基本要求

（1）具有足够的强度。矿山汽车道路经常行驶超重型车辆，汽车行驶时除有垂直压力还会产生相当于垂直压力30%的纵向水平力，在紧急制动时，此力增至相当于垂直压力的70%~80%。同时路面还受到车轮振动作用。在垂直力、水平力、振动力的作用下，路面会逐渐出现磨损、开裂、坑槽、沉陷和波浪等破坏现象，逐步影响到车速及行车安全，严重时甚至中断运输。因此，整个路面结构必须有足够的强度，以支承行车荷载，抵抗其破坏作用。

（2）具有足够的稳定性。路面直接受自然因素的影响。夏季高温，沥青路面会变软，强度下降，出现流油、辙迹、推移等病害，恶化了路面的使用品质。低温时又会变脆开裂。水泥混凝土路面在高温时可能产生拱胀破坏，低温时会收缩开裂。在多雨季节，大气降水、地下水上升使土基和路面结构中湿度上升强度下降，产生沉陷。因此路面结构不仅需要有足够的强度，还需保持稳定的强度，能经受住自然因素的不利影响，即使在最不利的条件下也能够满足行车要求。

（3）具有一定的平整度。不平整的路面会使行驶的车辆产生附加的振动，形成颠簸，从而导致行车速度和安全性降低。此附加的振动作用又反过来对路面产生冲击力，加剧路面的破坏。因此为减小车轮冲击力，保证高速行车，路面应保持足够的平整度。道路等级越高，设计车速越高，对路面平整度的要求也越高。

（4）路面要具有一定的抗滑性。路面要平整但不宜光滑，光滑的路面使车轮与路面缺乏足够的摩擦力，特别在雨雪天气行驶紧急制动或爬坡时，易产生打滑与空转，造成严重事故。在光滑路面上的汽车制动距离要比粗糙路面上大得多，车速越快制动距离越长，行车的安全性越差。因此路面应具有足够的抗滑性，也即要有一定的摩擦系数。

（5）灰尘要小。汽车在矿山道路上行驶时，车轮后面产生的真空吸力会将面层表面或其中的细料吸出飞扬，甚至导致路面松散、脱落和坑洞等破坏。扬尘还会加速汽车机件损坏，减短行车视距，降低行车速度，而且对周围环境带来不利影响，因此要求路面在行车过程中尽量减少扬尘。

（6）具有足够的不透水性。透水的路面雨水容易渗入路面结构和土基，使它们的含水量增大，强度降低。特别是水稳定性不良的基层结构和土基，常因面层透水导致路面破坏。

2.7.1.3 路面结构分层及层位功能

路面结构是指组成道路路面的层次，路面结构有单层和多层之分。在路基上只铺一层路面的称为单层结构。通常低、中级路面结构层次简单，而高级路面结构层次复杂。

行车荷载和自然因素对路面的影响，随路面结构深度的增加而逐渐减弱，因此，对路面材料的强度、抗变形能力和稳定性的要求也随深度的增加而逐渐降低。为了适应这一特点，路面结构通常是分层铺筑的，按照使用要求、受力状况、土基支撑条件和自然因素影响程度的不同，分成若干层次。通常按照层位功能的不同，划分为三个层次，即面层、基层和垫层，如图 2-70 所示。

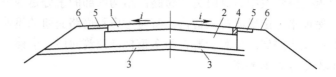

图 2-70　路面结构层次划分

1—面层；2—基层；3—垫层；4—路缘石；5—硬路肩；6—土路肩；i—路拱横坡度

A　面层

面层是直接同行车和大气接触的表面层次，它承受较大的行车荷载的垂直力、水平力和冲击力的作用，同时还受到降水的侵蚀和气温变化的影响。因此，同其他层次相比，面层应具备较高的结构强度、抗变形能力、较好的水稳定性和温度稳定性，而且应当耐磨、不透水；其表面还应有良好的抗滑性和平整度。

修筑面层所用的材料主要有：水泥混凝土、沥青混凝土、沥青碎（砾）石混合料、砂砾土以及块料等。

面层有时分两层或三层铺筑，其中磨耗层和保护层是面层最上面的层次，起着保护路面免受磨耗和补充松散不平的作用。磨耗层和保护层的厚度一般为 1～3cm，该层应经常维修，定期恢复。在路面力学计算时，该层一般不予算入。

在高级路面中，有时为了加强面层与基层之间的联结和提高面层抵抗疲劳的能力设置联结层，它是面层的一部分，多用于交通繁重的道路；有时为了防止或减少面层受下层裂缝反应的影响，也采用联结层。

B　基层

基层又称承重层，主要承受由面层传来的车辆荷载的垂直力，并将力扩散到下面的垫层和土基中去。实际上基层是路面结构中的承重层，它应具有足够的强度和刚度，并具有良好的扩散应力的能力。基层遭受大气因素的影响虽然比面层小，但是仍然有可能经受地下水和通过面层渗入雨水的侵蚀，所以基层结构应具有足够的水稳定性。基层表面虽不直接供车辆行驶，但仍然要求有较好的平整性，这是保证面层平整性的基本条件。

修筑基层的材料主要有各种结合料（如石灰、水泥或沥青等）稳定土或稳定碎（砾）石、贫水泥混凝土、天然砾石、各种碎石或砾石、片石、块石或圆石，各种工业废渣（如煤渣、粉煤灰、矿渣、石灰渣等）和土、砂、石所组成的混合料等。

基层厚度太厚时，为保证工程质量可分为两层或三层铺筑。当采用不同材料修筑基层时，基层的最下层称为底基层，用来加强基层承受和传递荷载的作用。在矿山公路路面结构中多采用底基层，对底基层材料强度和刚度的要求可以略次于基层。

C　垫层

垫层又称辅助基层，介于土基与基层之间，它的功能是改善土基的湿度和温度状况，以保证面层和基层的强度、刚度和稳定性不受土基水温状况变化所造成的不良影响。垫层的另一功能是将基层传下来的车辆荷载应力加以扩散，以减小土基产生的应力和变形；同时也能阻止路基土挤入基层中，影响基层结构的性能。

修筑垫层的材料，强度要求不一定高，但水稳定性和隔温性能要好。常用的垫层材料分为两类，一类是由松散粒料如砂、砾石、炉渣等组成的透水性垫层；另一类是用水泥或石灰稳定土等修筑的稳定类垫层。

为使刚度不同的结构层较平缓地过渡到下层和土基，改善层间接触面的应力状态，相邻层间的模量比要适当。

2.7.1.4 路拱横坡

A 路拱形式

为便于路面横向排水，减少雨水对路面的浸润和渗透而减弱路面结构强度，将路面做成中央高于两侧具有一定横坡的拱起形状，称为路拱。其倾斜的大小以百分率表示。

路拱对排水有利，但对行车不利。路拱横坡度使车辆产生沿坡面的倾斜分力，增加了行车的不稳定性；当车辆在有水或潮湿的路面上制动时，会有侧向滑移的危险且制动距离增加。因此，对路拱大小及形状的设计应兼顾行车平稳和横向排水两方面的要求。

路拱的形式有直线形、直线接圆弧形、抛物线形等，如图 2-71 所示。

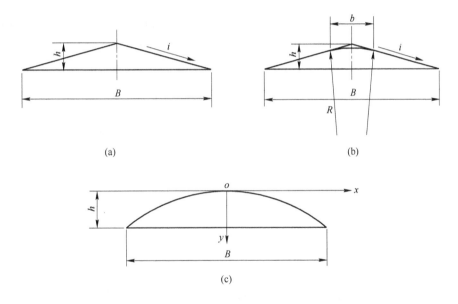

图 2-71 路拱形式
（a）直线形路拱；（b）直线加圆弧形路拱；（b）一次半抛物线形路拱

根据路面宽度及类型，等级高的路面，平整度和水稳定性较好，透水性也小，通常采用直线形路拱和较小的路拱横坡度。等级低的路面，为了有利于迅速排除路表积水，一般采用抛物线形路拱和较大的路拱横坡度。

矿山道路可根据路面面层类型确定路拱形式。水泥混凝土路面，可采用直线形路拱；沥青路面和整齐块石路面，可采用直线加圆弧形路拱；粒料路面、改善土路面和半整齐、不整齐块石路面，可采用一次半抛物线形路拱。另外，当路拱坡度较大时，最好采用抛物线形路拱。

路拱几何尺寸可按下式计算：

$$h = \frac{Bi}{2} \qquad (2-64)$$

$$R = 5B \qquad (2-65)$$

$$b = 10Bi \qquad (2-66)$$

$$y = h\left(\frac{x}{B/2}\right)^{\frac{3}{2}} \qquad (2-67)$$

式中 h——路拱失高，即路面中心与边缘的高差，m；

       B——路面宽度，m；

       i——路拱坡度，%；

       R——路拱中部圆弧半径，m；

       b——路拱中部圆弧长度，m；

       y——路面中心与 x 处的高差，m；

       x——至路面中心的距离，m。

B   路拱坡度

路拱坡度应满足路面排水和行车平稳的要求，可根据路面面层类型、自然条件等，按表 2-28 所列数值范围采用。在经常有汽车拖挂运输的道路上，应采用下限。在年降水量较大的道路上，宜采用上限；在年降水量较小或有冰冻、积雪的道路上，宜采用下限。

表 2-28   路拱坡度

路面面层类型	路拱坡度/%
水泥混凝土路面；沥青混凝土路面	1.0~2.0
其他沥青路面；整齐块石路面	1.5~2.5
半整齐、不整齐块石路面	2.0~3.0
粒料路面	2.5~3.5
改善土路面	3.0~4.0

C   路肩横坡

土路肩的排水性低于路面，其横坡度较路面宜增大 1.0%~2.0%。硬路肩视具体情况可与路面横坡相同，也可稍大。当路面采用直线形路拱或直线加圆弧形路拱时，宜比路拱坡度大 1%~2%（但在少雨地区或有较多慢速车辆混合行驶的路段宜比路拱坡度大 0.5% 或与路拱坡度相同）；当路面采用一次半抛物线形路拱时，宜采用路拱坡度的 1.5 倍；当路面采用单向直线形路拱时，宜与路拱坡度相同（但邻接边沟的一侧，宜比路拱坡度大 1%~2%）。

2.7.2 路面的等级与分类

2.7.2.1 路面等级划分

通常按照路面面层的使用性质、材料组成类型以及结构强度和稳定性，将路面分为四个等级，如表 2-29 所示。

表 2-29　路面等级及面层类型

路面等级	面 层 类 型
高　级	水泥混凝土、沥青混凝土、厂拌（热拌）沥青碎石、整齐石块或条石
次高级	沥青贯入碎（砾）石、路拌（冷拌）沥青碎（砾）石、沥青表面处治碎（砾）石、半整齐块石
中　级	沥青灰土表面处治、泥结或水结碎（砾）石、级配砾（碎）石、工业废渣及其他粒料、不整齐块石
低　级	各种粒料或当地材料改善土，如炉渣土、砾石土和砂砾土等

A　高级路面

高级路面的特点是强度高，刚度大，稳定性好，使用寿命长，能适应较繁重的交通量，路面平整，无尘埃，能保证高速行车。高级路面养护费用少，运输成本低，但初期建设投资高，需要用质量高的材料来修筑。

B　次高级路面

次高级路面与高级路面相比，强度和刚度较差，使用寿命较短，所适应的交通量较小，行车速度也较低。次高级路面的初期建设投资虽较高级路面低些，但要求定期修理，养护费用和运输成本也较高。

C　中级路面

中级路面的强度和刚度低，稳定性差，使用期限短，平整度差，易扬尘，仅能适应较小的交通量，行车速度低。中级路面的初期建设投资虽然很低，但是养护工作量大，需要经常维修和补充材料才能延长使用年限，运输成本也高。

D　低级路面

低级路面的强度和刚度最低，水稳定性差，路面平整性差，易扬尘，故只能保证低速行车，所适应的交通量很小，在雨季有时不能通车。低级路面的初期建设投资最低，但要求经常养护修理，而且运输成本高。

2.7.2.2　路面选择

路面等级及面层类型的选择应综合考虑下列因素：

（1）道路等级及服务年限。一级露天矿山道路可采用高级或次高级路面，亦可采用中级路面；二级露天矿山道路可采用次高级或中级路面；三级露天矿山道路可采用中级路面。二、三级露天矿山道路，如该道路服务年限较长时，亦可采用高级、次高级路面。

（2）厂矿企业生产特点及要求：

1）防尘要求较高的生产区的道路，可采用沥青路面和水泥混凝土路面；

2）埋有地下管线并经常开挖检修的路段，可采用水泥混凝土预制块路面或块石路面；

3）纵坡较大或圆曲线半径较小的路段，可采用块石路面；

4）经常行驶履带车的道路，可采用块石路面或低级路面。

（3）气候、土基状况、材料供应、施工能力、养护条件等。

对于同一个厂矿企业所采用的路面面层类型不宜过多。

道路路面质量对汽车运输的影响是多方面的。采矿场、废石场临时道路路面一般用当地材料铺筑，通常广泛采用碎石路面，但应加强养护以保证使用质量。现今露天矿山道路，除个别使用时间较长的生产干线、联络线采用高级或次高级路面外，多数采用碎石路面。生产实践证明，碎石路面能够满足露天矿汽车运输生产的要求，但这种路面需要良好地养护才能保持其完好的状态。

2.7.2.3 路面分类

路面类型可从不同角度来划分，如按面层所用材料的不同，可分为水泥混凝土路面、沥青路面、砂石路面等。在工程设计中，主要从路面结构的力学特性和设计方法的相似性出发，将路面划分为柔性路面、刚性路面和半刚性路面三类。

A 柔性路面

柔性路面的总体结构刚度较小，在车辆荷载作用之下产生较大的竖向弯沉，路面结构本身的抗弯拉强度较低，它通过各结构层将车辆荷载传递给土基，使土基承受较大的单位压力。路基路面结构主要靠抗压强度和抗剪强度承受车辆荷载的作用。柔性路面主要包括各种沥青处理和未经处理的粒料基层和各类沥青面层、碎（砾）石面层或块石面层组成的路面结构。

行驶重型自卸汽车的厂矿道路柔性路面典型结构组合图示和面层、联结层、基层的厚度，可按表 2-30 的规定选用。当车型、交通量较大时，厚度宜采用上限；反之，厚度宜采用下限。

表 2-30 厂矿道路柔性路面典型结构组合图示

柔性路面等级	典型结构组合图示	结构层次	路面材料类型	厚度/cm	适用条件
高级路面		面层	沥青混凝土或热拌沥青碎石	4~8	$p \leqslant 40t$；$i \leqslant 5\%$；应加强维修
		联结层	冷拌沥青碎（砾）石或沥青贯入碎（砾）石	6~10	
		基层	水泥稳定砂砾或泥灰结碎（砾）石或工业废渣	15~30	
		底基层	石灰土或工业废渣或干压碎石	计算确定	
次高级路面		面层	冷拌沥青碎（砾）石或沥青贯入碎（砾）石	4~10	$p \leqslant 40t$；$i \leqslant 5\%$；应加强维修
		基层	水泥稳定砂砾或泥灰结碎（砾）石或工业废渣	15~30	
		底基层	石灰土或工业废渣或干压碎石	计算确定	
		面层	沥青碎（砾）石表面处治	3	$p \leqslant 15t$；$i \leqslant 5\%$；应加强维修；泥结碎（砾）石基层，仅适用于干燥路段
		基层	泥灰结碎（砾）石或泥结碎（砾）石	15~30	
		底基层	石灰土或工业废渣或干压碎石	计算确定	
中级路面		面层	泥结碎（砾）石或级配砾（碎）石	15~30	必须加强养护
		基层和底基层	工业废渣或混铺块碎石	计算确定	

注：适用条件栏内的 p 系指标准车后轴重，i 系指道路纵坡。

沥青面层厚度（不包括联结层厚度）不应小于表 2-31 的规定。

表 2-31 沥青面层最小厚度

标准车后轴重/t	40~30	30~20	<20
最小厚度/cm	8	6	4

注：沥青碎石表面处治层厚度宜采用3cm。

岩石路基上不宜设置底基层和基层，但应根据需要设置粒料调平层；土质路基上底基层的厚度应根据计算确定。填石路基上的沥青面层、联结层，必须在基层及路基稳定密实后进行铺筑。

垫层的设置应根据需要确定，其厚度不宜小于15cm。

B 刚性路面

刚性路面主要指用水泥混凝土做面层或基层的路面结构。水泥混凝土抗压强度高，与其他筑路材料比较，它的抗弯拉强度高，具有较高的弹性模量，故呈现出较大的刚度。在车辆荷载作用下，水泥混凝土结构层处于板体工作状态，竖向弯沉较小，路面结构主要靠水泥混凝土板的抗弯拉强度承受车辆荷载，通过板体的扩散分布作用，传递给基础上的单位压力较柔性路面小得多。

C 半刚性路面

用水泥、石灰等无机结合料处治的土或碎（砾）石及含有水硬性结合料的工业废渣修筑的基层，在前期具有柔性路面的力学性质，后期的强度和刚度均有较大幅度增长，但是最终的强度和刚度仍远小于水泥混凝土路面。由于这种材料的刚度处于柔性路面和刚性路面之间，因此把这种基层和铺筑在它上面的沥青面层统称为半刚性路面，这种基层称为半刚性基层。

刚性路面、柔性路面和半刚性路面，这种以力学特性为标准的分类方法，主要是为了便于从功能原理和设计方法出发进行区分，并没有绝对的定量分界界限。近年来材料科学的发展，正在逐步改变这种属性，如水泥混凝土的增塑研究正在使它的刚度降低而保留它的高强度，沥青的改性研究使得沥青混凝土随气候而变化的力学性质趋于稳定，大幅度提高其刚度。

2.7.3 常用的矿山道路路面

常用的矿山道路路面有水泥混凝土路面、碎石路面、沥青表面处理路面、沥青贯入式路面、沥青混凝土路面、黑色碎石路面和块石或半整齐块石路面等。

2.7.3.1 水泥混凝土路面

水泥混凝土路面是以水泥与水合成的泥浆作为结合料，碎（砾）石、砂为骨料，拌成水泥混凝土而修筑成的路面。它具有较高的强度和耐久性，当车辆在路面上行驶时，整个水泥混凝土路面起着抵抗作用，而不允许有较大的下沉，是典型的刚性路面，其结构如图2-72所示。

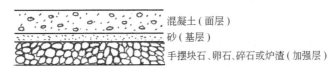

图 2-72 水泥混凝土路面

矿山道路的混凝土标号不宜低于 250 号。加强基层（底基层）可以延长路面板的寿命，基层厚度一般是 10~15cm，基层材料以石灰土和石灰煤渣土为好。

与其他类型路面相比，混凝土路面具有以下优点：

（1）强度高。混凝土路面具有很高的抗压强度和较高的抗弯拉强度以及抗磨耗能力。

（2）稳定性好。混凝土路面的水稳定性、热稳定性均较好，特别是它的强度能随着时间的延长而逐渐提高，不存在沥青路面的那种老化现象。

（3）耐久性好。由于混凝土路面的强度和稳定性好，所以它经久耐用，一般能使用 20~40 年，而且它能通行包括履带式车辆在内的各种运输工具。

（4）有利于夜间行车。混凝土路面色泽鲜明，能见度好，对夜间行车有力。

混凝土路面的缺点主要有以下几方面：

（1）对水泥和水的需要量大，投资高，施工复杂。

（2）有接缝。一般混凝土路面要建造许多接缝，这些接缝不但会增加施工和养护的复杂性，而且容易引起行车跳动；接缝又是路面的薄弱点，在车轮的不断冲击下容易遭到破坏。

（3）开放交通较迟。一般混凝土路面完工后，要经过 18d 的潮湿养生，才能开放交通，如需提早开放交通，则需采取特殊措施。

（4）修复困难。混凝土路面损坏后，开挖很困难，修补工作量也大，且影响交通。

2.7.3.2　碎石路面

碎石路面是用加工轧制的碎石按嵌挤原理铺设而成的路面，是矿山道路广泛使用的中级路面。碎石路面按施工方法及所用填充结合料的不同，分为水结碎石、泥结碎石、级配碎石和干压碎石等数种。碎石路面通常用砂、砾石、天然砂石或块石为基层，有时亦可直接铺在路基上。

A　水结碎石路面

水结碎石路面是用大小不同的轧制碎石从大到小分层铺筑，经洒水碾压后形成的一种结构层。其强度是由碎石之间的嵌挤作用以及碾压时所产生的石粉与水形成的石粉浆的黏结作用形成的。由于石灰岩和白云岩石粉的黏结力较强，是水结碎石的常选石料。水结碎石路面厚度一般为 10~16cm。

B　泥结碎石路面

泥结碎石路面是以碎石作为集料（又称骨料），泥土作为填充料和黏结料，经压实修筑成的一种结构。泥结碎石路面一般为 8~20cm；当总厚度等于或超过 15cm 时，一般分两层铺筑，上层厚度 6~10cm，下层厚度 9~14cm。泥结碎石路面的力学强度和稳定性不仅有赖于碎石的相互嵌挤作用，同时也取决于黏土的黏结作用。

C　泥灰结碎石路面

泥灰结碎石路面是以碎石为集料，用一定数量的石灰和土作黏结填缝料的碎石路面。因掺入石灰，泥灰结碎石路面的水稳定性比泥结碎石路面好。

D　级配碎石路面

级配碎石路面是由各种集料（砾石、碎石）和土，按最佳级配原理修筑而成的路面层或基层。由于级配碎石是用大小不同的材料按一定比例配合、逐级填充空隙，并用黏土黏结，故经过压实后，能形成密实的结构。级配碎石路面的强度是由摩阻力和黏结力构成，具有一定的水稳定性和力学强度。

E　磨耗层与保护层

为提高碎石路面的平整度，抵抗行车和自然因素的磨损和破坏作用，应在面层上加铺磨耗层和保护层。

磨耗层是路面的表面部分，用以抵抗由车轮水平力和轮后吸力所引起的磨损，以及大气温度、湿度变化等因素的破坏作用，并能提高路面平整度。磨耗层应具有足够的坚实性和稳定性，通常多用坚硬、耐磨、抗冻性强的级配粒料铺筑。磨耗层采用坚硬小砾石或石屑时，宜厚 2~3cm，用砂土时宜厚 1~2cm，采用软质材料时，以 3~4cm 厚为宜。

保护层在磨耗层上面，用来保护磨耗层，减少车轮对磨耗层的磨损。加铺保护层是一项经常性措施。保护层厚度一般不大于 1cm。按使用材料和铺设方法的不同，保护层分为稳定保护层与松散保护层两种。前者是使用含有黏土的混合料，借行车碾压，形成稳固的硬壳，黏结在磨耗层上；后者是只用粗砂或小砾石而不用黏土，在磨耗层上呈松散状态。

碎石路面的优点是各种石料只要强度满足要求，均可作为路面的骨料，一般可就地取材，路面施工简便，压实工作量小，投资小，建设快。缺点是平整度差，易扬尘，泥结碎石路面雨天还易泥泞，因而行车条件差，汽车轮胎磨损大，燃料消耗较多，需要经常维护和保养，运输成本高。

2.7.3.3　沥青路面

A　沥青路面的基本特性

沥青路面是用沥青材料作结合料黏结矿料修筑面层的路面结构。由于沥青路面使用沥青结合料，因而增强了矿料间的黏结力，提高了混合料的强度和稳定性，使路面的使用质量和耐久性都得到提高。与水泥混凝土路面相比，沥青路面具有表面平整、无接缝、行车舒适、耐磨、振动小、噪声低、施工期短、养护维修简便、适宜于分期修筑等优点，因而获得越来越广泛的应用。

在高等级路面中大多采用沥青路面，是由于它具有下列良好性能：

（1）具有足够的力学强度，能承受车辆荷载施加到路面上的各种作用力；

（2）具有一定的弹性和塑性变形能力，能承受应变而不破坏；

（3）与汽车轮胎的附着力较好，可保证行车安全；

（4）有高度的减震性，可使汽车快速行驶，平稳而低噪声；

（5）不扬尘，且容易清扫和冲洗；

（6）维修工作比较简单，且可再生利用。

B　沥青路面的分类

a　按强度构成原理分类

按强度构成原理的不同，沥青路面可分为密实型和嵌挤型两大类。

密实型沥青路面要求矿料的级配按最大密实原则设计，其强度和稳定性主要取决于混合料的黏聚力和内摩阻力。密实型沥青路面按其空隙率的大小可分为闭式和开式两种。闭式混合料中含有较多的小于 0.55mm 的矿料颗粒，空隙率小于 6%，混合料致密而耐久，但热稳定性差；开式混合料中小于 0.55mm 的矿料颗粒含量较少，空隙率大于 6%，其热稳定性较好。

嵌挤型沥青路面要求采用颗粒尺寸较为均一的矿料，路面的强度和稳定性主要依靠集料颗粒之间相互嵌挤所产生的内摩阻力，而黏聚力则起着次要作用。按嵌挤原则修筑的沥青路面，其热稳定性较好，但因空隙率较大、易渗水，因而耐久性较差。

b　按施工工艺分类

按施工工艺的不同，沥青路面可分为层铺法、路拌法和厂拌法三类。

层铺法是用分层洒布沥青，分层铺撒矿料和碾压的方法修筑的沥青路面。其主要优点是工艺和设备简便、功效较高、施工进度快、造价较低。其缺点是路面成型期较长，需要经过炎热季节行车碾压之后路面方能成型。用这种方法修筑的沥青路面有沥青表面处治和沥青贯入式两种。

路拌法是在施工现场用机械将矿料和沥青材料就地拌和摊铺和碾压密实而成型的沥青路面。此类面层所用的矿料为碎石者称为路拌沥青碎石，所用的矿料为土者则称为路拌沥青稳定土。路拌沥青面层通过就地拌和，沥青材料在矿料中分布比层铺法均匀，可以缩短路面的成型期。但因所用的材料为冷料，需使用黏稠度较低的沥青材料，故混合料的强度较低。

厂拌法是将规定级配的矿料和沥青材料在工厂用专用设备加热拌和，然后送到工地摊铺碾压而成型的沥青路面。矿料中细颗粒含量少，不含或含少量矿粉，混合料为开级配的（空隙率达10%～15%），称为厂拌沥青碎石；若矿料中含有矿粉，混合料是按最佳密实级配配置的（空隙率10%以下），称为沥青混凝土。厂拌法按混合料铺筑温度的不同，又分为热拌热铺和热拌冷铺两种。热拌热铺是混合料在专用设备加热拌和后立即趁热运到路上摊铺压实；如果混合料加热拌和后存储一段时间再在常温下运到路上摊铺压实，即为热拌冷铺。厂拌法使用较黏稠的沥青材料，且矿料经过精选，因而混合料质量高，使用寿命长，但修建费用也较高。

c　根据沥青路面技术特性分类

根据沥青路面的技术特性，沥青面层可分为沥青混凝土、厂拌沥青碎石、路拌沥青碎石、沥青贯入式、沥青表面处置五种类型。各类沥青面层的特征见表2-32。

表2-32　各类沥青面层的特征

面层类型	路面等级	适应的交通量（后轴重60kN）/辆·天$^{-1}$	回弹模量/MPa	使用年限/a
沥青表面处治	次高级	300～2000		<8
沥青贯入式	次高级	2000～5000	500～700	<12
路拌沥青碎石	次高级	2000～5000	400～500	<12
厂拌沥青碎石	高级	>5000	700～900	15
沥青混凝土	高级	>5000	1000～1200	15

沥青表面处治路面是指用沥青和集料按层铺法或拌和法铺筑而成的沥青路面。沥青表面处治的厚度宜采用3cm。应用表面处理是为了使路面获得抗磨性较强的、平坦的、不透水的一层表面，以保护面层不受行车和气候因素的直接影响，减少路面的养护费用和增加路面的使用年限。沥青处理路面可提高汽车行车速度，减小轮胎磨耗。在轻型和中型汽车工作条件下，这种路面使用较好；但使用重型汽车运输时，表面处治层会很快遭到破坏，因而效果不好。

沥青贯入式路面指沥青贯入碎石作面层的路面。沥青贯入式路面的厚度一般为4～

8cm。当沥青贯入式路面的上部加铺拌和的沥青混合料时，也称上拌下贯，此时拌和层的厚度宜为 3 ~ 4cm，其总厚度为 7 ~ 10cm。这种路面有较高的强度和抗水性，不易产生裂缝，适用于行车量较大但汽车载重小于 15t 的道路上。这种路面修筑时在碎石密实处沥青不易贯入，在碎石空隙大处沥青又易过多而结块，沥青材料在碎石层中分布不均匀，故路面强度也不均匀。

沥青混凝土路面是指用沥青混凝土作面层的路面，其面层可由单层、双层或三层沥青混合料组成。沥青混凝土路面要求基层有足够的强度和平整度，否则易产生裂缝，缩短使用年限。沥青混凝土路面强度高，能适应运输任务比较繁重的路段，这种路面表面平整坚实，使用年限长，易于养护。但这种路面使用沥青多，造价高，对气温变化反应敏感，高温季节易变软，寒冷季节易变脆，表面粗糙度不足，降低行车的安全性。

厂拌沥青碎石路面指用厂拌沥青碎石作面层的路面，是一种以嵌挤为主、黏结力为辅的路面结构。沥青碎石的配合比设计应根据实践经验和室内试验的结果，并通过施工前的试拌和试铺确定。沥青碎石有时也作联结层。沥青碎石与沥青混凝土材料结构很相似，主要的区别在于其粗颗粒的含量较多，空隙率较大（10% ~ 15%），沥青含量较少（为沥青混凝土用量的 70%），其厚度一般为 5 ~ 7cm。由于沥青碎石路面主要靠颗粒嵌挤作用来达到其强度和稳定性，所以它具有较高的热稳定性，在高温季节和水平力作用下，不易形成波浪、推挤和拥包。由于沥青含量少，造价也较沥青混凝土低，同时对矿料的级配要求也不像沥青混凝土那样严格，在拌和、摊铺时比较容易。沥青碎石路面的主要缺点是空隙率大，因此表面必须密封，否则路基水文状况会恶化，沥青碎石层也易老化，缩短使用年限，其强度也较沥青混凝土路面低。

路拌沥青碎石路面是用热的或冷的沥青材料，在路上或沿线与冷的矿料用简易机械拌和后摊铺、压实而成的路面。其采用的沥青材料标号稍低，对矿料的要求较宽，可以做成沥青碎石混合料、沥青砾石混合料、沥青碎石土混合料等，便于就地取材，降低造价。其强度构成以密实与嵌挤并重，黏结力与内摩阻力随材料组成的不同而变化，故它的强度变化幅度较大，初期强度较低。

2.7.3.4 块石路面

用块状石料或混凝土预制块铺筑的路面称为块石路面（或块料路面）。块石路面的主要优点是坚固耐久、清洁少尘，养护修理方便，可用以通行重型汽车和履带式车辆，也可在山区急弯、陡坡路段上采用，以提高抗滑能力。

块石路面的主要缺点是用手工铺筑，难以实现机械化施工，块料之间容易出现松动，路面平整度较差，影响车速和行驶舒适，铺筑进度慢，建筑费用高。

块石路面的构造特点是必须设置整平层，块料之间还需用填缝料嵌填，使块料满足强度和稳定性的要求。

2.8 矿用自卸汽车

2.8.1 基本概念

露天矿用自卸汽车的工作条件不同于一般汽车，它具有运距短，启动、停车、转弯和调车十分频繁，要克服很陡的上下坡道，道路曲线半径小，经常在没有路面的临时道路上行车，装载矿岩时对汽车冲击大，载重量大等特点。因此矿用汽车在结构上应具有以下特点：

（1）车体和底盘结构应有足够的坚固性，并应有消震性能良好的悬挂装置，以承受装车和颠簸行驶时产生的冲击载荷；

（2）卸载机构应迅速可靠；

（3）具有高度的灵活性，制动装置可靠，启动加速性能良好；

（4）司机劳动条件好，驾驶操纵轻便，视线开阔。

自卸汽车的技术特性包括：主要尺寸、载重量、自重、载重、车箱容积、最小转弯半径等。

国外自卸汽车载重多以美吨（又称短吨）标注，1 美吨 = 2000 磅 = 0.9072 吨。

自卸汽车的自重系数为汽车自重与载重的比值。一般自卸汽车的自重系数都比较大，但随着吨位的提高，自重系数将明显下降。

自卸汽车的粘重是折算到汽车主动轮上的荷重。因此，重载汽车和空载汽车的粘重是不同的。

汽车的最小转弯半径指当转向盘转到极限位置，汽车以最低稳定车速转向行驶时，前轴外轮的转弯半径。转弯半径越小，汽车的机动性能越好。

轮胎规格参数包括：轮胎宽度（cm 或 mm，不同规范单位不同）、轮胎断面的扁平比（%）、轮胎类型代号及轮辋直径（英寸）等。

扁平比为轮胎从轮辋至胎面的高度与其断面的最大宽度的百分比，即轮胎的高宽比。为了适应恶劣的路况，矿用汽车的胎壁厚，扁平比普遍高。

【例 2-4】 载重达 363t 的 797F 自卸汽车，其轮胎规格为"59/80R63"，其中 59 表示轮胎的宽度为 59cm；轮胎的扁平比为 80%；R 表示子午轮胎；63 表示轮辋的直径为 63 英寸。轮胎直径为：

$$轮胎直径 = 轮辋的直径 \times 2.54 + 轮胎宽 \times 扁平比 \times 2$$
$$= 63 \times 2.54 + 59 \times 0.8 \times 2 = 254.4 \text{cm}$$

自卸汽车按车轮的数目分为四轮、六轮或多轮汽车。露天矿用自卸汽车要求运转灵活，适应小曲线半径，因此多采用前后轴距较小的四轮汽车。汽车的驱动形式通常用两个数字中间加一个乘号表示，其中前一个数字表示汽车的总轮数，后面的数字表示由发动机驱动的车轮数。矿用自卸汽车的驱动形式一般为 4×2。

2.8.2　自卸汽车结构

自卸汽车主要由车体、发动机和底盘三部分组成，而底盘又包括传动系、走行部分、操纵机构和卸载机构等。

（1）矿用自卸汽车车体。车体主要包括驾驶室和车箱。车箱用耐磨钢板焊接而成，形状如斗形。为降低汽车重心，车箱底部做成倾斜状。为便于卸载，大多数自卸汽车车箱没有后壁，车箱底板后部向上翘起一个角度以防止矿岩溢出。

（2）矿用自卸汽车的发动机。不仅要具有良好的耐用性和可靠性，而且要有良好的经济性和动力特性。矿用自卸汽车几乎都采用柴油发动机,具有功率大、经济性能好等优点。

(3)汽车传动系。汽车发动机与驱动轮之间的动力传递装置称为汽车的传动系。它应保证汽车具有在各种行驶条件下所必需的牵引力、车速,以及保证牵引力与车速之间协调变化等功能,使汽车具有良好的动力性和燃油经济性;还应保证汽车能倒车,以及左、右驱动轮能适应差速要求,并使动力传递能根据需要而平稳地结合或彻底、迅速地分离。

(4)汽车的走行部分,由车架、车桥、车轮和悬挂装置组成。车架是整个汽车的机体,在它上面安装有汽车的各个主要总成。车桥的两端安装汽车车轮,并通过悬挂装置与车架相连,车桥分为前桥和后桥。后桥架在主动轴上,因此又称为主动桥(驱动桥);自卸汽车前轮只起转向作用,因此前桥又称转向桥。

(5)操纵机构。操纵机构包括转向系和制动系两部分,它们的作用分别是控制汽车行驶方向和使汽车减速或停车。

(6)卸载机构。其功用是举起车箱倾泻货物,而车箱的下降主要靠车厢自重,卸载机构多采用液力传动的。

2.8.3 自卸汽车传动系分类

矿用自卸汽车传动系按能量传递方式的不同,主要分为机械传动、液力机械传动和电传动三类。

2.8.3.1 机械传动

发动机发出的动力经离合器、变速器、万向传动装置传到驱动桥,在驱动桥处,动力又经主减速器、差速器和半轴等到达驱动车轮,这种传动方式为机械传动,如图2-73所示。载重量在30t以下的一般采用机械传动,因为机械传动具有结构简单、制造容易、使用可靠和传动效率高等优点。

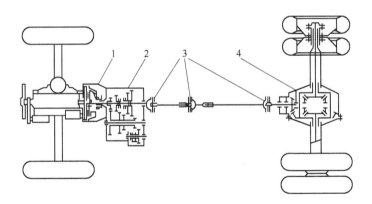

图 2-73 机械传动系统示意图
1—离合器;2—变速器;3—万向传动;4—驱动桥

随着汽车载重量的增加,大型离合器和变速器的旋转质量也增大,给换挡造成了困难。另外,由于机械变速器改变转矩是有级的,而当道路阻力发生变化时,要求必须及时换挡,否则发动机工作不稳定,极易熄火,尤其是在矿区使用的汽车,道路条件较差,换挡频繁,驾驶员易于疲劳,离合器磨损极其严重,故对大吨位重型自卸汽车,机械传动难以满足要求。

2.8.3.2　液力机械传动

由发动机发出的动力，通过液力变矩器和机械变速器，再通过传动轴、差速器和半轴传给主动车轮，这种传动方式为液力机械传动，如图2-74所示。液力传动的特点是发动机与传动系，由液体工作介质"软"性连接。载重在30～100t的矿用自卸汽车基本上均采用这种传动方式。

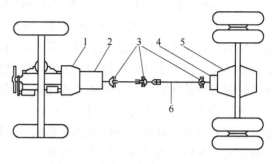

图2-74　液力机械传动系统示意图
1—液力变矩器；2—机械变速器；3—万向传动；
4—驱动桥；5—主减速器；6—传动轴

液力变矩器能自动地随着道路阻力的变化而改变输出扭矩。当行驶阻力增大时，汽车自动降低速度，使驱动轮动力矩增加；当行驶阻力减小时，减小驱动力矩，增加车速。所以，液力变矩器能在一定范围内实现无级变速，减少行驶过程中的换挡次数，有利于提高汽车的动力性和平均车速，也使驾驶员操作简单。液力变矩器能够衰减传动系统的扭转振动，防止传动过载，能够延长发动机和传动系统的使用寿命。近20年以来，液力机械传动已完全有效地应用于100t以上乃至160t的矿用自卸汽车上。这种车辆的性能完全可与同级电动轮汽车媲美，而它的造价又比电动轮汽车低。与单纯机械传动相比，液力机械传动具有结构复杂、制造成本较高、传动效率较低等缺点。

2.8.3.3　电传动

电传动是由发动机带动发电机发电，将发出的电能送到电动机，再由电动机驱动驱动桥或由电动机直接驱动带有减速器的驱动轮（电动轮）。载重量100t以上的汽车一般采用电传动。

电传动系统根据装用的发电机和牵引电动机形式的不同，可分为4种（也可看作4个发展阶段）：

（1）直流发动机-直流电动机系统（即直-直系统）。直流发电机发出的电能直接供给直流电动机。这种系统的优点是发动机发出的电能不经过任何装置的转换，直接送到牵引电动机，因此系统的结构简单。其缺点是直流电动机的体积大、质量大、成本高、整流火花大等。最初的电动轮卡车使用这种方式，现已很少应用。

（2）交流发电机-直流电动机系统（即交-直系统）。交流发电机发出的三相交流电，经过大功率硅整流器整流成直流电，再供给直流电动机。这种系统可以达到提高转速、缩小体积、运行可靠和维修简便等效果。20世纪70年代开始，载重为100t以上的大型电动轮汽车广泛采用这种方式，目前运行中的车型很多还是这种方式。

（3）交流发电机-整流变频装置-交流电动机系统（即交-直-交系统）。交流发电机发出三相交流电，经过硅整流器整流变成直流电以后，再经过可控硅逆变器，使直流电变成预定可变频率的三相电，以供给各个牵引电动机使用，如图2-75所示。逆变后的三相交流电的频率根据需要

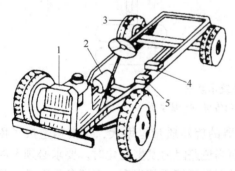

图2-75　电传动系统示意图
1—发动机；2—发电机；3—电动车轮；
4—逆变装置；5—可控硅整流器

是可控制的。交流牵引电动机（特别是鼠笼式电动机）与直流电动机相比，由于没有换向器，结构简单，外形尺寸小，所以可以设计和制造出功率大、转速高的电动机，这种电动机运行可靠，维护方便。这是目前矿用车采用最多的传动方式。

（4）交流发电机-交流电动机系统（即交-交系统）。这种系统是没有直流环节的直接变频的交流传动系统。同步交流发电机发出的电能送给变频器，变频器再向交流电动机输送频率可控的交流电。这种系统对变频技术和电动机的结构都有较高的要求，目前尚未在机动车上广泛应用。

2.8.4 电动轮自卸汽车

电动轮汽车主要是利用柴油发动机同轴驱动发电机发出的电能，通过电控设备及导线送给安装在车轮中的牵引电动机驱动自卸汽车行驶。电动轮汽车具有载重量大，爬坡能力强，调速范围大，操作轻便等优点。

电动轮汽车结构特点是将牵引电动机，连同两级轮边减速齿轮系和工作制动器、停车制动器全部集装于后轮壳中，结构紧凑，圆满解决了驱动电动机和终传动的布局问题。

2.8.4.1 电动轮汽车的工作原理

液力机械传动与电传动（以交-直系统为例）的工作原理分别如图 2-76 和图 2-77 所示。

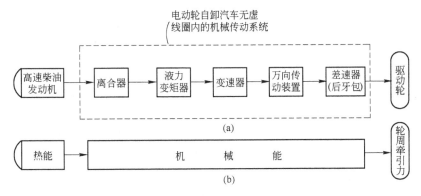

图 2-76 液力机械传动系统和能量变化框图

（a）液力机械传动系统；（b）能量变化过程

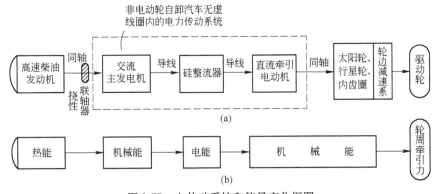

图 2-77 电传动系统和能量变化框图

（a）电力传动系统；（b）能量变化过程

从电动轮汽车的电力传动系统和能量变化框图来看，作为动力源的是高速柴油发动机，经挠性联轴器直接驱动一台交流主发电机，将机械能转变为电能，并经硅整流器将交流电整流为直流电。再经电控系统的电磁接触器，并联馈送至两台直流牵引电动机，复将电能转变为机械能，并通过太阳轮、行星轮、内齿圈组成的两级轮边减速齿轮器，以机械能的形式驱动自卸汽车的两对后轮旋转，实现动力传递。

车辆的前进和后退通过改变电动轮电动机的磁场电流方向来实现。车辆在运行过程中，可以进行动力辅助制动，即无摩擦的缓行制动方式，此时，电动轮电动机被调整为发电机运行状态，将车辆运行的惯性能转变成电能，通过动力制动电阻栅，以热能的形式耗散在大气中。这时，电动轮电动机产生的电动力矩阻碍车辆运行，从而起到减速制动的作用。

2.8.4.2 电动轮自卸汽车的特点

电力传动的电动轮自卸汽车和普通的机械传动系统（或液力传动系统）的自卸汽车相比，具有明显的优点：

（1）电动轮自卸汽车既没有复杂的机械变速机构和笨重的传动轴，也不需要后轴的伞齿轮、半轴和差速器，只要有电缆的软连接即可，使汽车结构大大简化，维修量少；一套电传动系统代替了在机械传动卡车中的许多零部件，电气元件包含了更少的机械磨损件，中间环节少，传动链短，传动效率高，结构简单，提高了传动效率和工作的可靠性，运行操作平稳，设备完好率高，维修费用较低，操作简便，行车安全可靠；电传动系统还可以改善柴油机的工作状况，使其功率能与牵引发电机相匹配而得到充分的利用，从而提高了车辆的牵引性能；可无级变速、无摩擦电制动和自动电动差速等。

（2）调速性能好，响应速度快，启动力矩大，从零转速至额定转速可提供额定转矩，可以提供显著的牵引能力优势，爬坡能力强；还可以进行打滑和空转的控制，以降低轮胎的磨损；还具有无级变速的特性，可使车辆运行平稳；具有恒动控制，功率可充分利用；动力制动行驶安全等。电传动车辆能方便测定转速和扭矩，所以能保持发动机经常保持在最佳工况；还可以使用架线辅助供电的双动力模式。

（3）在长大下坡道运行时，车轮内的电动机通过电路的转换，作发电机运转，将车的动能变成电能，消耗在电阻栅上，使自卸汽车获得适当的制动力。而机械传动的汽车在制动时容易使发动机过热，损坏制动系统。这样，既保护了柴油机，延长了大修间隔期，同时行车又安全可靠；特别在长坡道行驶时，可以大大减小车轮制动器的负荷，延长制动器寿命。

总之，与机械传动相比，电传动系统提供更低的运行成本，更高的可靠性，更少的维护和更强的性能。电动轮自卸汽车采用电力传动系统的优越性已经为国内外生产实践所证明。目前，载重量100t级以上的矿用自卸卡车几乎全部为电动轮驱动方式。

电传动汽车的缺点是自重较大、电路系统复杂、造价较高，再由于电动机尺寸和质量的限制，载重量在100t以上的自卸汽车才适合采用电力传动。

2.8.4.3 电动轮自卸汽车主要技术参数示例

SGE190DC交直电动轮矿用汽车是首钢重汽研制开发的170t矿用汽车，如图2-78所示，其主要技术参数如下：

· 整车外形尺寸：12543×7250×6318mm

图 2-78　SGE190DC 交直电动轮矿用汽车

- 最大装载质量：170t
- 整车装备质量：110t
- 最大总质量：280t
- 空载荷载分布：前轴48t，后轴62t
- 重载荷载分布：前轴92.4t，后轴187.6t
- 驱动形式：4×2
- 最大制动距离：24m
- 最小转弯半径：28m
- 最高车速：40km/h
- 最大爬坡度：20%（不低于16%）
- 轮胎规格：37.00-R57
- 发动机型号：康明斯 K2000E 发动机
- 发动机额定功率：1491kW
- 发动机总排量：50L
- 交流发电机型号：YXZ66
- 直流电动机型号：YFJ04
- 减速器形式：二级行星齿轮减速器
- 举升时间：≤25s
- 回落时间：≤21s

2.8.4.4　矿用电动轮自卸汽车的发展趋势

（1）纵观电动轮自卸汽车几十年来的发展，可以说，没有电力电子器件的发展就没有电动轮自卸汽车的发展。电力电子器件的发展日新月异，电力电子器件的未来充满生机，新一代大电流、高结温、高频率、耐高压的复合型、模块化、高动态参数电力电子器件的问世，将推动交流变频调速技术及电动轮自卸汽车技术的发展。

（2）随着先进设计方法和软件技术的发展，大量先进设计方法和成熟的分析软件将应用于电动轮自卸汽车的前后桥悬架系统、车架、后桥壳、轮辋、电动轮总成等关键零部件的结构设计及应力分析中，电动轮自卸汽车整车的操纵稳定性、行驶平顺性、工作可靠性及使用寿命将得到较大提高。

（3）电动轮自卸汽车具有运距短、转弯半径小和承载量大的特点。根据用户成本统计分析，电动轮自卸汽车的有效装载质量越大，单位运输成本就越低。前几年，120t 级、150t 级、170t 级是市场主流产品，而目前，190t 级、220t 级、290t 级电动轮自卸汽车已被广泛应用，最大吨位已发展到 400t 级。未来还将向着更加大型化的方向发展。

（4）国外排放标准的不断提高，将进一步促进电动轮自卸汽车技术的提高。混合动力电动轮自卸卡车将是一个重要发展方向，双能源电动轮自卸汽车既解决了车辆重载上坡时柴油发动机动力不足、车速慢等问题，又节约了能源，降低了柴油机的废气排放，有利于环境保护，甚至增大汽车运输的合理运距。

（5）车辆下坡运行时，电动轮电机为发电机运行状态，此时车辆运行时的惯性动能转变成大量电能，通过动力制动电阻栅，以热能的形式耗散在大气中，造成能源严重浪费，如何回收并加以利用这部分能量，将是电动轮自卸汽车的一个研究方向。

（6）随着计算机技术、通信技术、传感器技术及智能控制技术的进一步发展，柴油机、发电机、驱动电动机及变流系统等将趋于集成化、一体化集中控制，系统融合程度会越来越高，运行更加协调，实时数据监控、数据分析、故障诊断与自保护等技术将普遍应用，电动轮自卸汽车整车智能化水平将越来越高。

目前，国产矿用电动轮自卸汽车基本上限于国内销售，且大吨位车型远远不能满足国内露天矿山的需求，大吨位车型主要依赖进口。尽管国内矿用电动轮自卸汽车近年来得到一定发展，但与国内、国际市场要求相差甚远。

2.9　汽车运输计算

2.9.1　矿用自卸汽车选型

自卸汽车的合理选型取决于多种因素，主要包括矿岩运量、装载设备的容积、矿岩运距、矿岩物理机械性质及道路的技术条件。在同一矿山应尽可能选用同一型号的汽车，以利于生产管理、维护和检修。一般是先根据已采用的挖掘机的铲斗容积来选型，使自卸汽车的车箱容积与铲斗容积具有一定的合理比值，兼顾挖掘机生产能力的充分发挥与自卸汽车载重量的有效利用；进行挖掘机数量与汽车数量比的验证，使车型与运量相适应；车箱强度应能适应大块矿岩的冲砸；进行矿山生产能力验证及技术经济比较，推荐最优车型。

2.9.1.1　车箱容积

车箱容积应与铲斗容积、矿岩容重及矿岩块度相适应。

A　车铲容积比

根据汽车运距及汽车运输各环节的时间比例，以充分利用铲斗和车箱容积、采装运综合效率最高为目标，计算车箱容积与铲斗容积的最佳匹配。

自卸汽车车箱容积与挖掘机斗容配合不好，将影响汽车、挖掘机的有效作业效率。铲斗容积过大会延长挖掘机装车时的对准及卸载时间，使挖掘机生产能力降低；铲斗容积过小则自卸汽车装车时间增大，使汽车生产能力下降。因此，在选择车型时，应使车箱容积与挖掘机的铲斗容积合理匹配，以充分发挥设备效率。车铲容积比的理论最佳值是使汽车与挖掘机综合利用率取得极大值的数值。

分析可知，随着车铲容积比 N 的变化，挖掘机的时间利用率和汽车的时间利用率呈现相反的变化趋势，即挖掘机和汽车对 N 的要求是矛盾的。理论上，使挖掘机利用率与汽车利用率之和为极大值的车铲容积比 N 为：

$$N = \sqrt{\frac{t - t_r}{t_x}} \qquad (2-68)$$

式中　　N——车铲容积比；

　　　　t——汽车运行周转时间（装车时间除外），min；

　　　　t_r——汽车入换时间，min；

　　　　t_x——铲斗作业一次循环时间，min。

理论的车铲容积比随着运距的增加而提高，随着速度的增大而降低。当运距为 1 ~ 3km 时，车铲容积比为 3 ~ 6；当运距为 3 ~ 5km 时，车铲容积比为 6 ~ 8。结合我国生产实践经验，中小车型及短距离使用范围，可取 3 ~ 5；对大型铲、车及较长运距，可取 4 ~ 6。

　　B　矿岩容重与车箱容积的匹配

我国露天矿所开采的矿石容积密度大都在 3.3t/m³ 左右，岩石容积密度一般为 2.6 ~ 2.8t/m³，生产剥采比约为 3 ~ 4。因此，在选取车箱容积时，应以占运量比较大的岩石为主。大型车（≥60t）可选用两种车箱容积，分别载运不同物料；大型矿山也可选用两种不同载重的车辆，分别运送矿岩，以提高汽车载重利用系数。

汽车达到额定载重时所需要的车箱容积 V 为：

$$V = \frac{qK}{\gamma} \qquad (2-69)$$

式中　　V——汽车车箱容积，m³；

　　　　q——汽车额定载重，t；

　　　　K——岩石松散系数，一般为 1.5；

　　　　γ——岩石容重，取 2.7t/m³。

目前矿用汽车已按载重量形成系列，因此在自卸汽车选型时，不仅要考虑合理的车铲容积比，还应考虑可选的载重量及其装配的车箱容积。我国部分汽车载重与电铲铲斗的合适配比见表 2-33。表中分子值为装矿容积及装车斗数，矿石松散密度取 2.2t/m³；分母值为装岩容积及装车斗数，岩石的松散密度取 1.8t/m³。

表 2-33　汽车载重与电铲铲斗的合适配比

汽车载重/t	7	15	20	32	60	100	150
要求车箱容积/m³	3.2/3.9	6.8/8.7	9.1/11.5	14.5/18.5	28/34	46/56	68.2/84
电铲铲斗/m³	1	2.5	2.5	4	6	10	16
装车斗数/斗	4/5	3/4	4/5	5/6	5/6	5/6	5/6

2.9.1.2　车型与运量关系

在一定运量情况下，如车型选择过小，将会增加汽车数量，加大行车密度，给生产管理及运输成本都带来不利影响。

露天矿用汽车的发展趋势是设备大型化，其主要优点是设备效率提高，以及油耗、工资等运营成本降低。但车型过大，必然会引起周转不灵，单台设备故障对生产的影响增大，需要大型电铲相配套，其库房及维修设施也需要相应增大。

通常，汽车载重量愈大，所适应的矿山年运量愈大，但并没有严格的对应关系。自卸汽车载重量与相适应的矿山年运量如表 2-34 所示。

表 2-34　自卸汽车载重量与相适应的矿山年运量

汽车载重量/t	7	15	20	32	45	60	100	150
矿山年运量 /kt·a^{-1}	<1500	700 ~ 4000	1200 ~ 6000	2500 ~ 12000	3500 ~ 18000	5500 ~ 25000	9000 ~ 45000	>35000

2.9.1.3　车铲比

车铲比指汽车数量与挖掘机数量之比。该值主要取决于运距长短，即汽车装载时间与周转时间的关系。为了使装载与运输设备的生产能力相平衡，以最大限度地发挥车、铲两者的生产潜力，一台挖掘机配备的汽车数为：

$$n = \frac{t}{t_z + t_{dz}} = \frac{t}{1.5 t_z} \tag{2-70}$$

式中　　n——一台挖掘机配备的汽车数，辆；

　　　　t——汽车的平均周转时间，min；

$$t = t_z + t_y + t_e + t_d$$

　　　　t_z——挖掘机装载一车的平均装载时间，min；

　　　　t_{dz}——自卸汽车待装时间，按装车时间的一半考虑；

　　　　t_y——一个运输周期内汽车往返运行时间，min；

　　　　t_e——汽车平均卸车时间，min；

　　　　t_d——汽车掉头时间和停留时间，min。

（1）装车时间计算。装车时间 t_z 主要与挖掘机作业循环时间及装载斗数有关，计算公式为：

$$t_z = \frac{1}{60}(N t_x + t_r) \tag{2-71}$$

式中　　N——装载斗数，斗；

　　　　t_r——汽车入换时间，一般取 20s；

　　　　t_x——挖掘机作业循环时间，一般为 40s 左右。

（2）往返运行时间。往返运行时间 t_y 可按下式计算：

$$t_y = \frac{2 \times 60}{v} L \tag{2-72}$$

式中　　L——矿岩平均运距，km；

　　　　v——汽车平均运行速度，一般为 15 ~ 25km/h。

（3）汽车卸载时间。汽车卸载时间 t_e 主要取决于卸载物料的性质。正常情况下取 1.0min；严重粘车时可适当增加，或按实际情况测定。

（4）汽车调头及停留时间。汽车调头时间与汽车和挖掘机的相对位置及装卸平台的布置形式、场地大小有关，一般取 1min。停留时间包括待装、待卸及运行中的耽搁时间，它随汽车类型和运输距离而变化。t_d 一般取 $3 \sim 5 min$。

在实际生产中，由于各种随机因素的影响，采运设备常常不能连续作业，出现汽车在挖掘机工作面或卸载点的排队等待装卸现象，挖掘机等待空车的现象。另外，挖掘机在工作面的移位以及处理大块等也会降低挖掘机的有效作业时间，增加汽车的待装时间。为提高车、铲的利用效率，应建立全采场范围内的自卸汽车统一调度系统。

2.9.2　汽车台班能力及汽车数量计算

2.9.2.1　汽车台班能力计算

影响自卸汽车台班生产能力的主要因素是自卸汽车的载重量、运输周期和班工作时间等。

自卸汽车的台班生产能力为：

$$A = \frac{60qT}{t} \times K_1 \times \eta \qquad (2-73)$$

式中　A——汽车台班生产能力，t/（台·班）；

$\quad\;\; q$——汽车载重量，t；

$\quad\;\; T$——班工作时间，h；

$\quad\;\; t$——汽车周转一次所需时间，min；

$\quad\; K_1$——汽车载重利用系数，即汽车有效载重与汽车额定载重之比，一般在 0.83 ~ 0.94 之间；

$\quad\;\; \eta$——汽车工作时间利用系数，与挖掘机、汽车的完好状况及工作组织有关，一般按照工作班数选取，即一班取 0.9，二班取 0.8，三班取 0.75。

2.9.2.2　汽车数量计算

自卸汽车的需要量为：

$$N = \frac{Q_a K_2}{CHAK_3} \qquad (2-74)$$

式中　N——汽车需要量，台；

$\quad\; Q_a$——露天矿年运输量，t/a；

$\quad\; K_2$——自卸汽车运输不均衡系数，$K_2 = 1.1 \sim 1.5$；

$\quad\;\; C$——每日工作班数，班；

$\quad\;\; H$——年工作日数，天；

$\quad\;\; A$——汽车台班生产能力，t/（台·班）；

$\quad\; K_3$——出车率，即出车台班数与总台班数之比，该指标用以反映车辆的实际利用程度。影响因素有汽车检修能力、备品备件的供应情况、生产管理水平等，一般取 60% ~ 70%。

2.9.3　道路通过能力

道路的通过能力是指在单位时间内通过某一区段的车辆数。它主要取决于行车道的数目、路面状态、平均行车速度和安全行车间距等。

道路通过能力一般选择车流最集中的区段进行计算，如总出入沟口、车流大的道路交叉点、小半径的回头曲线与折返线等。

道路通过能力为：

$$N = \frac{1000vn}{S}K \qquad (2-75)$$

式中 N——道路通过能力，辆/h；

      v——自卸汽车在计算区段内的平均行车速度，km/h；

      n——线路数目，单车道时 $n = 0.5$，双车道时 $n = 1$；

      K——车辆行驶的不均衡系数，与挖掘机数量等因素有关，一般 $K = 0.5 \sim 0.7$；

      S——两辆汽车追踪行驶的最小安全距离，即行车视距，m；

   $1000/S$——车流密度，即单位长度道路上分布的车辆数，辆/km。

道路通过能力有时用 t/班来表示：

$$M = NTq\eta \qquad (2-76)$$

式中 M——道路通过能力，t/班；

      N——以车辆数表示的道路通过能力，辆/h；

      T——班工作时间，h；

      q——汽车载重量，t；

      η——汽车工作时间利用系数。

———— 本 章 小 结 ————

（1）汽车运输具有灵活、高效的特点，是露天矿山最主要的工作面运输方式，还可与其他运输方式相配合构成联合运输方式；（2）由于重型电动轮自卸汽车的发展，汽车运输在露天矿山得到广泛应用；（3）年运量、行车密度是道路等级划分的主要依据，各级道路的计算行车速度不同，因而道路的平曲线最小半径、竖曲线最小半径、平曲线超高横坡、最小行车视距、最大纵坡、坡长限制、路面宽度等关键技术指标各不相同；（4）通常将道路分成三个投影来研究，即道路平面、纵断面和横断面，设计一条矿山道路，对三个方面既要综合考虑，又需分别处理；（5）超高、加宽和行车视距是平曲线设计的重点；（6）矿山道路的纵坡设计时，要特别注意坡长限制；（7）纸上定线包括地形分析、定导向线、平面试线、试拉纵坡、修正导向线、二次修正导向线、定线等步骤；（8）行车荷载和自然因素对路面的影响，随路面结构深度的增加而逐渐减弱，因此，路面结构通常是分层铺筑的。

习题与思考题

2-1   说明露天矿汽车运输的优缺点。

2-2   说明汽车运输的适用条件，并说明现代露天矿广泛使用汽车运输的主要原因。

2-3   矿用自卸汽车按其传动系统不同可分为哪三类，电动轮汽车的主要优点是什么？

2-4   矿用自卸汽车选型主要考虑哪些因素？

2-5   矿山道路按用途性质分为哪四类，矿山道路根据服务年限的长短分为哪三类？

2-6   正常行驶的汽车，其重心轨迹的几何特征有哪些？

2-7 绘图说明道路设计中的 x 轴方向及方位角、象限角的定义。已知象限角 SW7°25′，请转换为方位角；已知方位角 120°25′，请转换为象限角。

2-8 汽车在小半径圆曲线上高速行驶时会发生什么安全问题，原因是什么？

2-9 确定最小平曲线半径应考虑哪些因素，为什么在圆曲线道路外侧设置超高？

2-10 绘图说明圆曲线的几何元素：包括切线长 T、曲线长 L、外距 E 和超高 J。

2-11 已知圆曲线转角 $\alpha = 40°20′$，$R = 120\text{m}$，交点桩号为 JD3 + 125.62，计算其切线长 T、曲线长 L、外距 E 和超距 J 等主点测设元素，并计算主点桩号。

2-12 选取平曲线超高的依据是什么，或影响平曲线超高的因素有哪些？

2-13 道路设计时为什么要进行平曲线内侧加宽，加宽值与哪些因素有关？

2-14 已知圆曲线半径 $R = 80\text{m}$，汽车后轴至前挡板（保险杠）的距离 $A = 7\text{m}$，行车速度为 40km/h，计算双车道曲线部分加宽值。

2-15 为什么在视距检查中主要检查平曲线视距而不检查竖曲线视距？

2-16 绘图说明视距检查中的视点轨迹线、视距曲线及净横距的概念。

2-17 我国《厂矿道路设计规范》推荐使用的各级道路最大纵坡分别为多少？

2-18 矿山道路的纵坡折减主要考虑哪两个因素？

2-19 根据汽车的行驶性能，说明为什么要对汽车运输道路的坡长进行限制？

2-20 为合理运用最大纵坡、坡长限制和缓和坡段的规定，通常需要计算道路的什么指标？

2-21 限制竖曲线最小半径的因素包括哪些，对矿山道路而言，凸形竖曲线和凹形竖曲线的决定因素各是什么？

2-22 某矿山一级道路，变坡点桩号 K5 + 030.00，高程为 427.58m，$i_1 = 5\%$，$i_2 = -4\%$，竖曲线半径 $R = 1000\text{m}$。试计算竖曲线诸要素以及桩号为 K5 + 000.00 和 K5 + 100.00 处的设计高程，并绘出示意图。

2-23 为什么矿山道路横断面设计中经常采用"宁挖勿填"的原则？

2-24 简述纸上定线的主要步骤。

2-25 路基横断面的典型形式有哪些，各种路堤的典型横断面形式有哪些？

2-26 绘图示意典型公路路基横断面。

2-27 分别简述水泥混凝土路面、沥青路面、碎石路面的优缺点及其适用条件。

3 露天矿铁路运输

本章学习重点：(1) 露天矿山铁路运输的特点和适用条件；(2) 区间与分界点；(3) 铁路信号设备；(4) 车站连锁的概念及设备；(5) 区间闭塞的概念及分类；(6) 钢轨与道岔；(7) 圆曲线与缓和曲线；(8) 线路平面设计；(9) 线路纵断面设计。

本章关键词：铁路运输；机车；车辆；列车；铁路线路；轨道；区间与分界点；警冲标；限界；铁路信号设备；铁路信号；车站连锁设备；区间闭塞设备；进路；轨道电路；轮对；自动闭塞；钢轨；轨道爬行；道岔；轨道几何形位；轮缘；踏面；轨距；轨底坡；轮对宽度；游间；外轨超高；缓和曲线；路基；路堤；路堑；线路平面；纵断面；曲线阻力；坡度折减

3.1 概　　述

3.1.1 铁路运输的特点

铁路运输是露天开采主要运输方式之一，在 20 世纪 40～50 年代期间，铁路运输在国内外各类型露天矿曾起过主要作用。1960 年以来，由于采矿科学技术的发展和重型自卸汽车、电动轮自卸汽车、胶带运输机等运输设备的发展，铁路运输所占比重明显减少。然而，场外远距离、大运量的物料输送（如采矿场到港口或冶炼厂），以及地下开采中的水平运输，轨道运输仍然是最重要的运输方式，具有其他运输方式无可比拟的优点。

机车是铁路的牵引动力。铁路车辆是运输旅客及货物的工具，车辆一般没有动力装置，必须把车辆连挂成列，由机车牵引才能在线路上运行。

3.1.1.1 铁路运输的主要优点

与公路运输相比，铁路运输具有如下优点：

(1) 运输能力大，能满足大、中型矿山运输要求。

(2) 节能、环保、土地占用少。铁路运输与公路运输的能耗对比参见表 3-1。在全球能源形势逐渐紧张的今天，铁路低能耗的优势显得格外突出。

表 3-1　铁路与公路运输能耗对比

运输方式	公路		铁路	
	汽油货车	柴油货车	内燃机车	电力机车
能耗/kJ·(100t·km)$^{-1}$	296.75	212.69	11.05	3.98

据专家测算，城市大气污染中近60%的有害物是汽车排放的，其中包括一氧化碳、氮氧化合物、二氧化碳、二氧化硫、碳氢化合物等。按每完成单位运输量排放的一氧化碳、碳氢化合物计算，汽车是铁路内燃机车的数十倍甚至上百倍，而铁路电力机车基本不排放有害气体。尤其在地下矿山运输中，铁路低能耗、低污染的特性，使其具有无可比拟的优势。

（3）运输成本低，铁路运输单位成本约为公路运输的1/6。

（4）铁路运输设备和线路比较坚固，运行安全可靠，对恶劣天气条件的适应能力强。

（5）能和国有铁路直接办理行车业务，简化装、卸工作。

3.1.1.2　铁路运输的主要缺点

（1）基建投资大，建设速度慢，建设周期长；

（2）对线路坡度、平曲线半径要求较高，灵活性差；对矿体埋藏条件和地形条件适应性差；

（3）爬坡能力小，随着露天开采深度的增加，运输效率显著下降；

（4）线路系统和运输组织工作复杂；

（5）线路工程和辅助工作量大，露天开采的年下降速度比其他运输方式低。

3.1.1.3　铁路运输的适用条件

铁路运输适用于储量大、面积广、运距长（超过 5~6km）的露天矿和矿山专用线路。

目前，铁路运输发展的主要趋势是：采用粘着重量150t的电机车和 100~200t 的自翻车；采用电压超过一万伏的交流电机车；采用电动轮自翻车牵引机组；内燃机车用燃气轮机代替柴油机；线路工程全面机械化，实现机车遥控和运输系统自动化。

3.1.2　线路分类及其技术等级

3.1.2.1　铁路运输基本设备

铁路运输设备是铁路完成运输任务的物质基础，主要包括：

（1）铁路线路及站场。铁路线路是机车车辆和列车运行的基础，而站场则是办理客货运输的基地。

（2）机车及各种类型的车辆。列车是由机车和车辆编组构成的，机车是牵引列车的基本动力，各种类型的车辆是运送人员及货物的工具。

（3）铁路信号及通信设备。如同铁路运输的耳目，是保证列车运行安全和提高运输效率的重要手段。

3.1.2.2　线路分类

铁路线路是机车车辆和列车运行的基础，它直接承受机车车辆轮对传来的压力。铁路线路是由路基、桥隧建筑物（桥梁、隧道、涵洞等）和轨道（钢轨、轨枕、连接零件、道床、防爬设备和道岔等）组成的一个整体工程结构，如图3-1所示。

铁路线路是按照一定的技术标准设计

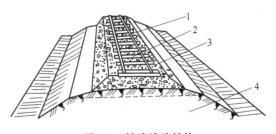

图 3-1　铁路线路结构

1—钢轨；2—轨枕；3—道床；4—路基

施工的。铁路主要技术标准包括：正线数目、轨距、限制坡度、最小曲线半径、牵引种类、机车类型、站场分布、闭塞类型等。一条铁路选用不同的技术标准对线路的工程造价和运营质量有重大影响。

露天矿铁路与一般铁路在技术标准、服务年限、用途、行车密度、曲线半径等方面均有所区别。露天矿铁路运输具有如下特点：

（1）线路坡度大，转弯多，平曲线半径小，行车较困难；

（2）线路服务年限少，线路区间短，移动线路多，技术标准低，行车速度慢；

（3）运输距离和运输周期短，行车密度大，由于生产上的随机事件的影响，不易按运行图行车。

根据露天矿生产工艺特点，铁路运输线路可分为下列三类：

（1）固定线路。它是连接露天采矿场、排土场、贮矿场、选矿厂或破碎站以及工业场地之间的铁路干线，并且服务年限在 3 年以上。

（2）半固定线路。是指采矿场的移动干线、平盘联络线以及使用年限在 1～3 年的其他线路。

（3）移动线路。采掘工作面的装运线路和排土场的翻车线路等临时线路。

一般情况下，大型露天矿多采用标准轨，小型露天矿采用窄轨，中型露天矿则依其具体情况而定。

3.1.2.3　技术等级

矿山固定/半固定线路等级可按重车方向最大年运量来划分，移动线、联络线不分等级，参见表3-2。

表 3-2　准轨铁路线路技术等级与年运量　　　　　　　　　　kt

技术等级	轨距/mm			
	1435	900	762	600
Ⅰ	≥6000	>2500	1500～2000	
Ⅱ	3000～6000	1500～2500	500～1500	300～500
Ⅲ	<3000	<1500	<500	<300

3.1.2.4　设计行车速度

冶金露天矿准轨铁路固定线、半固定线的设计行车速度为 40km/h；移动线的设计行车速度为 15km/h。

列车运行速度由矿山具体确定，但应保证能在准轨铁路 300m、窄轨铁路 150m 的制动距离内停车。

3.1.3　铁路车站

3.1.3.1　区间与分界点

为了保证行车安全和必要的线路通过能力，铁路上每隔一定距离需要设置一个车站（线路所或通过色灯信号机），它们把每一条铁路线划分成若干个长度不同的段落（线段），每一段落称为区间，而车站就成为相邻区间的分界点，因此，区间和分界点是组成铁路线路的两个基本环节。

A　分界点

车站上除了正线以外，还配有其他线路（到发线、调车线、牵出线等），所以把各种车站称为有配线的分界点。此外，还有无配线的分界点，它包括非自动闭塞区段的两车站间设置的线路所和自动闭塞区段两车站间划分为若干个闭塞分区处所设置的通过色灯信号机。

B　区间

依据分界点的不同，区间也有不同的分类。车站与车站之间的区间称为站间区间（图3-2）；车站与线路所之间的区间称为所间区间（图3-3）；自动闭塞区段上通过色灯信号机之间的段落称为闭塞分区（图3-4）。

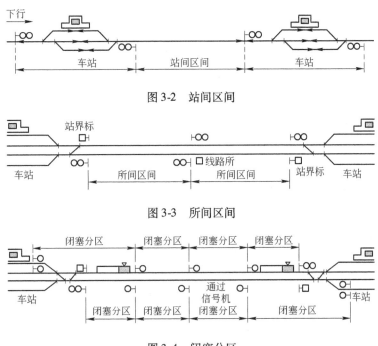

图 3-2　站间区间

图 3-3　所间区间

图 3-4　闭塞分区

区段通常是指两相邻技术站间的铁路线段，它包含了若干个区间和分界点，区段的长度一般取决于牵引动力的种类或路网状况。

露天矿车站按其用途划分为矿山站、排土站、破碎站、工业场地站等。在采矿场内则有折返站和会让站等。

矿山站一般都设在采矿场附近，靠近运输量大的地方，为运送矿石和岩石服务。由工作面运出来的矿石和岩石通过该站分别发往选矿厂的破碎站和排土站。

3.1.3.2　车站线路种类

车站线路按用途分为正线、站线与特别用途线。

（1）正线：指连接区间并贯穿或直股伸入车站的线路。

（2）站线：包括到发线、调车线、牵出线、装卸线等。到发线是除正线外，另行指定列车到达或出发的线路。调车线是列车编组解体所用的线路。牵出线是指在进行调车作业中，为不妨碍发车作业而设的线路。装卸线是为办理装卸货物而设的线路。

（3）特别用途线：是指为保证行车安全而设置的安全线和避难线。安全线是为防止列车或机车车辆进入另一列车或机车车辆运行的进路，避免发生冲突事故而设置的隔开设备。避难线是为防止在陡长坡道上失去控制的列车发生冲突或颠覆而设置的隔开设备。

3.1.3.3　站界及警冲标

为保证行车安全和分清工作责任，车站和它两端所衔接的区间应有明确的界限。站界范围的划定，单、双线铁路车站有所不同。在单线铁路上，车站的界限以两端进站信号机柱的中心线为界，外方是区间，内方则属于车站，称为"站界"。在复线铁路上，站界是按上下行正线分别确定的，即一端以进站信号机柱中心线，另一端以站界标的中心线为界。

警冲标是信号标志的一种，设在两会合线路线间距离为 4m 的中间，用来指示机车车辆的停留位置，防止机车车辆的侧面冲撞，如图 3-5 所示。

图 3-5　警冲标

3.1.3.4　股道和道岔的编号

A　股道编号方法

为了便于车站生产指挥作业上的联系和对设备的维修管理，应对车站内线路和道岔进行统一编号。在单线车站上，包括正线和站线，应由靠近站房的股道为起点，顺序编号。其中正线用罗马数字，站线用阿拉伯数字。在复线铁路车站上，应从正线起顺序编号，上行为偶数，下行为奇数。露天矿的行车方向是以列车去采矿场为上行，离开采矿场为下行。

B　道岔编号方法

（1）用阿拉伯数字从车站两端由外向里依次编号。上行列车到达一端用双数，下行列车到达一端用单数。

（2）站内道岔通常以车站站台中心线作为划分单数号与双数号的分界线。

（3）每一道岔均应编为单独的号码，对于渡线、交分道岔等处的联动道岔，应编为连续的单数或双数，如图 3-6 中的 8、10 道岔。

车站股道与道岔的编号如图 3-6 所示。

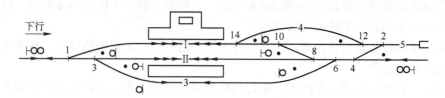

图 3-6　单线铁路车站股道、道岔编号

Ⅱ—正线；1，3—到发线；4—装卸线；5—牵出线

3.1.4　限界

为了确保机车车辆在铁路线路上的运行安全，防止机车车辆撞击临近线路的建筑物和设备而对机车车辆和接近线路的建筑物、设备所规定的不允许超越的轮廓尺寸线，称为限

界。限界是铁路设计、建设和运营的一项重要标准。铁路基本限界分为机车车辆限界和建筑限界两类。

铁路限界是一个与线路中心线垂直的横断面，其横向尺寸系指水平宽度，由线路中心线起算；其高度尺寸为垂直高度，自钢轨面起算，单位均为毫米。

3.1.4.1 机车车辆限界

机车车辆限界是机车车辆横断面的最大容许尺寸的轮廓，它规定了机车车辆不同部位的宽度、高度的最大尺寸和底部零件至轨面的最小距离。机车车辆限界是和桥梁、隧道等限界起相互制约作用的，当机车车辆在满载状态下运行时，也不会因为摇晃、偏移等现象而与桥梁、隧道及线路上其他设备相接触，以保证安全。根据列车运行速度的不同，有不同的机车车辆限界。

3.1.4.2 建筑限界

建筑限界是一个和线路中心线垂直的横断面，它规定了保证机车车辆安全通过所必须的横断面最小尺寸，如图 3-7 所示。凡靠近铁路线路的建筑物及设备，其任何部分都不得侵入限界之内。

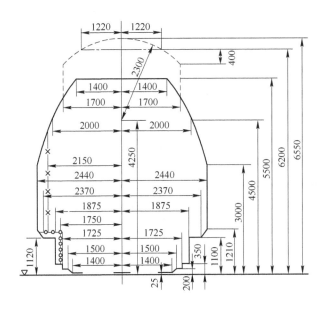

图 3-7 铁路建筑限界图

—×—×— 信号机建筑限界
—○—○— 站台建筑限界
———— 各种建筑物的基本接近限界
------- 电力机车通过的跨线桥、天桥及雨水棚等建筑物
—·—·— 电力机车的跨线桥在困难条件下的最小高度

3.2 铁路信号设备

铁路信号设备是铁路信号、连锁、闭塞设备的总称，是铁路主要技术装备之一，其装备水平和技术水准是铁路现代化的重要标志。

（1）铁路信号：是向有关行车和调度人员发出的指示和命令。

（2）车站连锁设备：用于保证站内行车与调度工作的安全和提高车站的通过能力。

（3）区间闭塞设备：用于保证列车在区间内运行的安全和提高区间的通过能力。

铁路信号设备的主要作用是保证列车运行和调车工作的安全，提高铁路通过能力，增加铁路运输经济效益，改善铁路职工劳动条件，确保正确、及时地组织铁路运输。

3.2.1 铁路信号

信号是指挥列车运行和停驶的标志，是保证安全而准确地组织行车和调车工作的重要工具。

3.2.1.1 铁路信号的分类

铁路信号分为视觉信号和听觉信号两大类。

（1）听觉信号：以不同声响设备发出音响的强度、频率、音响长短和数目等特征表示的信号，如号角、响墩、机车鸣笛等发出的信号。

（2）视觉信号：以物体或灯光的颜色、形状、位置、数目或数码显示等特征表示的信号，如信号机、机车信号、信号旗、信号牌、火炬等表示的信号。

视觉信号分为固定信号、移动信号和手信号。在固定地点安装的铁路信号称固定信号，是铁路信号的主要部分。用手拿信号灯、信号旗或用手势显示的信号称手信号。临时设置的信号牌、信号灯等称移动信号。

露天矿铁路主要使用色灯信号机表示信号，用不同颜色的灯光来显示其意义，并规定用红、黄、绿3种基本颜色，其代表的含义如下：

红色——停车；

黄色——注意或减速行驶；

绿色——按规定速度行驶。

3.2.1.2 几种主要信号机的用途和设置地点

按照我国铁路左侧行驶的原则，各种信号机应安装在列车运行方向的左侧，并根据它们的不同用途，分别设置在不同的位置上，如图3-8所示。

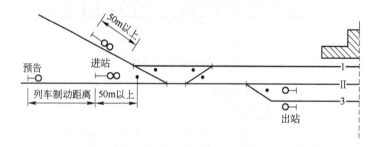

图3-8　进站、出站、预告信号机设置位置示意图

（1）进站信号机：进站信号机用来防护车站的安全，指示列车能否从区间进入车站以及进入车站的相关条件，显示距离不得少于1000m。进站信号机应设在进站线路最外方道岔尖轨尖端（逆向道岔）或警冲标（顺向道岔）不少于50m的地点，如图3-8所示。

（2）出站信号机：出站信号机用来防护区间的安全，指示列车能否由车站进入区间。

出站信号机设在每一发车线路警冲标内方的适当地点，如图 3-8 所示。

（3）预告信号机：预告信号机设于主体信号前方不小于一个列车制动距离的地方，用于对进站信号机、非自动闭塞的通过信号机进行预告，一般设于非自动闭塞区段，如图 3-8 所示。

（4）通过信号机：用来防护自动闭塞区段的闭塞分区和非自动闭塞区段的所间区间，指示列车能否进入其所防护的分区或区间。一般设于闭塞分区或所间分区的分界处，如图3-9 所示。

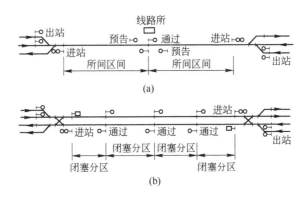

图 3-9　通过信号机的设置位置
（a）非自动闭塞区段；（b）自动闭塞区段

3.2.1.3　信号机的定位状态

信号机有开放和关闭两种状态。将信号机经常保持的显示状态作为信号机的定位。信号机定位的确定，一般要考虑保证行车安全，提高运输效率或信号显示自动化等因素。

进站、出站信号机对行车安全起着极其重要的作用，规定以显示停车信号——红灯为定位。预告信号机是附属于主体信号机的，仅能表示主体信号机的显示状态，故以显示注意信号——黄灯为定位。

自动闭塞的通过信号机，都是其运行前方信号机的预告信号机。为提高区间通过能力，保证列车经常在绿灯下运行，规定通过信号机以显示进行信号——绿灯为定位。进站信号机前方第一架通过信号机兼有预告信号机的作用，故以显示黄灯为定位。

非自动闭塞区段的信号机，兼有防护接车、发车的作用，以显示红灯为定位。

3.2.1.4　移动信号和手信号

当线路上出现临时性障碍或进行施工，要求列车停车或减速时，应按照规定设置移动信号，安放响墩、火炬或用手信号进行防护，以便保证行车安全。

手信号也是一种移动信号，是有关行车人员用手持信号旗或信号灯作出各种规定动作来表示停车、减速、发车、通过、引导等信号。

3.2.2　车站连锁设备

车站连锁设备是保证车站内列车和调车作业的安全，以及提高车站通过能力的一种信号设备。

在车站内有许多线路，它们用道岔连接着。列车和调车车列在站内运行所经过的路径，称为进路。按各道岔的不同开通方向可以构成不同的进路。列车和调车车列必须依据信号的开放而通过进路，即每条进路必须由相应的信号机来防护，才能保证车站范围内行车和调车的安全。

3.2.2.1　连锁的基本概念

列车向某一进路运行，表面上看是根据信号显示，实际上列车沿着哪一进路运行取决于道岔的位置。如果道岔所排列的进路与防护该进路的信号显示不一致，就会发生撞车、掉道等事故。为了保证列车运行的安全，就需要在有关信号机和道岔之间，以及信号机和信号机之间建立起一种互相制约的关系，这种关系称为连锁，为完成这种连锁关系而安装的技术设备称为连锁设备。

连锁关系的基本要求（技术条件）为：

（1）当开放某一进路时，必须先将进路上的所有道岔扳到正确位置后，防护这一进路的信号机才能开放。

（2）当某一进路的信号机开放以后，这一进路上的全部道岔应被锁闭，不能再扳动。

（3）当某一进路的信号机开放以后，与之敌对的信号机应全部关闭，不能开放。

（4）主体信号机开放前，预告信号机不能开放；在正线出站信号机开放前，进站信号机不能显示正线通过信号。

车站连锁设备的组成框图如图3-10所示。

车站连锁设备应能及时、迅速地排列进路并实现信号机和道岔之间的相互制约关系，同时还应能迅速及时地使进路解锁。因为只有加速建立和解锁进路的过程才能提高车站的通过能力。

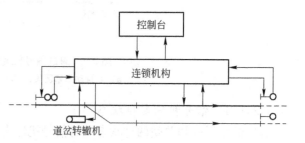

图3-10　车站连锁设备组成框图

通过下面示例，说明连锁的原理，如图3-11所示。

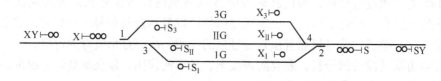

图3-11　连锁示例

某一会让站，若有一下行列车从车站正线通过，必须满足下列条件：

（1）在开放进站信号机 X 之前，必须先使进路上的所有道岔1、3、4、2都开通到 Ⅱ 道的位置。

（2）在道岔开通后，出站信号机 X_{II}、进站信号机 X、预告信号机 XY 依次开放，显示正线通过信号。

（3）当进站信号机 X 开放以后，这一进路上的所有道岔都被锁闭，不能扳动。

（4）当进站信号机 X 开放以后，敌对进路信号机 S_1、S_{II}、S_3、S 和 X_1、X_3 都被锁闭，不能再开放。

只有做到以上几点，才能保证这一列车安全通过车站。

3.2.2.2 连锁设备的分类

连锁设备根据它所控制的道岔与信号机的握柄是否集中在一处操纵，分为集中连锁和非集中连锁。

（1）非集中连锁：用电锁器来实现主要的连锁关系。信号机由车站值班员控制，道岔和信号由扳道员在现场操纵。

（2）集中连锁：用电气的方法集中控制和监督全站的道岔、进路和信号机，并实现它们之间连锁关系。电气集中连锁包括继电式电气集中连锁（简称继电连锁）和计算机电气集中连锁（简称计算机连锁）。

3.2.2.3 继电连锁的主要设备

继电连锁设备由室内设备和室外设备两部分组成。室内设备主要有控制台、继电器等；室外设备主要包括色灯信号机、轨道电路、电动转辙机等。

（1）继电器：是一种电磁开关，可以接通或断开电路，是电气集中连锁设备中的主要元件。通过继电器可以控制道岔的转换、信号机的开放和关闭以及进路的锁闭与解锁等。

（2）电动转辙机：道岔尖轨转换位置是由转辙装置带动的。电动转辙机是以电动机带动的转辙装置，它可以实现正转或反转，从而使道岔具有两种不同的开通位置（开通直股或侧股）。

电动转辙机由转换、锁闭和表示3部分组成。当需要转换道岔时，给电动转辙机的电动机接通电源，通过转换部分改变尖轨的位置；当转换到尖轨与基本轨密贴时，锁闭部分则将尖轨牢固地锁在与基本轨密贴的位置上；在道岔转换完成后，表示部分则将表示接点接通，在控制台上反映道岔所处的状态，以便与进路信号机进行连锁。

采用电动转辙机可以准确地转换道岔位置，改变道岔开通方向，并可以锁闭道岔尖轨，反映道岔位置。

（3）轨道电路：是利用铁路的两条钢轨作为导线所构成的电气回路。轨道电路能反映车辆占用以及线路的状况，是重要的信号基础设备。

3.2.2.4 轨道电路的基本原理及作用

采用直流电源的轨道电路称为直流轨道电路，如图3-12所示。在直线段上，直流轨道电路主要由分界绝缘节、轨道电源、限流电阻、轨道继电器等组成。

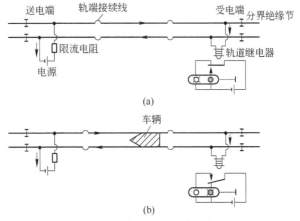

图3-12 直流轨道电路示意图

（a）线路空闲；（b）线路被列车占用

A　轨道电路的基本原理

当轨道电路区段空闲时,电流从轨道电路电源正极经过钢轨进入轨道继电器,再经另一股钢轨回到电源负极。这时因轨道继电器衔铁吸起,使其后接点断开前接点闭合。信号机的电路就通过前接点闭合绿灯电路,使信号机点亮绿灯,如图 3-12(a)所示。

当轨道电路区段有车占用时,由于轮对的电阻很低,轨道电路被短路,轨道继电器衔铁被释放,用它的后接点闭合信号机的红灯电路,信号机点亮红灯,表示轨道有车占用,如图 3-12(b)所示。

钢轨折断时,这种情况与有车占用时相同。可以看出采用这种轨道电路,当轨道电路的任一部分发生故障时,均能导致轨道继电器失磁落下,使信号机点亮红灯,从而保证了安全。

道岔区段的轨道电路如图 3-13 所示。

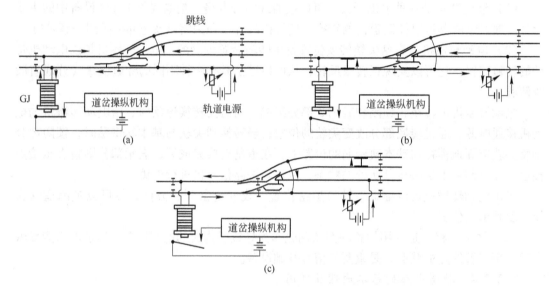

图 3-13　道岔区段轨道电路
(a)无车状态;(b)直股有车状态;(c)弯股有车状态

当道岔区段无车时,轨道继电器(GJ)有电励磁,以其前接点闭合道岔操纵机构电路,道岔可以转换;当直股或弯股有车时,轨道电路被短路,轨道继电器失磁,衔铁释放,切断了道岔操纵机构的电路,道岔也就不能转换位置了。

B　轨道电路的作用

首先可以检查和监督股道是否有车占用,防止错误地办理进路,开放信号,即防止向已被机车车辆占用的线路上接车;可以检查和监督道岔区段有无机车车辆通过,防止在机车车辆经过道岔时扳动道岔;可以检查和监督钢轨是否完整;其次是传递行车信息,并将列车运行与信号显示联系起来。

3.2.3　区间闭塞设备

3.2.3.1　闭塞的基本概念

由于铁路车辆的制动距离较汽车长得多,当列车运行途中发现前方线路有危险状况时，大多数情况下都是来不及停车的，也无法采取汽车运输中常用的避让措施。为了保证列车运行安全，提高线路通过能力，将线路分为若干个区间，规定在一个区间内，在同一时间里只允许运行一列列车，这种行车方法称为空间间隔制。

用信号或凭证，保证列车按照空间间隔制运行的技术方法称为行车闭塞法，简称闭塞。利用闭塞机制组织行车，列车一旦被允许进入区间，在这一列车未开出区间之前，这一区间就处于关闭状态，再不允许其他列车进入。为了提高列车通过能力，将区间划分为若干闭塞分区。

用以完成闭塞作用的设备称为闭塞设备，或者说闭塞设备是用来保证列车在区间内运行安全，并提高区间通过能力的区间信号设备。

3.2.3.2　闭塞设备的分类

铁路的闭塞方式可分为人工闭塞、半自动闭塞、自动站间闭塞和自动闭塞等类型。具体设置条件如下：

（1）在单线区段，应采用半自动闭塞或自动站间闭塞，繁忙区段可根据情况采用自动闭塞。

（2）在双线区段，应采用自动闭塞。

（3）在常规闭塞设备故障时，使用人工闭塞。

3.2.3.3　人工闭塞

人工检查区间状态、人工办理或交接占用区间凭证。在发车前，接发车双方的车站或线路所共同确认闭塞区间处于空闲状态，然后发车的车站或线路所使用路签机、路牌、路票等记录本段区间已经被占用，并把占用信息通过电话、电报等手段通知接车的车站或线路所。接车的车站或线路所有责任在列车到达后检查车辆到达编组是否完整，是否有部分车厢滞留在区间未到达。在列车到达前，发车车站应阻止后续运行的列车进入这一区间，接车车站应阻止反向运行的列车进入这一区间。

人工闭塞又包括电话闭塞、电报闭塞、电气路签闭塞、电气路牌闭塞等方法。

（1）人工闭塞的优点：设备简单，投资较小，能够保证列车运行安全等。

（2）人工闭塞的缺点：办理闭塞手续复杂，办理时间长，列车运行效率低下，容易造成行车事故。目前除电话闭塞作为闭塞设备故障时的一种备用闭塞方法外，人工闭塞已基本被继电半自动闭塞所取代。

3.2.3.4　半自动闭塞

半自动闭塞需人工办理闭塞手续，列车凭出站信号机的进行显示发车，但列车出发后，出站信号机能自动关闭，所以称半自动闭塞。

车辆进入区间后，轨道电路会连锁控制色灯信号机，把占用信息通知到双方车站。车辆到达后，仍需要人工检查车辆到达编组完整、确认区间空闲，由人工把区间状态复原为空闲状态。

A　半自动闭塞主要设备

在我国铁路上，普遍采用的是继电半自动闭塞，是以继电电路的逻辑关系来完成两站间闭塞作用的闭塞方式。采用半自动闭塞的区间两端车站上各设一台闭塞机、一段轨道电路和出站信号机，它们之间用通信线路相连接，用来控制出站信号机并实现相邻车站之间办理闭塞。我国常用的64D型单线继电半自动闭塞设备的组成框图如图3-14所示。

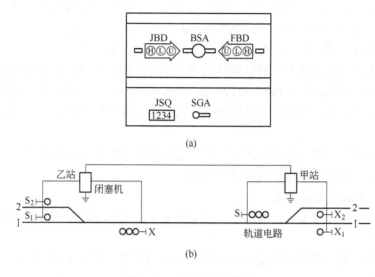

图 3-14　半自动闭塞设备

（a）操纵箱面板示意图；（b）半自动闭塞设备的锁闭关系示意图
BSA—闭塞按钮；JBD—接车表示灯；FBD—发车表示灯；SGA—事故按钮；
JSQ—计数器；X_1，X_2，S_1，S_2—出站信号机；X，S—进站信号机

B　半自动闭塞的工作过程

以 64D 型单线继电半自动闭塞设备为例，以甲站为发车站，乙站为接车站，甲站值班员用闭塞电话征得乙站值班员同意后，其正常办理时的步骤如表 3-3 所列（以图 3-14 中 I 道发车为例）。

表 3-3　半自动闭塞工作过程

序号	步　骤
1	甲站请求发车：甲站值班员按压闭塞按钮 BSA，乙站铃响，接车表示灯 JBD 亮黄灯；甲站铃响，发车表示灯 FBD 亮黄灯
2	乙站同意接车：乙站值班员按压闭塞按钮 BSA，甲站铃响，甲站发车表示灯 FBD 和乙站接车表示灯 JBD 都由黄灯变成绿灯
3	出站信号机开放：甲站值班员准备发车进路，出站信号机 X_1 开放
4	列车出发：列车进入轨道电路区段后，出站信号机 X_1 自动关闭，乙站铃响。 甲站发车表示灯和乙站接车表示灯都由绿变红，表示区间已有列车占用。 甲站值班员将手柄恢复定位，并用电话通知乙站列车已出发
5	进站信号机开放：乙站值班员排列接车进路，进站信号机 X 开放
6	列车到达：当列车进入乙站轨道电路区段时，乙站发车表示灯也亮红灯，表示列车已到达，进站信号机自动回复定位
7	恢复闭塞：乙站值班员确认列车全部到达以后，将手柄恢复定位，拔出闭塞按钮，表示灯即熄灭，乙站闭塞设备复原。甲站铃响，闭塞设备复原

C　半自动闭塞的特点

采用半自动闭塞时，由于出站信号机受到对方站闭塞机的控制，因而在保证行车安全方面有一定的优越性，半自动闭塞的运行效率也高于人工闭塞。但是，当铁路的运量不断

增大，要求进一步提高区间通过能力时，半自动闭塞也有它自己的局限性。而且，当区间线路发生故障，钢轨折断时，半自动闭塞也不能做出反映并由故障导向安全（半自动闭塞只设有很短的轨道电路，区间未设轨道电路）。所以，半自动闭塞是在运量还未达到采用自动闭塞所要求的运量时，采用的一种闭塞方式。

3.2.3.5 自动站间闭塞

自动站间闭塞是在半自动闭塞基础上发展起来的新型闭塞方法。采用半自动闭塞，由于区间没有列车占用检查设备，不能检查区间是否空闲，到达复原需人为确认并操作，当运量不断增大，要求进一步提高通过能力时，其影响运输效率的局限性便暴露出来。在区间有占用的情况下，特别是列车在区间丢车或车辆溜逸进入区间时，不能发现并导向安全；当区间线路故障或有车占用的情况下还能用事故复原解除闭塞，严重影响行车安全。为此，必须增加区间空闲检查设备，和继电半自动闭塞设备配套，自动检查区间占用或空闲，实现列车到达后的自动复原，这就发展成为自动站间闭塞。

A 自动站间闭塞的基本概念

自动站间闭塞是在有区间占用检查设备的条件下，其区间不划分闭塞分区，不设通过信号机，不必人工办理闭塞手续，列车凭信号显示发车后，出站信号机自动关闭的闭塞方法。

其特征是：有区间占用检查设备；站间或所间区间只准开行一列列车；办理发车进路时自动办理闭塞手续；自动确认列车到达和自动恢复闭塞。

B 区间空闲检查设备

区间检查设备有两类：计轴器和长轨道电路。

长轨道电路是将区间分为3个轨道电路区段，只有这3段轨道电路都空闲，才能办理闭塞。列车到达后，只有其全部出清区间，并完成列车进路的3点检查后，半自动才能复原。出站信号机开放后，如区间轨道电路故障，便自动关闭。

计轴器是在区间两端设置计轴点，对驶入区间和驶出区间的列车轴数进行记录，并经过传输线路将各自的轴数送到对方站进行校核。当两端记录的轴数一致时，就认为列车完整到达，区间空闲，可以使闭塞机复原。采用计轴技术的优越性：能对长区间进行检查；具有较高的可靠性、安全性及适用性。因此，在目前区间检查中多采用计轴技术。

3.2.3.6 自动闭塞

自动闭塞是在列车运行中自动完成闭塞作用的，它将整个区间划分为若干个闭塞分区，每个闭塞分区的起点装设通过信号机，列车运行借助车轮与轨道电路接触发生作用，自动控制通过信号机的显示，司机凭信号显示行车。这种方式不需要办理闭塞手续，又可开行追踪列车，既保证了行车安全又提高了运输效率，是一种先进的闭塞方式。因为闭塞作用的完成不需要人工操纵，故称为自动闭塞。

使用自动闭塞能增加区间的行车密度，提高区间通过能力，简化办理接发列车的程序，减轻车站值班员的劳动强度。

自动闭塞按照行车组织方法可分为单线双向自动闭塞、复线单向自动闭塞和复线双向自动闭塞。但它们的基本原理是相同的。复线单向自动闭塞如图3-15所示。

自动闭塞按照通过信号机信号显示数目可分为二显示自动闭塞、三显示自动闭塞和四显示自动闭塞。

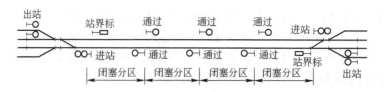

图 3-15　复线单向自动闭塞示意图

二显示自动闭塞：通过信号机只有红灯与绿灯两种显示。当显示绿灯时，只能预告列车运行前方一个闭塞分区空闲的条件，因而续行列车司机无法判断越过绿灯信号机后，将是红灯或是绿灯。这样司机开车时不得不降低速度，随时准备在红灯信号机前停车。干线铁路一般不用，由于构造简单，在矿区铁路中常用。

三显示自动闭塞：通过信号机具有红灯、黄灯、绿灯三种显示方式，能够预告列车运行前方两个闭塞分区的空闲状态，如图 3-16 所示。当通过信号机显示红灯时，表示它所防护的分区正被占用，要求列车停车，暂时不得越过；显示黄灯时，表示前方有一个闭塞分区空闲，要求列车注意运行；显示绿灯时，表示前方至少有两个分区空闲，指示列车可按规定的最高速度运行。因此，三显示自动闭塞在各国铁路上得到广泛采用。

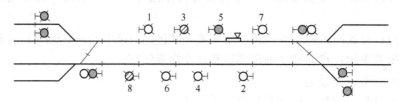

图 3-16　三显示自动闭塞示意图
○—绿灯着灯；∅—黄灯着灯；●—红灯着灯

复线三显示自动闭塞的基本原理，如图 3-17 所示。

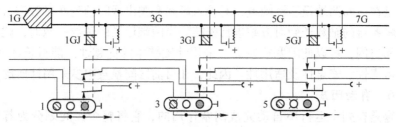

图 3-17　三显示自动闭塞原理图
○—绿灯着灯；∅—黄灯着灯；●—红灯着灯

由图可见，每一闭塞分区构成一个独立的轨道电路。当分区内无列车占用时，轨道继电器有电吸起。

（1）当列车在闭塞分区 1G 内运行时，由于轨道继电器 1GJ 被列车的轮对短路，它的前接点断开，继电器接通后接点，使 1 号信号机显示红灯，表示该闭塞分区有车占用，后行列车应该在该信号机前停车。

（2）闭塞分区 3G 内无车占用，使轨道继电器 3GJ 有电吸起，又因 1GJ 接点落下，使 3GJ 前接点闭合而接通 3 号信号机的黄灯电路，使 3 号信号机亮黄灯，表示它所防护的闭塞区间空闲，要求后行列车注意运行，前方只有一个闭塞分区空闲。

（3）此时，5号通过信号机由于轨道继电器5GJ、3GJ都在吸起状态，通过5GJ和3GJ的前接点闭合绿灯电路而亮绿灯，准许后行列车按规定速度运行，前方至少有两个闭塞分区空闲，其余的依次类推。

当线路上的钢轨折断时，由于轨道电路断电，继电器失磁释放衔铁，使信号灯显示红灯，所以能更好地保证行车安全。

四显示自动闭塞：四显示自动闭塞是在三显示自动闭塞基础上，增加了一个同时点亮黄灯和绿灯的信号显示，能预告列车前方三个闭塞分区的空闲状态。红灯和黄灯显示的意义，和三显示自动闭塞相同。绿灯表示前方至少有三个闭塞分区空闲。当显示黄、绿两个灯光时，表示前方有两个闭塞分区空闲。四显示自动闭塞是随着运量增长，列车质量和运行速度不断提高而逐步在铁路上使用的，但在矿山铁路中极少使用。

自动闭塞的优点：

（1）由于两站间的区间允许续行列车追踪运行，就大幅度地提高了行车密度，显著地提高区间通过能力。

（2）由于不需要办理闭塞手续，简化了办理接发列车的程序，因此既提高了通过能力，又大大减轻了车站值班人员的劳动强度。

（3）由于通过信号机的显示能直接反映运行前方列车所在位置以及线路的状态，因而确保了列车在区间运行的安全。

（4）自动闭塞还能为列车运行超速防护提供连续的速度信息，构成更高层次的列车运行控制系统，保证列车高速运行的安全。

由于自动闭塞具有明显的技术经济效益，所以广泛应用于各国铁路（尤其是双线铁路）。更由于自动闭塞便于和列车自动控制、行车指挥自动化等系统相结合，它已成为现代化铁路必不可少的基础设备。

3.3 铁路线路

3.3.1 铁路轨道的组成

轨道指处于路基面以上、车辆车轮以下部分的铁路线路建筑物，是由钢轨、轨枕、连接零件、道床、防爬设备和道岔等主要部件组成。它的作用是引导机车车辆运行，直接承受由车轮传来的巨大压力，并把它传递给路基或桥隧建筑物。轨道的基本组成如图3-18所示。

轨道是一个整体性工程结构，经常处于列车运行的动力作用下，所以它的各组成部分应具有足够的强度和稳定性，以保证列车按照规定的最高速度，安全、平稳和不间断地运行。

轨枕　道床　　　钢轨　扣件

图3-18　轨道的基本组成

3.3.1.1 钢轨

钢轨的作用是直接承受车轮的巨大压力并引导车轮的运行方向，因而它应当具备足够的强度、稳定性和耐磨性；在电气化铁路和自动闭塞区段，钢轨作为轨道电路使用。

为了使钢轨具有最佳的抗弯性能，钢轨的断面形状采用"工"字形，如图 3-19 所示，由轨头、轨腰和轨底组成。

钢轨的类型以每米长度的大致质量千克数表示。目前，我国准轨铁路的钢轨类型主要有 75kg/m、60kg/m、50kg/m 及 43kg/m。

钢轨的长度长一些好，可以减少接头的数量，列车运行平稳并可节省接头零件和线路的维修费用，但是由于加工条件和运输条件的限制，一根钢轨的轧制长度是有限的。目前我国有缝线路轨道钢轨的标准长度为 12.5m 和 25m 两种。此外，还有专供曲线地段铺设内轨用的标准缩短轨，对于 12.5m 标准轨系列的缩短

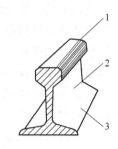

图 3-19　钢轨断面形状
1—轨头；2—轨腰；3—轨底

轨有短 40mm、80mm、120mm 三种；对于 25m 轨的缩短轨有 40mm、80mm、160mm 三种。钢轨之间用扣件连接。将标准长度的钢轨通过焊接成为 1000～2000m 的长钢轨，由长钢轨铺设无缝线路。

3.3.1.2 轨枕

轨枕的作用是支撑钢轨，并将钢轨传来的压力传递给道床，同时可固定钢轨的位置及保持规定的轨距。轨枕具有必要的坚固性、弹性和耐久性，制造简单，铺设及养护方便。

轨枕按照具体使用目的不同可分为普通轨枕、桥枕、岔枕等。轨枕按照制作材料主要分为钢筋混凝土枕和木枕两种。木枕具有弹性好、形状简单、加工容易、质量轻、铺设和更换方便等优点；主要缺点是消耗大量木材，使用寿命较短。为了保护生态平衡和森林资源，木枕的使用将越来越受到限制。钢筋混凝土轨枕使用寿命长、稳定性高、养护工作量小，加工材料来源较广，在我国铁路上得到广泛采用，不仅可以节省大量的木材，还有利于提高轨道的强度和稳定性。

每千米线路上铺设的轨枕数量，应根据线路设计能力、运量及行车速度等运营条件确定，露天矿每千米准轨铁路的轨枕数量在 1440～1840 根之间。轨枕根数越多，轨道强度就越大。

3.3.1.3 连接零件

连接零件是连接钢轨或连接钢轨和轨枕的部件。前者称接头连接零件，后者称中间连接零件（或扣件）。其作用是有效地保证钢轨与钢轨或钢轨与轨枕间的可靠连接，尽可能地保持钢轨的连续性和整体性，阻止钢轨相对于轨枕的纵横向移动，确保轨距正常。

A　接头连接零件

接头连接零件是由夹板、螺栓、弹簧垫圈等组成，如图 3-20 所示。其作用是在接头处把钢轨连接起来，满足行车要求。为适应钢轨热胀冷缩的需要，在钢轨接头处要预留轨缝。接头处轮轨动力作用大，养护维修工作量大，钢轨接头是轨道结构的薄弱环节之一。

接头的连接形式按其相对于轨枕位置，可分为悬空式和承垫式，如图 3-21（a）所示。

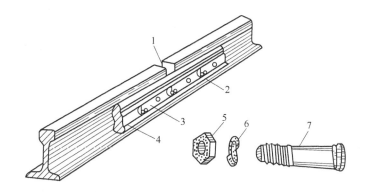

图 3-20　钢轨的接头连接零件

1—轨缝；2—螺栓；3—夹板；4—鱼尾板；5—螺帽；6—弹簧垫圈；7—螺杆

按两股钢轨接头相对位置来分，可分为相对式和相错式两种，图 3-21（b）所示。我国一般采用相对悬空式，即两股钢轨接头左右对齐，同时位于两接头轨枕间。

　　B　中间连接零件

　　中间连接零件的作用是将钢轨紧扣在轨枕上，以固定钢轨的正确位置，阻止钢轨的纵向爬行和横向位移，防止钢轨倾翻，同时还能提供必要的弹性、绝缘性等。

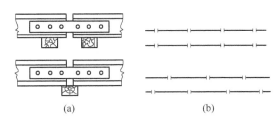

图 3-21　钢轨接头

（a）悬空与承垫式；（b）对接与错接式

中间连接零件因轨枕的不同，有钢筋混凝土枕用扣件和木枕用扣件两类。

3.3.1.4　道床

在轨道结构中，道床是指在路基面以上，轨枕底下的部分，是铺设在路基面上的石砟（道砟）垫层。道床是轨道的重要组成部分，是轨道框架的基础，具有以下功能：

（1）承受来自轨枕的压力并均匀地传递到路基面上；

（2）提供轨道的纵横向阻力，保持轨道的稳定；

（3）提供轨道弹性，减缓和吸收轨轮的冲击和振动；

（4）提供良好的排水性能，以提高路基的承载能力及减少基床病害；

（5）便于轨道养护维修作业，校正线路的平纵断面。

矿山铁路宜采用碎石道床。碎石道床断面如图 3-22 所示。道床边坡应为 1∶1.5。

3.3.1.5　防爬设备

因列车运行时纵向力的作用，使钢轨产生纵向移动，有时甚至带动轨枕一起移动，这种现象称为轨道爬行。在坡道上，尤其是在列车制动区段上，轨道爬行最为严重。

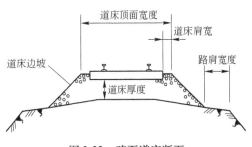

图 3-22　碎石道床断面

　　轨道爬行的爬行量虽然很小，但对线路的破坏是非常严重的，往往引起轨缝不均、轨枕歪斜等线路病害，对轨道的破坏性极大，严重时还会危及行车安全。由于爬行所造成的线路维修费用占整个线路维修费的30%～40%，因此，必须采用有效措施加以防止。通常的做法是，一方面加强钢轨与轨枕间的扣压力和道床阻力；另一方面是设置防爬设备（防爬器和防爬撑）。

　　防爬器的种类很多，露天矿铁路多采用穿销式防爬器，如图3-23（a）所示。穿销式防爬器是由带挡板的轨卡及穿销组成。安装时，轨卡的一边卡紧轨底，另一边楔进穿销，使整个防爬器牢固地卡住轨底。这样，钢轨在受到纵向阻力时，由于轨卡的挡板紧贴着轨枕，于是轨枕和道钉就阻止钢轨爬行。为了充分发挥防爬器的作用，通常在轨枕之间还安装防爬撑，把3～5根轨枕联系起来，共同抵抗钢轨爬行，如图3-23（b）所示。

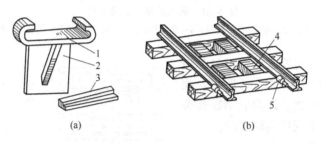

图 3-23　防爬设备

（a）防爬器；（b）防爬撑

1—轨卡；2—挡板；3—穿销；4—防爬撑；5—防爬器

3.3.1.6　道岔

　　道岔是机车车辆从一股轨道转入或跨越另一股轨道时必不可少的线路设备，是铁路轨道的一个重要组成部分。由于道岔具有数量多、构造复杂、使用寿命短、须限制列车速度、行车安全性低、养护维修投入大等特点，与曲线、接头并称为轨道的三大薄弱环节。

　　道岔有多种类型，我国铁路常用道岔类型如图3-24所示。最常见的道岔类型是普通

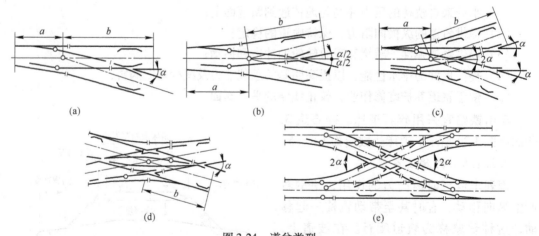

图 3-24　道岔类型

（a）普通单开道岔；（b）对称道岔；（c）三开道岔；（d）交分道岔；（e）交叉渡线

a—道岔前长；b—道岔后长；α—辙叉角

单开道岔，简称单开道岔，其主线为直线，侧线由主线向左侧或右侧岔出，如图3-24(a)所示。单开道岔的数量约占各类道岔总数的90%以上，具有一定代表性，了解和掌握这种道岔的基本特征，对各类道岔的设计、制造、铺设和养护均有十分重要的意义。

A　普通单开道岔

单开道岔由转辙器、辙叉及护轨和连接部分所组成，如图3-25所示。图中 *AOB* 线称主线，*OC* 线称岔线；转辙器前端为道岔始端（*A* 点），辙叉跟端为道岔终端（*B* 点），两股道中心线的交点称作道岔中心（*O* 点）。当列车由始端驶向终端时，称为逆向通过道岔；反之，称为顺向通过道岔。站在始端看终端，侧线位于主线左侧称为左开道岔，位于主线右侧称为右开道岔。

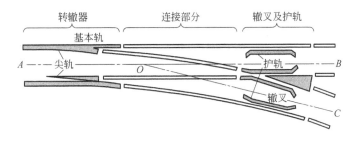

图3-25　单开道岔组成

（1）转辙器：是引导机车车辆沿直线方向或侧线方向行驶的线路设备。转辙器由两根尖轨、两根基本轨和转辙机械组成。尖轨是转辙器的主要部件，通过连接杆与转辙机械相连，通过操作转辙机械可以改变尖轨的位置，确定道岔的开通方向。

（2）辙叉及护轨：包括辙叉心、翼轨及护轨。它的作用是保证车轮安全通过两股轨线的相互交叉处。

从两翼轨最窄处到辙叉心实际尖端之间，存在着一段轨线中断的空隙，称为辙叉的有害空间。当机车车辆通过辙叉的有害空间时，轮缘有走错辙叉槽而引起脱轨的可能，因此，必须设置护轨，对车轮的运行方向实行强制性的引导，保证行车安全。

有害空间是限制列车过岔速度的一个重要因素。为了消灭有害空间，使列车运行更加平稳，可使用活动心轨道岔。活动心轨道岔的辙叉心轨和尖轨是同时被扳动的，当尖轨开通某一方向时，活动心轨的辙叉心轨就与开通方向一致的翼轨密贴，与另一翼轨分开，从而消灭了有害空间，如图3-26所示。

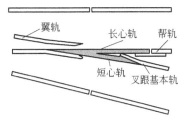

图3-26　活动心轨辙叉

（3）连接部分：是连接转辙器和辙叉及护轨的部分，使之成为一组完整的道岔。连接部分包括两根直轨和两根导曲线轨。在导曲线上一般不设缓和曲线和超高，所以列车在侧向过岔时，速度要受到限制。

B　道岔号数

辙叉心两侧作用边之间的夹角称辙叉角（α），其交点称辙叉理论中心（理论尖端）。由于制造工艺原因，实际上辙叉尖端有6～10mm宽度，称辙叉实际尖端。

道岔因其辙叉角的大小不同，有不同的道岔号（*N*）。道岔号数表明了道岔各部分的主要尺寸。道岔号可用辙叉角的余切值表示，即：

$$N = \cot\alpha \qquad\qquad (3-1)$$

由此可见，辙叉角 α 越小，N 值就越大，导曲线半径也越大，机车车辆侧线通过道岔时就越平稳，允许的侧线过岔速度也就越高。然而道岔号数越大，道岔全长就越长，铺设时占地就越多。

我国矿山（包括露天与地下）常用道岔号数与辙叉角的对应值见表3-4。露天矿山准轨铁路常用单开道岔号为7、8、9，其中8号道岔为现有厂矿保留型号，新建厂矿除特殊情况外，一般不采用。

表3-4　道岔号数与辙叉角的关系

道岔号数	2	3	4	5	6	7	8	9
辙叉角	26°33′54″	18°26′06″	14°02′10″	11°18′36″	9°27′44″	8°07′48″	7°07′30″	6°20′25″

C　道岔中心线表示法

为简明起见，在作图时，只用道岔所衔接的中心线来表示道岔。为了用股道中心线表示道岔，必须明确道岔的几何要素，如图3-27所示。

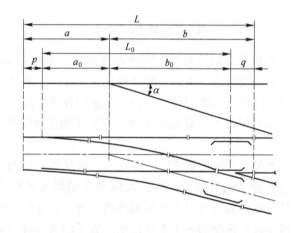

图3-27　道岔的几何要素

L—道岔的全长，道岔始端到道岔终端的距离；a—道岔前长，从道岔始端到道岔中心的距离；
b—道岔后长，从道岔中心到道岔终端的距离；L_0—道岔的理论长度，尖轨起点到辙叉理论中心的距离；a_0—从尖轨起点到道岔中心的距离；b_0—从道岔中心到辙叉理论中心的距离；
p—尖轨外基本轨的延伸部分，因为直接在尖轨起点设置钢轨接头在构造上是不可能的；
q—从辙叉理论中心到道岔后端的距离。以上各符号的单位均为 m

D　其他类型道岔

除了普通道岔外，按照构造上的特点及其所连接的线路数目，还有双开道岔、三开道岔和交分道岔、渡线等，如图3-24所示。

对称道岔是单开道岔的一种特殊形式，整个道岔对称于主线的中线或辙叉角的中分线，列车通过时无直向及侧向之分，如图3-24(b)所示。在道岔长度固定的条件下，使用对称道岔可获得较大的导曲线半径，能提高过岔速度；在保持相同过岔速度的条件下，对称道岔能缩短道岔长度，从而缩短站坪长度，增加股道的有效长度。

三开道岔是复式道岔中较常用的一种形式，如图3-24(c)所示。它相当于两组异侧顺接的单开道岔，但其长度却远比两组单开道岔的长度之和为短。该道岔构造比较复杂，维修较困难。

交分道岔有单式、复式之分。复式交分道岔，如图3-24(d)所示。它相当于两组对向铺设的单开道岔，实现不平行股道的交叉，但具有道岔长度短，开通进路多及两个主要行车方向均为直线等优点，因而能节约用地，提高调车能力并改善列车运行条件。

交叉渡线由4组类型和号数相同的单开道岔和一组菱形交叉道岔，以及连接钢轨组成，如图3-24(e)所示，用于平行股道之间的连接。

3.3.2 轨道的几何形位

轨道几何形位是指轨道各部分的几何形状、相对位置和基本尺寸。保证轨道有正确的几何形位，是列车安全行驶的首要条件。从平面上看，轨道由直线和曲线组成，一般在直线和圆曲线之间有一条曲率渐变的缓和曲线连接。从横断面上看，轨道的几何形位包括轨距、水平、外轨超高和轨底坡。轨道的两股钢轨之间应保持一定的距离，为保证机车车辆顺利地通过小半径曲线，曲线轨距应考虑加宽。在直线段，两股钢轨的顶面应置于同一水平面上；曲线上外轨顶面应高于内轨顶面，形成一定的超高，使机车车辆所受轨道支持力的向心分力抵消其曲线运行的离心力。轨道钢轨底面应设置一定的轨底坡，使钢轨向内倾斜，以保证锥形踏面车轮荷载作用于钢轨断面的对称轴。从纵断面上看，钢轨顶面应在纵向上保持一定的平顺度，为车辆平稳运行创造良好的条件。

轨道是机车车辆运行的基础，直接支承机车车辆的车轮，并引导其前进，因而机车车辆走行部分的几何形位与轨道的几何形位之间应紧密配合。轨道几何形位的正确与否，对机车车辆的安全运行以及设备的使用寿命和养护费用起着决定性的作用。轨道几何形位的超限是引起机车车辆掉道、爬轨以及倾覆的直接因素。

3.3.2.1 机车车辆走行部分的构造

走行部分可以引导车辆沿轨道运行，并把车辆的质量和货物载重传给钢轨，它应保证车辆以最小的阻力在轨道上运行，并顺利地通过曲线。

机车的走行部分由车架、轮对、轴箱、弹簧装置、转向架及其他部件组成。车辆的走行部分是转向架，由架构、轴箱、弹性悬挂装置、制动装置、轮对及其他部件组成。

A 轮对

轮对是机车车辆走行部分的基本部件，由一根车轴和两个相同的车轮组成，如图3-28所示。轮轴连接部位采用过盈配合，牢固地结合在一起，为保证安全，决不允许有任何松

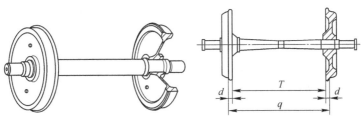

图3-28 轮对

动现象发生。轮对承担车辆全部重力，且在轨道上高速
运行，同时承受着从车体、钢轨两方面传递来的其他各
种静、动作用力。

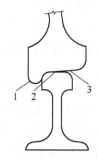

车轮与钢轨头部直接接触的表面称为踏面，如图
3-29所示。踏面做成一定的斜度，可使车辆的重心落在
线路中心线上，以减少或避免车辆的蛇形运动，使轮对
较顺利地通过曲线，减少车轮在钢轨上的滑行，保证踏
面磨耗沿宽度方向比较均匀。车轮内侧外缘凸起的部分
称为轮缘，它的作用是引导车辆沿钢轨运行，防止轮对
脱落，保证车辆在线路上安全运行。

图 3-29　车轮踏面与钢轨的接触
1—轮缘；2—钢轨头部；3—车轮踏面

轮对上左右两车轮内侧面之间的距离，称为轮对的轮背内侧距离，这个距离再加上轮
缘厚度称为轮对宽度，由图3-28，有：

$$q = T + 2d \tag{3-2}$$

式中　q——轮对宽度，mm；

　　　　T——轮对的轮背内侧距离，mm；

　　　　d——轮缘厚度，mm。

我国准轨机车轮对宽度正常值为1419mm，允许误差为 +3 ~ -23mm；车辆轮对宽度
正常值为1421mm，允许误差为 +3 ~ -27mm。

B　车辆主要尺寸

如图3-30所示，车辆主要尺寸包括车辆全长、全轴距、车辆定距、固定轴距等。

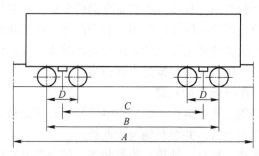

图 3-30　车辆主要尺寸
A—车辆全长；B—全轴距；C—车辆定距；D—固定轴距

为使车体能顺利通过半径较小的曲线，可把全部车轴分别安装在几个转向架上，转向
架相对于车底架能做自由转动，因此缩短了车辆的固定轴距，使之能顺利地通过曲线。

车辆全长指车辆两端车钩均处在锁闭位置时，钩舌内侧面之间的距离。同一车体最前
位车轴和最后位车轴中心线间的距离称为全轴距。同一转向架上最前位车轴和最后位车轴
中心线间的距离称固定轴距，固定轴距是机车车辆能否顺利通过小半径曲线的控制因素。
车辆前后两走行部上车体支承间的距离（转向架中心间距）称为车辆定距。

3.3.2.2　直线轨道的几何形位

A　轨距

轨距为钢轨顶面下16mm范围内两股钢轨作用边之间的最小距离。因为钢轨头部外形

由不同的复曲线所组成，钢轨底面设有轨底坡，钢轨向内倾斜，所以轨距应在钢轨顶面下某一规定距离处量取。我国规定，轨距测量部位在钢轨顶面下 16mm 处，如图 3-31 所示。车轮轮缘与钢轨侧面接触点发生在钢轨顶面下 10～16mm 之间，选择这一位置量取轨距，钢轨头部的变形、磨损都对轨距的影响不大，便于轨道维修工作的实施。轨距可用道尺测量。

我国铁路线路按其轨距可分为标准轨距（1435mm）和窄轨轨距（分别为 600mm、762mm、900mm）。

在机车车辆运行的动力作用下，轨距可能产生一定的偏差。线路容许偏差与线路速度等级有关，一般为 +6～-2mm。轨距变化应和缓平顺，轨距变化率限制在 0.1%～0.3% 之间。

为使机车车辆能在线路上两股钢轨之间顺利通过，机车车辆的轮对宽度应小于轨距。当轮对中的一个车轮轮缘紧贴钢轨的作用边时，另一个车轮轮缘与钢轨作用边之间的空隙称为游间 δ（又称活动量），如图 3-32 所示。游间计算公式为：

$$\delta = S - q \tag{3-3}$$

式中　S——轨距，mm；

　　　q——轮对宽度，mm。

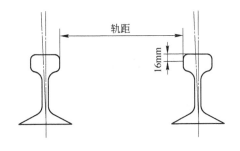

图 3-31　轨距示意图

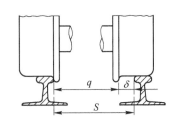

图 3-32　游间示意图

钢轨与轮缘间的游间是必要的，也是客观存在的，它对列车运行的平稳性和轨道的稳定性有重要的影响。如果游间太小，就会增加行车阻力和轮轨的磨损，甚至可能会楔住轮对、挤翻钢轨或导致爬轨，危及行车安全。如果游间过大，车辆行驶时蛇行运动的幅度愈大，作用于钢轨上的横向力也愈大，加剧轮轨磨耗和轨道变形，严重时将引起撑道脱线，危及行车安全，行车速度愈高，其影响愈严重。所以，为提高行车的平稳性和线路的稳定性，δ 值应限制于一个合理的范围内。我国轮轨游间见表 3-5。

表 3-5　轮轨游间表

车轮名称	轮轨游间 δ 值/mm		
	最　大	正　常	最　小
机车轮	45	16	11
车辆轮	47	14	9

B　水平

水平是指线路左右两股钢轨顶面的相对高差。为了使两股钢轨比较均匀地承受荷重，保证列车平稳运行，在直线地段两股钢轨的顶面应保持水平，在曲线地段应满足外轨均匀和平顺超高的要求。水平用道尺或其他工具测量。

在规定的距离范围内，两股钢轨的水平差不允许超过限定值，否则会引起车辆剧烈摇晃，在最不利的情况下甚至引起脱轨事故。

C   轨底坡

由于车轮踏面和钢轨顶面主要接触部分是 1:20 的斜坡，为了使钢轨轴心受力，钢轨也应有一个向内的倾斜度，因此轨底与轨道平面之间应形成一个横向坡度，称之为轨底坡。

钢轨设置轨底坡，可使其轮轨接触集中于轨顶中部，提高钢轨的横向稳定性，减少轨头不均匀磨耗，有利于延长钢轨使用寿命。

我国铁路的轨底坡标准，在 1965 年以前定为 1:20。实践证明轨底坡偏大，另外车轮踏面经过一段时间的磨耗后，原来 1:20 的斜面接近于 1:40 的坡度，所以从 1965 年起，我国铁路的轨底坡统一改为 1:40。

曲线地段的外轨设有超高，轨枕处于倾斜状态。当其倾斜到一定程度时，内股钢轨中心线将偏离垂直线而外倾，这种状态对钢轨的受力极为不利，在荷载作用下有可能推翻钢轨。因此，在曲线地段应根据其外轨超高值而加大内轨轨底坡，以保证其不向轨道外方倾斜。

轨底坡设置是否正确，可根据钢轨顶面上由车轮碾磨形成的光带位置来判定。如光带偏离轨顶中心向内，说明轨底坡不足；如光带偏离轨顶中心向外，说明轨底坡过大；如光带居中，说明轨底坡合适。轨道养护工作中，可根据光带位置调整轨底坡的大小。

3.3.2.3 曲线轨距加宽

行驶中的机车车辆进入曲线轨道时，由于惯性作用仍然力图保持其原来的行驶方向，只有受到外轨的导向作用后才会沿曲线轨道行驶。

由于机车车辆具有固定轴距，在曲线上运行时转向架的纵向中心线与曲线轨道中心线并不一致，因而出现转向架前一轮对外侧车轮轮缘和后一轮对的内侧车轮轮缘压挤钢轨的情况，如图 3-33 所示。曲线半径越小，挤压钢轨越严重。所以在小半径曲线轨道上，为使机车车辆能顺利通过曲线而不被楔住或挤开轨道，减小轮轨间的横向作用力，以减少轮轨磨耗，轨距要适当加宽。但轨距加宽太多，超过一定限度，车轮也容易掉道。

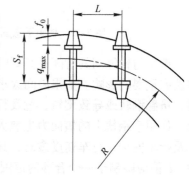

图 3-33　外轨加宽分析示意图

由图 3-33 可知，曲线段所需最小轨距为：

$$S_f = q_{max} + f_0 \tag{3-4}$$

式中　S_f——曲线段所需最小轨距，mm；

　　　q_{max}——机车车辆最大轮对宽度，mm；

　　　f_0——外矢距，其值为：

$$f_0 = \frac{L^2}{2R}$$

L——转向架固定轴距，mm；

R——曲线半径，mm。

曲线轨距加宽公式为：

$$e = S_f - S = (q_{max} + f_0) - (q_{max} + \delta) = \frac{L^2}{2R} - \delta \qquad (3-5)$$

式中　e——曲线轨距加宽值，mm；

　　　S——直线段轨距，mm；

　　　δ——轮轨游间，mm。

露天矿准轨铁路曲线轨距加宽值如表3-6所示。

表3-6　曲线轨距加宽值

曲线半径 R/m	加宽值/mm	曲线半径 R/m	加宽值/mm
$R \geqslant 350$	0	$150 \leqslant R < 200$	15
$250 \leqslant R < 350$	5	$R < 150$	20
$200 \leqslant R < 250$	10		

加宽轨距，系将曲线轨道内轨向曲线中心方向移动，曲线外轨的位置则保持与轨道中心半个轨距的距离不变。为了保持运行平顺，在曲线起点处就应加宽到规定值，轨距加宽的渐变是在缓和曲线范围内完成的。若无缓和曲线则在直线部分完成。

列车在曲线上行驶时，转向架随线路的曲度可以转动，但车身是一个整体不能随之弯曲，所以车体两端突出于曲线外侧，而中部偏向曲线内侧，使相邻两曲线上的车辆之间净空减小，故线间距应当增大。

3.3.2.4　曲线轨道外轨超高

机车车辆在曲线上行驶时，由于惯性离心力作用，将机车车辆推向外股钢轨，加大了外股钢轨的压力，使旅客产生不适、货物移位等。因此需要把曲线外轨适当抬高，使轨道对机车车辆的支持力产生一个向心的水平分力，以抵消惯性离心力，达到内外两股钢轨受力均匀和垂直磨耗均等，满足旅客舒适感，提高线路的稳定性和安全性。

铁路曲线外轨超高的数值根据离心力的大小来确定。曲线半径越小，速度越高，则离心力越大，需要平衡离心力的超高值也越大。当抬高外轨使车体倾斜时，轨道对车辆的反力和车体重力的合力形成向心力，如图3-34所示。

由图可见，$\triangle ABC \sim \triangle EDO'$，有

$$\frac{O'E}{O'D} = \frac{AC}{CB}$$

由于轨道倾斜角度很小，从工程实际出发，可取 $CB \approx AB = S$，则

$$\frac{F_n}{P} = \frac{h}{S} \qquad (3-6)$$

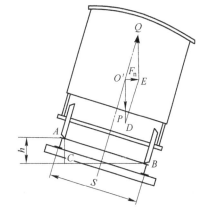

图3-34　曲线外轨超高计算图

P—车体的重力，等于自重+载重；Q—轨道反力；F_n—向心力；S—两轨头中心线距离；h—所需的外轨超高

当车辆在圆曲线上行驶时，产生的离心力为：

$$J = \frac{mv^2}{R} = \frac{Pv^2}{gR} \tag{3-7}$$

式中　　J——离心力；

　　g——重力加速度；

　　m——车辆的质量；

　　v——行车速度，单位为 m/s 时用 v，取 km/h 时用 V；

　　R——曲线半径。

为使外轨超高与行车速度相适应，保证内外轨两股钢轨受力相等，由式（3-6）、式（3-7）得：

$$h = \frac{Sv^2}{gR} \tag{3-8}$$

取 $S = 1500\text{mm}$（轨距与一个轨头宽度之和，$1435 + 70 \approx 1500$），$g = 9.8\text{m/s}^2$，代入上式并变换量纲单位得：

$$h = 11.8\,\frac{V^2}{R} \quad (\text{mm}) \tag{3-9}$$

实际上，通过曲线的机车车辆速度不可能都是相同的。因此，式（3-9）中的列车速度 V 应当采用各次列车的平均速度。取平均速度为最大行车速度 $V_{\max}$ 的 0.8 倍，即 $V = 0.8V_{\max}$，得：

$$h = 7.6\,\frac{V_{\max}^2}{R} \quad (\text{mm}) \tag{3-10}$$

在上下行列车速度相差悬殊的地段，如设置过大的超高，将使低速列车对内轨产生很大的偏压。

圆曲线外轨超高按 5mm 整倍数设置。露天矿准轨铁路曲线外轨超高值如表 3-7 所示，但最大不应超过 125mm。外轨超高可根据实际运营状态予以调整。

表 3-7　露天矿准轨铁路曲线外轨超高　　　　　　mm

曲线半径/m	最高速度/$\text{km} \cdot \text{h}^{-1}$					
	15	20	25	30	35	40
1200 ~ 950						10
900 ~ 800					10	10
750					10	15
700					15	20
650 ~ 600			10		15	20
550				10	15	25
500				15	20	25
450		10		15	20	25
400		10		15	25	30

曲线半径/m	最高速度/km·h^{-1}					
	15	20	25	30	35	40
350			15	20	25	35
300		10	15	25	30	40
250		10	20	30	35	50
200		15	25	35	45	60
180		15	25	40	50	70
150	10	20	30	45	60	80
120	15	25	40	55	80	100
100	15	30	50	70	95	125

外轨超高和轨距加宽的设置办法，都是从缓和曲线的起点开始，逐渐增加，到圆曲线起点时，超高和加宽都应达到规定的数值。

在曲线地段由于设置超高而加厚了外轨下的道床，因而道床坡脚向外延伸，为了保持路肩的应有宽度，所以路基也必须在外侧相应加宽。

3.3.2.5 缓和曲线

A 缓和曲线的作用及其几何特征

行驶于曲线轨道的机车车辆，出现一些与直线运行显著不同的受力特征，如曲线运行的离心力、外轨超高不连续形成的冲击力等。为使上述诸力不致突然产生和消失，以保持列车曲线运行的平稳性，需要在直线与圆曲线轨道之间设置一段曲率半径和外轨超高均逐渐变化的曲线，称为缓和曲线，如图3-35所示。当缓和曲线连接设有轨距加宽的圆曲线时，缓和曲线的轨距是呈线性变化的。概括起来，缓和曲线具有以下几何特征：

（1）缓和曲线连接直线和半径为 R 的圆曲线，其曲率由零至 $1/R$ 逐渐变化；

（2）缓和曲线的外轨超高，由直线上的零值逐渐增至圆曲线的超高值，与圆曲线超高相连接；

（3）缓和曲线连接小半径的圆曲线时，在整个缓和曲线长度内，轨距加宽呈线性递增，由零至圆曲线加宽值。

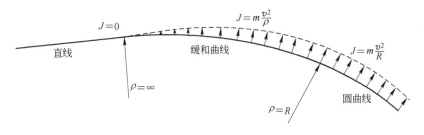

图 3-35 缓和曲线示意图

J—离心力；ρ—曲率半径；R—圆曲线半径；m—车体质量；v—行车速度

缓和曲线的作用：

（1）曲率半径由无限大渐变到圆曲线半径，使离心力逐渐增加，有利于行车平稳；

（2）在缓和曲线内实现外轨超高逐渐增加，使向心力逐渐增加的量与离心力的增加相适应；

（3）在缓和曲线范围内实现轨距加宽过渡。

B　缓和曲线的几何形位条件

图 3-36 所示为一段缓和曲线。其始点和终点用 ZH 与 HY 表示。要达到设置缓和曲线的目的，根据如图所取直角坐标系，缓和曲线的线形应满足以下条件：

（1）为了保持连续点的几何连续性，缓和曲线在平面上的形状应当是：在始点处，横坐标 $x=0$，纵坐标 $y=0$，倾角 $\varphi=0$；在终点处，横坐标 $x=x_0$，纵坐标 $y=y_0$，倾角 $\varphi=\varphi_0$。

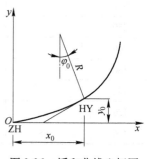

图 3-36　缓和曲线坐标图

（2）列车进入缓和曲线，为保持列车运行的平稳性，应使离心力不突然产生和消失，即在缓和曲线始点处，$J=0$ 或 $\rho=\infty$；在缓和曲线终点处，$J=mv^2/R$ 或 $\rho=R$。

（3）缓和曲线上任何一点的曲率应与外轨超高相配和。

在纵断面上，外轨超高顺坡的形状有两种形式：一种形式是直线形，如图 3-37(a) 所示；另一种是曲线形，如图 3-37(b) 所示。

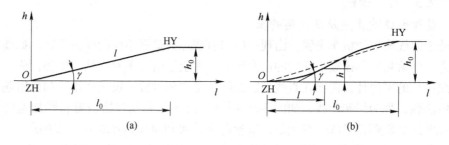

图 3-37　超高顺坡线形
（a）直线形；（b）曲线形

列车经过直线形顺坡的缓和曲线始点和终点时，对外轨都会产生冲击。在行车速度不高，超高顺坡相对平缓时，列车对外轨的冲击不大，可以采用直线形顺坡。直线形顺坡的缓和曲线，在始点处 $\rho=\infty$；终点处 $\rho=R$，即可满足曲率与超高相配合的要求。我国矿山铁路均采用直线形超高顺坡。

当行车速度较高，为了消除列车对外轨的冲击作用，应采用曲线形超高顺坡。其几何特征是缓和曲线始点及终点处的超高顺坡倾角 $\gamma=0$，即在始点和终点处

$$\tan\gamma = \frac{\mathrm{d}h}{\mathrm{d}l} = 0$$

式中　h——外轨超高，其值为：

$$h = \frac{SV^2}{g\rho}$$

S——两轨头中心线距离；

V——平均速度；

l——曲线上任一点至缓和曲线起点的距离。

对某一特定曲线，平均速度 V 可视为常数。

令
$$\frac{SV^2}{g} = E$$

则
$$h = E \frac{1}{\rho} = EK$$

式中 K——缓和曲线上任一点的曲率。

可见缓和曲线上各点的超高为曲率 K 的线形函数，在缓和曲线的始、终点处应有

$$\frac{\mathrm{d}h}{\mathrm{d}l} = 0$$

即
$$\frac{\mathrm{d}k}{\mathrm{d}l} = 0$$

在始、终点之间，$\frac{\mathrm{d}k}{\mathrm{d}l}$ 应连续变化。

（4）列车在缓和曲线上运动时，其车轴与水平面倾斜角 ψ 不断变化，亦即车体发生侧滚，如图 3-38 所示。要使钢轨对车体倾转的作用力不突然产生和消失，在缓和曲线始、终点应使倾转的角加速度为零，即 $\frac{\mathrm{d}^2\psi}{\mathrm{d}t^2} = 0$。在缓和曲线始、终点之间 $\frac{\mathrm{d}^2\psi}{\mathrm{d}t^2}$ 应连续变化。

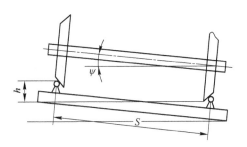

图 3-38　车轴与水平面倾斜角

由图 3-38 可知，$\psi \approx \sin\psi \approx \frac{h}{S}$，其中 $h = EK$。

因为 $v = \frac{\mathrm{d}l}{\mathrm{d}t}$，所以 $\frac{\mathrm{d}^2\psi}{\mathrm{d}t^2} = \frac{EV^2}{S} \times \frac{\mathrm{d}^2K}{\mathrm{d}l^2}$。

也即，在缓和曲线始、终点，应有 $\frac{\mathrm{d}^2K}{\mathrm{d}l^2} = 0$；在缓和曲线始、终点之间，$\frac{\mathrm{d}^2K}{\mathrm{d}l^2}$ 连续变化。

综上所述，缓和曲线的线形条件，可归纳如表 3-8 所示。

表 3-8　缓和曲线的线形条件表

序　号	符　号	始　点	终　点	始、终点之间
1	y	0	y_0	连续变化
2	φ	0	φ_0	
3	K	0	$1/R$	
4	$\frac{\mathrm{d}k}{\mathrm{d}l}$	0	0	
5	$\frac{\mathrm{d}^2K}{\mathrm{d}l^2}$	0	0	

表 3-8 中前两项是基本的几何形位要求，后三项则是由行车平稳性形成的力学条件推导出的几何形位要求。在行车速度不高的线路上，满足前三项要求的缓和曲线即能适应列

车运行的需要，而在速度较高的线路上，缓和曲线的几何形位就必须考虑后两项的要求。

　　C　常用缓和曲线

　　满足表 3-8 中前三项要求的缓和曲线是目前铁路上最常用的缓和曲线，所以也称为常用缓和曲线。

　　常用缓和曲线的外轨超高顺坡为直线顺坡，其基本方程必须满足的条件为：当 $l = 0$ 时，$K = 0$；当 $l = l_0$ 时，$K = 1/R$。

　　由超高与曲率的线性关系可知，满足这些条件的基本方程应为：

$$K = K_0 \frac{l}{l_0} = \frac{l}{Rl_0} = \frac{l}{C} \quad 或 \quad \rho l = Rl_0 = C \tag{3-11}$$

式中　K——缓和曲线上任意一点的曲率，等于 $1/\rho$；

　　　　l——缓和曲线上某一点距始点的距离；

　　　K_0——缓和曲线终点的曲率，等于 $1/R$；

　　　l_0——缓和曲线长度；

　　　　C——缓和曲线半径变更率。

　　由式（3-11）可见，缓和曲线曲率 K 与其长度 l 成正比，即缓和曲线的曲率变化率为常量。符合这一条件的曲线称为放射螺旋线，如图 3-39 所示。

　　缓和曲线计算如图 3-40 所示，由图可得：

$$\mathrm{d}\varphi = \frac{\mathrm{d}l}{\rho} = \frac{l}{C}\mathrm{d}l$$

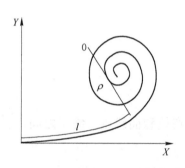

图 3-39　螺旋线

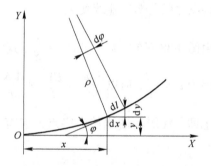

图 3-40　缓和曲线计算图

　　缓和曲线的偏角 φ 为：

$$\varphi = \int_0^l \mathrm{d}\varphi = \int_0^l \frac{l}{C}\mathrm{d}l = \frac{l^2}{2C} \tag{3-12}$$

　　在缓和曲线终点处，$l = l_0$，缓和曲线偏角为：

$$\varphi_0 = \frac{l_0^2}{2C} = \frac{l_0}{2R} \tag{3-13}$$

　　因为　　　　　　　　　　$\mathrm{d}x = \mathrm{d}l\cos\varphi, \quad \mathrm{d}y = \mathrm{d}l\sin\varphi$

　　由式（3-12）可见，在缓和曲线长度范围内，偏角 φ 数值较小，可取近似值：

$$\sin\varphi \approx \varphi$$

$$\cos\varphi = 1 - 2\sin^2\frac{\varphi}{2} \approx 1 - \frac{\varphi^2}{2}$$

于是

$$\mathrm{d}x = \left(1 - \frac{\varphi^2}{2}\right)\mathrm{d}l = \left(1 - \frac{l^4}{8C^2}\right)\mathrm{d}l, \quad \mathrm{d}y = \varphi\mathrm{d}l = \frac{l^2}{2C}\mathrm{d}l$$

以上两式积分得：

$$x = \int_0^l \left(1 - \frac{l^4}{8C^2}\right)\mathrm{d}l = l - \frac{l^5}{40C^2}, \quad y = \int_0^l \frac{l^2}{2C}\mathrm{d}l = \frac{l^3}{6C} \tag{3-14}$$

此即放射螺旋线的参数方程式，也是我国铁路常用的缓和曲线方程式。如消去上两式的参数 l，则得直角坐标方程式：

$$y = \frac{x^3}{6C}\left(1 + \frac{3x^3}{40C^2} + \cdots\right) \tag{3-15}$$

取第一项，得我国铁路采用的三次抛物线形缓和曲线方程：

$$y = \frac{x^3}{6C} \tag{3-16}$$

即我国采用直线形超高顺坡的三次抛物线缓和曲线，具有线形简单、长度较短、计算方便及易于铺设养护的优点。

D 缓和曲线长度

实践证明，缓和曲线的线形不是影响行车的决定因素，关键的是缓和曲线的长度。缓和曲线长度的确定受许多因素影响，其中最主要的是保证行车安全和行车平稳两个条件。

（1）缓和曲线要保证行车安全，使车轮不致脱轨。机车车辆行驶在缓和曲线上，若不计轨道弹性和车辆弹簧作用，则车架一端的两轮贴着钢轨顶面；另一端的两轮，在外轨上的车轮贴着钢轨顶面，而在内轨上的车轮是悬空的，如图 3-41 所示。

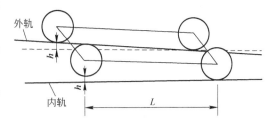

图 3-41　外轨超高顺坡坡度计算
h—内轨悬空高度；L—车辆固定轴距

为保证安全，应使车轮轮缘不爬越内轨顶面。设外轨超高顺坡坡度为 i，最大固定轴距为 L_{max}，则车轮离开内轨顶面的高度为 iL_{max}。当悬空高度大于轮缘最小高度 K_{min} 时，车轮就有脱轨的危险。因此保证

$$i_0 L_{max} \leqslant K_{min} \quad \text{或} \quad i_0 \leqslant \frac{K_{min}}{L_{max}} \tag{3-17}$$

式中　i_0——外轨超高顺坡坡度。

缓和曲线长度 l_1 应为：

$$l_1 \geqslant \frac{h}{i_0} \tag{3-18}$$

式中　h——圆曲线超高。

《铁路线路维修规则》规定，曲线超高应在整个缓和曲线内完成，顺坡坡度一般应不大于 $1/(9v_{max})$；困难条件下不得大于 $1/(7v_{max})$。当 $1/(7v_{max})$ 大于 2‰时，按 2‰设置。相应的计算缓和曲线长度 l_0 公式为：

$$l_0 = V_{max} \times h \times \frac{x}{1000} \qquad (3\text{-}19)$$

式中 V_{max}——容许最高行车速度，km/h；

h——圆曲线超高，mm；

x——超高顺坡系数，一般地段取 9，困难地段取 7。

（2）缓和曲线长度要保证外轮的升高（或降低）速度不超过限值，以满足行车平稳及旅客舒适度的要求。

车轮在外轨上的升高速度（又称作超高时变率）f 由下式计算：

$$\frac{h}{t} = \frac{h}{l_2/(V_{max}/3.6)} = \frac{hV_{max}}{3.6l_2} \leqslant f$$

得：

$$l_2 \geqslant \frac{hV_{max}}{3.6f} \qquad (3\text{-}20)$$

式中 l_2——保证超高时变率不超限时的缓和曲线长度，m；

V_{max}——曲线段最高行车速度，km/h；

f——超高时变率允许值，一般地段取 28mm/s，困难地段取 36mm/s。

计算结果取 l_0、l_1、l_2 要求中的最大值，并取为 5m 的整倍数，长度不短于 20m。对于准轨露天矿铁路，行车速度大于或等于 30km/h，且曲线半径小于或等于 200m 的固定线，缓和曲线应根据曲线半径、行车速度设置，如表 3-9 所示。

表 3-9　缓和曲线长度　　　　　　　　　　　　　　　　　　　　　　m

曲线半径/m	计算速度/km·h^{-1}		
	30	35	40
200			25
170，180，190			30
160		25	30
150		25	35
140		30	35
130		30	40
120	25	35	40

注：地形受限地段，缓和曲线长度可相应缩短 5m；改建、扩建线路和Ⅲ级线路可不设缓和曲线。

E　递减距离

在不设缓和曲线的圆曲线与直线间，应设置满足外轨超高和轨距加宽要求的递减距离。

（1）轨距加宽需要的递减距离 l_1 为：

$$l_1 = \frac{e}{i_w} \qquad (3\text{-}21)$$

式中 e——圆曲线加宽值，mm；

i_w——加宽递减率，取 0.2%。

（2）外轨超高需要的递减距离 l_2 为：

$$l_2 = \frac{h}{i} \tag{3-22}$$

式中 h——外轨超高值，mm；

i——超高递减率，当超高不大于 40mm 时，$i = 0.2\%$；当超高为 45mm 时，$i = 0.225\%$；当超高大于等于 50mm 时，$i = 0.25\%$。

计算结果取 l_1、l_2 要求中的较大值，并取整。也可直接查阅《冶金露天矿准轨铁路设计规范》中相关规定。地形受限制地段，递减距离可伸入圆曲线内，但伸入长度不应超过递减距离的 1/2。

3.3.3 路基

铁路路基是轨道的基础，是经过开挖或填筑而成的土工建筑物，其主要作用是满足轨道的铺设、承受轨道和列车产生的荷载、提供列车运行的必要条件。在纵断面上，路基必须保证线路需要的高程；在平面上，路基与桥梁、隧道连接组成完整贯通的线路。

路基是铁路建筑中最繁重、最庞大的工程。它的技术标准和施工方法要求比较严格，即路基应坚实稳定，可靠而耐用，排水良好，并经常进行养护和维修，保持完善状态。

3.3.3.1 路基工程的组成

路基工程主要由路基本体、排水设备、防护工程等建筑物组成。

（1）路基本体是路基工程中直接铺设轨道结构并承受列车荷载的部分。由填方构筑的路基本体称为路堤，如图 3-42（a）所示。由地面开挖形成的路基本体称为路堑，如图 3-42（b）所示。

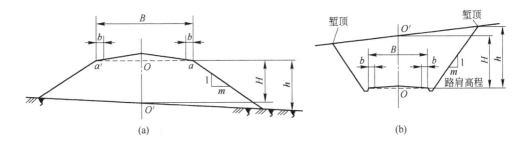

图 3-42 路基本体

（a）路堤；（b）路堑

B—路基宽度；b—路肩宽度；H—路基中心高；h—路基边坡高

路基面：在路基本体的顶面铺设轨道的面称为路基顶面，简称路基，包括路拱和路肩。

路肩：在路基面上，未被道砟覆盖的那部分路基面称为路肩，它起到加强路基稳定性、保障道床稳固，以及方便养护维修作业的作用。

路基高程与路肩高程：左右两侧顶肩的连线 aa' 与横断面中线的交点 O，O 点位于线路平、纵断面图的中心线上。O 点在地面上的投影 O' 即为线路中心桩的位置。O 点的高程即为路基高程。因为 O 点的高程与路肩高程相同，为测量工作的方便，常用路肩高程代替路基高程。

路基高度：路基中心线的地面高程与该处的路肩高程之间的竖直距离 OO' 为路基高度。对于路堑则称为路堑深度。

（2）路基排水设备。排水设备属路基的附属建筑物，分地面排水设备和地下排水设备两类。地面排水设备包括排水沟、侧沟、天沟等，用以拦截地面径流，汇集路基范围内的雨水并使之流向天然排水沟谷。地下排水设备包括排水槽、渗水暗沟等，用以拦截、疏导地下水。

（3）路基防护和加固建筑物。路基防护设备包括坡面防护和冲刷防护。路基加固建筑物包括护堤、挡土墙、抗滑桩等，用以提高路基的稳定性。

3.3.3.2　路基横断面

路基横断面是指垂直于线路中心线截取的断面。依其所处的地形条件不同，有以下几种基本形式，如图 3-43 所示。

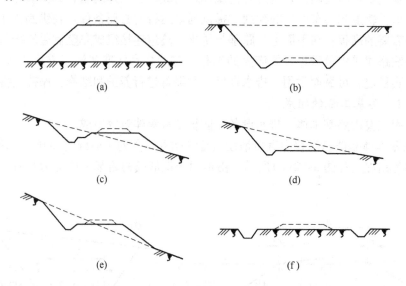

图 3-43　路基横断面形式
（a）路堤；（b）路堑；（c）半路堤；（d）半路堑；（e）半路堤半路堑；（f）不填不挖路基

（1）路堤：当路基面高于天然地面时，路基以填筑方式构成，这种路基称为路堤。

（2）路堑：当路基面低于天然地面时，路基以开挖方式构成，这种路基称为路堑。

（3）半路堤：当天然地面横向倾斜，路基面边线和天然地面相交时，在地面和路基面相交线以上部分无填筑工程量，这种路堤称为半路堤。

（4）半路堑：当天然地面横向倾斜，路堑路基面的一侧无开挖工作量时，这种路基称半路堑。

（5）半路堤半路堑：当天然地面横向倾斜，路基一部分以填筑方式构成而另一部分以开挖方式构成，这种路基称为半路堤半路堑。

（6）不填不挖路基：当路基的路基面和天然地基面平齐，路基无填挖土方时，这种路基称为不填不挖路基。

3.3.3.3 路基面的宽度

路基面的宽度等于道床覆盖的宽度加上两侧路肩的宽度之和。路肩宽度对于线路的维护和路基边坡的稳定性有重要影响。

固定线区间直线地段的单线路基面宽度，可按表3-10选取。半固定线、联络线和其他线均按Ⅲ级线路标准选取。

表3-10　单线路基面宽度　　　　　　　　　　　　　m

线路等级	非 渗 水 土		岩石、渗水土	
	路 堤	路 堑	路 堤	路 堑
Ⅰ	5.8	5.6	5.3	5.1
Ⅱ	5.6	5.4	5.1	4.9
Ⅲ	5.2	5.2	4.7	4.7

在曲线地段，曲线外轨需设置超高。外轨超高是通过加厚外轨一侧枕下道砟的厚度来实现的。由于道砟加厚，道床坡脚外移，因而在曲线外侧的路基宽度也应加宽以保证路肩所需的宽度。加宽值可按表3-11选取，加宽范围应与圆曲线及缓和曲线范围一致。

表3-11　曲线地段路基面加宽值　　　　　　　　　　　　m

曲线半径 R	加 宽 值
200 < R ≤ 300	0.1
150 < R ≤ 200	0.2
R ≤ 150	0.3

3.3.3.4 路堤边坡

路堤边坡坡度应根据填料的物理力学性质、边坡高度和路堤基底的工程地质条件等确定，基底情况良好时，可按规范给出的表3-12设计。对于特殊填方及边坡高度太大的路基，则应进行个别设计。

表3-12　路堤边坡形式及坡度

填料种类	路堤边坡最大高度/m			边 坡 坡 度		
	全 部	上 部	下 部	全 部	上 部	下 部
一般黏性土	20	8	12	—	1:1.5	1:1.75
砾石土、粗砂、中砂	12	—	—	1:1.5	—	—
细砂、粉砂	12	6	6	—	1:1.75	1:2
碎石土、卵石土	20	12	8	—	1:1.5	1:1.75
不易风化的石块	8	—	—	1:1.3	—	—
	20	—	—	1:1.5	—	—

当地面横坡大于1:5时，原地面应挖成台阶，台阶的宽度不应小于1.0m。

3.3.3.5 路堑边坡

路堑边坡坡度应根据土的性质、工程地质和水文地质条件、拟定的施工方法及边坡高度，结合自然稳定山坡和人工坡的调查确定。岩石边坡尚应根据岩层产状、节理发育程度、地貌形态及各种地质作用影响等因素设计。当地质条件良好，边坡高度不超过 20m 时，路堑边坡坡度可按表 3-13 的规定设计。黄土路堑边坡垂直高度小于等于 12m 时，可采用一个坡度到顶，当高度大于 12m 时，宜采用阶梯式，中部设平台，阶梯高度为 8~12m。

表 3-13　路堑边坡坡度

土石种类		边坡坡度
一般均质的黏土类		1:1~1:1.5
中密以上的粗砂、中砂、砾砂		1:1.5~1:1.75
黄土	新黄土（Q_3、Q_4）	1:0.5~1:1.25
	老黄土（Q_2、Q_1）	1:0.3~1:0.75
块石类、卵石、碎石类、砾石类	胶结和密实	1:0.5~1:1
	中密	1:1~1:1.5
岩石		1:0.1~1:1

3.4　线路平面和纵断面设计

3.4.1　线路平面和纵断面的概念

一条铁路线路在空间的位置是用它的线路中心线表示的。路基横断面上距外轨半个轨距的铅垂线 AB 与路肩水平线 CD 的交点 O，即为中心线点的位置，如图 3-44 所示。

线路中心线是一条三维空间线，其空间位置可通过平面和纵断面表示。线路平面是指线路中心线在水平面上的投影，表示线路在平面上的具体位置；线路纵断面是沿线路中心线所做的铅垂剖面在纵向展开后，线路中心线的立面图，表示线路起伏情况，其高程为路肩高程。

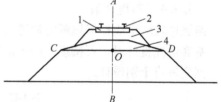

图 3-44　铁路线路中心线点的位置
1—轨枕；2—钢轨；3—道床；4—路基

3.4.1.1　铁路线路平面图

用一定比例尺，把线路中心线及其两侧的地面情况投影到水平面上，就是铁路线路平面图，如图 3-45 所示。

线路平面图中除绘有地形、地貌外，还绘有：

（1）曲线资料。注明各曲线交点编号（JD1、JD2、…、等）、转向角角度（α）、圆曲线半径（R）、切线长（T）、曲线长（L）、缓和曲线长（l）、曲线起点（ZH）和终点（HZ）等。

（2）设计的桥涵、车站、隧道等资料。在各建筑物的中心位置处标出其名称、类型、孔径、长度及其相应的里程。

（3）初测和定测设置的水准点。用 ⊗ 标志，注明其编号（BM1、BM2、…、等）、高程及其位置。

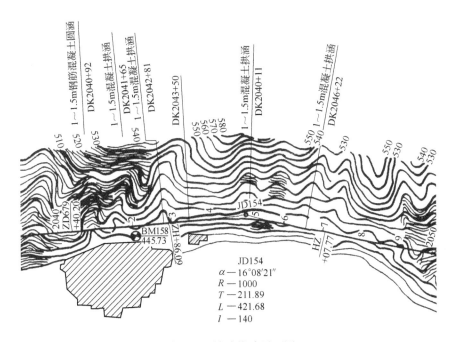

图 3-45　铁路线路平面图

3.4.1.2　铁路线路纵断面图

用一定的比例尺，把线路中心线（展开后）投影到垂直面上，并标明平面、纵断面各项有关资料的图纸，称为线路纵断面图，如图 3-46 所示。

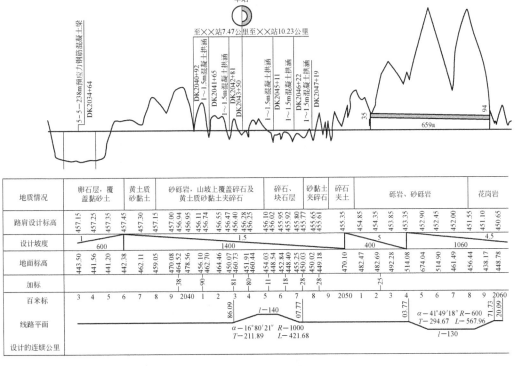

图 3-46　铁路线路纵断面图

铁路线路纵断面图的上部是图的部分，主要表明了线路中心线（即路肩设计标高的连线）、地面线、桥隧建筑物资料（包括桥梁、涵洞的孔径、类型、中心里程和隧道长度等）、车站资料及其他有关情况。

铁路线路纵断面图的下部是表格部分，其中主要是路肩设计标高（在变坡点处和百米标、加标处都标出路肩设计标高）和设计坡度。同时，用公里标、百米标和加标（在桥涵中心位置等必要地点都设置加标，并标明加标和前后百米标之间的距离）标明线路上各个坡段和设备的位置。此外，还有地面标高等。

在铁路线路纵断面图上，还附有线路平面情况，以便和线路纵断面情况相对照，看清线路平、纵断面的全貌。

铁路线路平面图和纵断面图是全面、正确反映线路主要技术条件的重要文件，在各个设计阶段都要编制要求不同、用途不同的各种平面图和纵断面图。

3.4.2　线路平面设计

线路选线应该综合考虑工程和运营的要求，通过方案比较，在满足运营基本要求的前提下，尽量减少工程量，降低造价。线路平面由直线、曲线（圆曲线及缓和曲线）组成，即直线和曲线是线路平面的组成要素。

3.4.2.1　曲线要素

概略定线时，简明平面图中仅绘出未加设缓和曲线的圆曲线，如图 3-47（a）所示。圆曲线要素为：偏角 α、半径 R、切线长 T_y、曲线长 L_y 及外矢距 E_y。偏角在平面图上量得，曲线半径由选配得出，其他曲线要素由下列公式计算：

$$T_y = R\tan\frac{\alpha}{2} \tag{3-23}$$

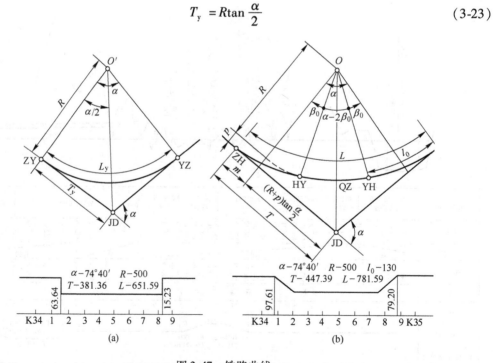

图 3-47　铁路曲线

（a）无缓和曲线；（b）有缓和曲线

$$L_{\mathrm{y}} = \frac{R\alpha\pi}{180} \tag{3-24}$$

$$E_{\mathrm{y}} = R\left(\sec\frac{\alpha}{2} - 1\right) \tag{3-25}$$

由于在直线上没有超高，而在曲线地段外轨需要设置超高和加宽轨距，故在直线段与圆曲线段之间需设缓和曲线进行过渡。详细定线时，平面图中要绘出加设缓和曲线后的曲线，如图3-47(b)所示。在纵断面图中，加入缓和曲线前后线路平面示意图的关系如图3-48所示，即加入缓和曲线后，圆曲线变短，但总的曲线长度变长。

图 3-48　缓和曲线示意图

曲线要素为：偏角 α、半径 R、缓和曲线长 l_0、切线长 T、曲线长 L 及外矢距 E。偏角 α 在平面图上量得，曲线半径 R 和缓和曲线长度 l_0 由选配得出，其他曲线要素由下列公式计算：

$$T = (R + p) \cdot \tan\frac{\alpha}{2} + m \tag{3-26}$$

$$L = \frac{\pi(\alpha - 2\beta_0)R}{180} + 2l_0 = \frac{\pi \cdot \alpha \cdot R}{180} + l_0 \tag{3-27}$$

$$E = (R + p) \cdot \sec\frac{\alpha}{2} - R \tag{3-28}$$

式中　p——内移距，$p = \dfrac{l_0^2}{24R} - \dfrac{l_0^4}{2688R^3} \approx \dfrac{l_0^2}{24R}$，m；

$\quad\quad m$——切垂距，$m = \dfrac{l_0}{2} - \dfrac{l_0^3}{240R^2} \approx \dfrac{l_0}{2}$，m；

$\quad\quad \beta_0$——缓和曲线角，$\beta_0 = \dfrac{l_0}{2R} \times \dfrac{180}{\pi}$，(°)。

ZH 里程在平面图上量得，曲线其他主点里程可按下列方法推算：

$$\mathrm{HZ} = \mathrm{ZH} + L$$

$$\mathrm{HY} = \mathrm{ZH} + l_0$$

$$\mathrm{YH} = \mathrm{HZ} + l_0$$

在转向角不变，即直线方向不变的前提下，缓和曲线的插入方式有两种：

（1）圆曲线半径不变，圆心内移，铁路曲线采用，如图3-47所示。

（2）圆心不动，圆曲线半径变小，公路曲线采用。

3.4.2.2　曲线附加阻力与曲线半径

列车在线路上运行总会受到各种阻力，阻力方向与列车运行方向相反。归纳起来，阻力主要有两大类：

（1）基本阻力。基本阻力指列车在空旷地段，沿平、直轨道运行时所受到的阻力，包括车轴与轴承之间的摩擦阻力、轮轨之间的摩擦阻力，以及钢轨接头对车轮的撞击阻力等。基本阻力在列车运行时总是存在的。

（2）附加阻力。附加阻力是列车在线路上运行时，除基本阻力外所受到的额外阻力，如坡道阻力、曲线阻力、启动阻力等。附加阻力随列车运行条件或线路平、纵断面情况而定。

线路平面上有了曲线（弯道）后，给列车运行造成阻力增大和限制列车速度等不良影响。列车通过曲线时，由于离心力的作用，使外侧车轮轮缘和外轨内侧的挤压摩擦增大；同时还由于曲线外轨长于内轨，内侧车轮在轨面上滚动时产生相对滑动，从而给运行中的列车造成一种附加阻力，称为曲线阻力。

曲线附加阻力的不利影响表现在：限制行车速度、增加轮轨摩擦、增加轨道设备、增加轨道养护维修费用等。

曲线阻力可通过经验公式计算，当曲线长度大于或等于列车长度时：

$$\omega_r = \frac{600}{R} \qquad\qquad (3\text{-}29)$$

式中 ω_r——单位曲线阻力，即列车 1kN 重量所摊曲线附加阻力值，N/kN；

R——曲线半径，m；

600——根据经验数据得出的常数。

系数选取说明：关于曲线阻力计算中经验系数的取值，我国不同规范中的取值不尽一致，主要有 600 和 700 两种。如《铁路线路设计规范》（GB 50090—2006）、《金属非金属矿山安全规程》（GB 16423—2006）取值为 600，而《工业企业标准轨距铁路设计规范》（GBJ 12—87）、《冶金露天矿准轨铁路设计规范》（GB 50512—2009）取值为 700。本书取 600，下同。

当曲线长度小于列车长度，列车只有一部分运行在曲线上时，可假设列车的质量沿列车长度均匀分布，列车在曲线上的质量与列车总质量之比为 L_r/l，则曲线附加阻力为：

$$\omega_r = \frac{600}{R} \times \frac{L_r}{l} = \frac{600}{R} \times \frac{2\pi R\alpha}{360l} = \frac{10.5\alpha}{l} \qquad\qquad (3\text{-}30)$$

式中 α——曲线转向角度，（°）；

l——列车长度，m。

在列车牵引计算中，常利用 1N/kN 的单位曲线阻力相当于 1‰坡道，将曲线换算为一个假想的坡道，并称之为换算坡道 i_R。

从式（3-30）中可知，曲线阻力与曲线半径成反比。曲线半径越小，曲线阻力越大，运营条件就越差，说明采用大半径曲线对列车运行的影响较小。而小半径曲线具有容易适应困难地形的优点，对工程条件有利。因此，在设计铁路线路时应根据列车运行速度，由大到小合理地选用曲线半径。为了测设、施工和养护的方便，曲线半径一般应取 50m、100m 的整数倍，即 1500m、1200m、1000m、800m、700m、600m、500m、450m、350m、300m、250m、200m、180m、150m 和 120m。地形受限制地段，也可采用 10m 的整数倍。

为了保证线路的通过能力，并有一个良好的运营条件，还应对区间线路的最小曲线半径做具体规定。

列车在曲线上行驶的速度越快，所产生的离心力也就越大，为保证列车运行安全、平稳和舒适，必须限制列车通过曲线时的速度。曲线半径越小，允许通过曲线的最大速度越小。

最小曲线半径是铁路某区段允许采用的曲线半径最小值，它是铁路主要技术标准之一。曲线半径选定应结合矿山地形、线路使用期限、线路等级、机车车辆轴距和运行速度等因素合理确定，应遵循"慎用最小曲线半径"的原则，尽可能采用大半径曲线。

（1）准轨线路最小曲线半径见表 3-14，联络线和其他线按Ⅲ级半固定线的标准执行，括号内数值为采场内环形移动线路允许采用值。

表 3-14　准轨铁路最小曲线半径　　　　　　　　m

线路等级及名称		机车、车辆类型					
		一　类		二　类		三　类	
		一般地段	地形受限制地段	一般地段	地形受限制地段	一般地段	地形受限制地段
固定线	Ⅰ、Ⅱ	180	150	200	180	250	200
	Ⅲ	150	120	181	150	200	180
半固定线	Ⅰ、Ⅱ	150	120	180	150	200	180
	Ⅲ	120	100	150	120	180	150
移动线	采场内	120	100（80）	120	100	150	120
	向曲线外侧翻车的卸车线	200	150	200	150	250	200
	向曲线内侧翻车的卸车线	300	250	300	250	300	250

注：准轨铁路机车、车辆类型分类：
（1）一类为机车固定轴距≤2.6m，全轴距＜11m；矿车固定轴距≤1.8m，全轴距＜11m。
（2）二类为机车固定轴距≤2.6m，全轴距＜16m；矿车固定轴距≤1.8m，全轴距＜11m。
（3）三类为矿车固定轴距1.2×2m，全轴距＜13m。

（2）窄轨线路最小曲线半径见表 3-15。

表 3-15　窄轨铁路最小曲线半径　　　　　　　　m

固定轴距			≤2		2.1～3.0
轨　距			600mm	762mm、900mm	762mm、900mm
线路等级		Ⅰ		100	120
		Ⅱ	50	80	100
		Ⅲ	30	30	80
	移动线	装车线	30	60	80
		向曲线外侧卸车线	30	60	80
		向曲线内侧卸车线	50	80	100
		辅助线	不小于固定轴距10倍	不小于固定轴距20倍	不小于固定轴距20倍

为了保证卸车的安全，排土场移动线路的卸车地段一般应为直线，困难条件下，其最小曲线半径不小于表3-14及表3-15的规定。

3.4.2.3 相邻曲线连接

转向相同的相邻曲线称为同向曲线，转向相反的相邻曲线称为反向曲线。为了保证列车在相邻曲线上的运行平稳，在设计线路平面时，无论同向曲线或反向曲线，在两曲线间都要插入一定长度的直线段。该直线段，即前一曲线终点与后一曲线起点间的直线，称为夹直线，如图3-49所示。

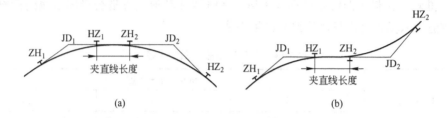

图 3-49 夹直线

（a）同向曲线；（b）反向曲线

夹直线长度应力争长一些，为行车和维修创造有利条件。但是，在地形困难地段，为适应地形变化、减少工程量，可以设置较短的夹直线。

夹直线的最小长度应满足线路养护要求和行车平稳要求。

（1）保证线路养护维修的要求。夹直线太短，特别是反向曲线路段，列车通过时，因频繁转换方向，车轮对钢轨的横向推力加大，夹直线的正确位置不宜保持。同时，由于直线两端曲线变形的影响，夹直线的直线方向也不宜保持。

线路维修实践证明：为确保直线方向，夹直线长度不宜短于2~3节钢轨；地形困难时，至少应不小于一节钢轨长度。

（2）车辆横向摇摆不致影响行车平顺。列车从前一曲线通过夹直线进入后一曲线的运行过程中，因外轨超高和曲线半径的变化，引起车辆横向摇摆和横向加速度变化，反向曲线地段更为严重。为了保证行车平稳，夹直线长度不宜短于2~3节车辆长度，地形困难时，至少应不小于一节车辆长度。

露天矿准轨铁路两相邻曲线间夹直线的最小距离，应按表3-16设计。

表 3-16 夹直线最小长度   m

线路等级及名称	一 般 地 段	地形受限地段
Ⅰ、Ⅱ级固定线	30	20
Ⅲ级固定线及半固定线	20	15

基于同样的道理，圆曲线长度也不宜过短，矿山准轨铁路圆曲线长度不宜小于20m，地形受限制地段不应小于14m。

3.4.3 线路纵断面设计

线路纵断面由平道、坡道及设于变坡点处的竖曲线组成。

3.4.3.1 坡道的坡度

坡道的陡与缓常用坡度来表示。坡度是一段坡道两端点的高差 h 与水平距离 L 之比，如图 3-50 所示。

铁路坡道坡度的大小通常用千分率来表示。

$$i = \frac{h}{L} = \tan\alpha \qquad (3\text{-}31)$$

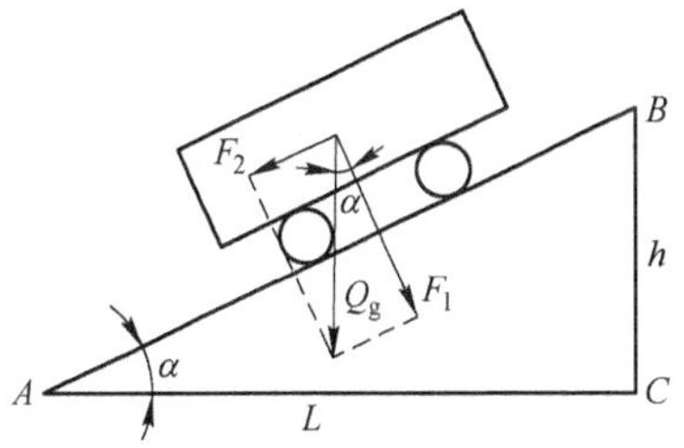

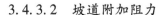

图 3-50 坡度与坡道阻力示意图

式中 i——坡度值，‰；

h——高差，mm；

L——水平距离，m；

α——坡道段线路中心线与水平线夹角，(°)。

若 L 为 2000m，h 为 8m，则 AB 段坡道的坡度为 4‰。

3.4.3.2 坡道附加阻力

列车在坡道上运行时，会受到一种由坡道引起的阻力，这一阻力称之为坡道附加阻力。从图 3-50 中可以看出，机车车辆所受的重力 Q_g 可以分解为垂直于坡道的分力 F_1 和平行于坡道的分力 F_2。F_1 由轨道的反作用力抵消，F_2(N) 成为坡道附加阻力。

$$F_2 = Q_g \sin\alpha \approx Q_g \tan\alpha = Q_g i$$

列车平均每单位质量所受到的坡道阻力，称为单位坡道阻力 ω_i(N/kN)，因此

$$\omega_i = \frac{F_2}{Q_g} \times 1000 = \frac{Q_g i}{Q_g} \times 1000 = i \qquad (3\text{-}32)$$

列车上坡时，单位坡道附加阻力规定为 "＋"，而当下坡时，单位坡道附加阻力规定为 "－"。坡度越大，列车上坡时坡道阻力也就越大，同一台机车所能牵引的列车质量也就越小。

3.4.3.3 限制坡度

在保证一定牵引重量的条件下，列车以最低计算速度所能爬过的最大坡度，称为限制坡度 i_x(‰)。限制坡度是决定机车牵引重量的坡度，超过限制坡度时，重车上坡用单机牵引是不可能的。露天矿的列车质量是按限制坡度来确定的，因此限制坡度的大小对露天矿生产有着重大影响。

一般来说，限制坡度越大，建设费用就越低，但运营费越高；反之，则建设费用增加，运营费降低。区间线路的限制坡度应根据露天矿的生产要求、近远期运量、机车车辆类型及列车组成，并结合地形和矿床条件，经技术经济比较后确定，限制坡度不应大于表 3-17 的规定。

表 3-17　准轨铁路限制坡度　　　　　　　　　　　　　　　　　　　　　　‰

机车类型	运行条件	一般条件	困难条件
电力机车	重车上坡	40	45
	重车下坡	40	45
内燃机车	重车上坡	30	30
	重车下坡	30	30

注：当最大坡度大于或等于 40‰时，属于陡坡铁路，其技术参数应满足陡坡铁路的相关规定。

在地形困难或有较大高差地段，若采用限制坡度将使工程量加大或线路过分展长，在此情况下，采用较限制坡度更陡的坡度，用两台或多台机车牵引以维持原来的列车质量，这种坡度称为加力坡度。一般情况使用两台机车牵引称为双机坡度。

依靠列车牵引力和积累的动能，以不小于计算速度闯过陡于限制坡度的坡度，称为动力坡度。

移动装卸线宜设在平道上。地形受限制地段，且机车不摘钩作业时，其最大坡度不应大于15‰。

3.4.3.4　坡度折减

设计所确定的限制坡度在曲线地段应进行坡度折减。曲线上最大纵坡的折减包括两方面的内容，即曲线地段由于曲线附加阻力而折减和粘着系数降低而折减。

平面曲线（圆曲线）范围内，因曲线阻力所引起的坡度减缓，除曲线半径外，与机车车辆固定轴距、运行速度、超高、轴重、轮轨接触条件等有关。平曲线坡度减缓值数值上等于单位曲线阻力 ω_r，其计算公式参见式（3-29）、式（3-30）。

若连续有一个以上长度小于列车长度的圆曲线时，曲线阻力的坡度减缓值为：

$$\Delta i_R = \frac{10.5\Sigma\alpha}{l} \tag{3-33}$$

式中　Δi_R——曲线阻力所引起的坡度减缓值，‰；

　　　l——坡段长度，当其大于列车长度时，采用列车长度值，m；

　　　$\Sigma\alpha$——坡段长度（或列车长度）内曲线转向角总和，（°）。

机车进入圆曲线后，动轮踏面将发生横向滑动，同时在曲线范围内外轨较内轨长，使车轮产生纵向滑动，由于这些原因引起粘着系数降低。曲线半径越小，这种现象越显著。由于粘着系数降低可使粘着牵引力低于计算牵引力，则当机车牵引规定质量的列车通过最大坡度上的小半径曲线时，有可能产生空转及降低行车速度。所以小半径曲线范围内，应进行因粘着系数降低而产生的坡度折减，以弥补牵引力的损失。由于小半径曲线上粘着系数降低而折减的问题极为复杂，没有精确的计算方法，一般都在不同半径的曲线上，以粘着系数降低百分数表示，其变化范围为5%～15%。

另外，位于列车运行速度接近或等于计算速度的坡道上，长度超过500m的隧道，应进行隧道坡度折减。折减方法为限制坡度乘以规定的隧道坡度折减系数，具体系数值可查阅相关设计规范。位于曲线地段的隧道，应先进行隧道坡度折减，再进行曲线坡度折减。

3.4.3.5　变坡点与竖曲线

纵断面上坡度改变的地点称为变坡点。当列车经过变坡点时，由于附加力和惯性作用，将会在车钩中产生附加应力，以及相邻车辆的车钩上下错动和车辆前轮悬空等现象；坡度变化越大，附加应力越大，容易造成断钩事故。为使列车运行安全、平稳，我国《冶金露天矿准轨铁路设计规范》规定，当坡度代数差大于4‰时，应以圆曲线形竖曲线连接。

露天矿准轨铁路最小竖曲线半径不宜小于2000m，地形受限地段或联络线最小竖曲线半径不应小于1000m。当采用两转向架中心距大于8.7m或转向架中心至车钩中心距大于2.5m车辆时，竖曲线半径不应小于2000m。当外矢距计算值小于10mm时，应加大竖曲线半径。

竖曲线的几何要素如图 3-51 所示。

（1）竖曲线的切线长 T。

因为 α 很小，有：

$$T = R \cdot \tan\frac{\alpha}{2} \approx \frac{R}{2}\tan\alpha = \frac{R}{2}\tan|\alpha_1 - \alpha_2|$$

$$= \frac{R}{2}\left|\frac{\tan\alpha_1 - \tan\alpha_2}{1 + \tan\alpha_1 \cdot \tan\alpha_2}\right|$$

$$\approx \frac{R}{2}|\tan\alpha_1 - \tan\alpha_2|$$

$$= \frac{R}{2}\left|\frac{i_1}{1000} - \frac{i_2}{1000}\right| = \frac{R \cdot \Delta i}{2000} \qquad (3\text{-}34)$$

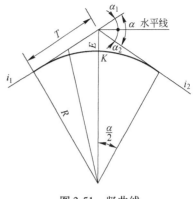

图 3-51 竖曲线

式中　α——竖曲线的转角，（°）；

α_1，α_2——前、后坡段与水平线的夹角，上坡为正值，下坡为负值，（°）；

i_1，i_2——前、后坡段的坡度，上坡为正值，下坡为负值，‰；

Δi——坡度代数差的绝对值，‰。

（2）竖曲线的长度 $K(\mathrm{m})$：

$$K \approx 2T \qquad (3\text{-}35)$$

（3）竖曲线外矢距 E：

因为　　　　　　　　$(R + E)^2 = T^2 + R^2$

$$2RE = T^2 - E^2 \approx T^2（E^2 \text{ 值很小，略去不计}）$$

整理得：

$$E = \frac{T^2}{2R} \qquad (3\text{-}36)$$

3.4.3.6　坡段长度

相邻两变坡点间的水平距离称为坡段长度。从工程数量上看，采用较短的坡段长度可更好地适应地形起伏，减少路基、桥隧等工程数量；但从列车运行的平稳性要求出发，纵断面坡段长度宜设计为较长的坡段。

为减小坡段长度过短引起列车同时跨越两个以上的变坡点，使得车辆运行过程中产生较大的局部加速度。一般情况下，要求列车最好不要同时跨越两个以上的变坡点，即：坡段长度不小于货物列车长度的一半。

《冶金露天矿准轨铁路设计规范》规定，地形受限制时，Ⅰ、Ⅱ级线路不应小于一个列车长；Ⅲ级线、移动线、联络线及其他辅助线不应小于列车长的 2/3，且不应小于 80m；不行驶整列车的联络线及辅助作业线不应小于 40m，并应满足设置竖曲线的要求。

3.4.3.7　竖曲线不应与缓和曲线重叠

竖曲线范围内，轨面高程以一定的曲率变化；缓和曲线范围内，外轨高程以一定的超高顺坡变化。如两者重叠，一方面在轨道铺设和养护时，外轨高程不易控制；另一方面外轨的直线形超高顺坡和圆形竖曲线都要改变形状，影响行车的平稳。

为了保证竖曲线不与缓和曲线重叠，纵断面设计时，变坡点离开缓和曲线起终点的距离，不应小于竖曲线的切线长，参见图 3-52。

另外，竖曲线不应设在明桥面上，也不应与道岔重叠。

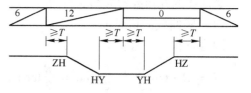

图 3-52　竖曲线与缓和曲线的关系图

3.4.3.8　陡坡铁路

露天矿山采场内线路折算后坡度大于或等于 40‰ 的铁路称为陡坡铁路。为保证陡坡铁路运输生产安全，《金属矿非金属矿安全规程》针对陡坡铁路运输的特点，专门做了相关规定：

（1）运输线路。线路坡度范围不应超过 50‰；列车运行速度应不低于 15km/h，不高于 40km/h；线路建设等级应为固定式、半固定式。

线路平面的圆曲线半径应不小于 250m；直线与圆曲线间应采用三次抛物线形缓和曲线连接；缓和曲线的长度应不小于 30m，超高顺坡率应不大于 3‰；圆曲线或夹直线最小长度应不小于 30m（小于列车长度时设置护轮轨）；竖曲线半径应不小于 3000m。

最大坡度应按规定进行坡度折减。纵断面坡段长度应不小于 200m。

（2）轨道。轨道类型应为次重型以上（轨型质量不小于 50kg/m）；混凝土轨枕、弹条扣件铺设参数应为 1760 根/km 以上；道砟厚度应不小于 350mm。

线路应采用 25m 标准长度钢轨，钢轨接头采用对接；轨距 1435mm，当曲线半径为 300m≤R<350m 时，曲线轨距应加宽 5mm；当曲线半径为 250m≤R<300m 时，曲线轨距应加宽 15mm；道床边坡坡度应不大于 1∶1.75。

每 25m 应铺设 2 组防爬桩，应双向安装 8 对防爬器，应安装 14 对轨撑。

3.5　铁路运输计算

3.5.1　列车运输能力

露天矿铁路运输的特点是装车、运行、卸车等作业重复地进行，在运行中一般不进行分解、编组或摘挂作业。列车由第一次开始装车至下一次装车为止的时间，称为列车运行周期，即：

$$T_Z = t_Z + t_Y + t_X + t_J + t_Q \tag{3-37}$$

式中　T_Z——列车运行周期，min；

　　　t_Z——装车时间，决定于装载设备的装载能力和列车载重量，min；

　　　t_Y——列车往返运行时间，min，

$$t_Y = \frac{60}{v} \times 2L$$

　　　v——列车平均运行速度，视矿山运输条件而定，可参考表 3-18 取值，km/h；

　　　L——单程运距，km；

　　　t_X——卸车时间，对 60t、100t、150t 自翻车，卸矿 2.5min/车（受破碎机能力限制），卸岩 1.0min/车；

t_J——列车检查时间，min，$10 \sim 15 min/$次；

t_Q——其他时间，包括入换时间、在车站停车时间等，min。

表 3-18　列车运行平均速度参考值

线 路 条 件		列车运行平均速度/$km \cdot h^{-1}$
固定线	区间长度大于 3km	25
	区间长度 2~3km	20
	区间长度 1~2km	17
	区间长度小于 1km	15
移动线	采 场	12
	排土场	10
半 固 定 线		17

t_J 及 t_Q 并不是每一列车运行周期都存在，其时间按平均值计算。据统计，在我国某些露天矿的列车运行周期中，装车时间约占 20% ~ 30%，运行时间约占 20% ~ 40%，卸车时间约占 20% ~ 30%，非生产时间（其他时间）约占 20% ~ 40%。

列车运输能力系指列车单位时间（通常是一昼夜）内运送的矿岩量（t 或 m^3），可按下式计算：

$$A = \frac{1440Knq}{T_Z} \tag{3-38}$$

式中　A——列车生产能力，$t/(d \cdot 列)$；

　　　K——工作时间利用系数，$K = 0.85$；

　　　n——机车牵引的自翻车数，辆；

　　　q——自翻车实际载重量，t；

　　　T_Z——列车运行周期，min。

需要同时工作的列车数为：

$$N_L = \frac{Q}{A} \tag{3-39}$$

式中　N_L——同时工作的列车数，列；

　　　A——列车生产能力，$t/(d \cdot 列)$；

　　　Q——每昼夜的运输量，t/d，

$$Q = \frac{K_B A_n}{m}$$

　　　A_n——年运输总量，t；

　　　K_B——运输生产不均衡系数，$K_B = 1.1 \sim 1.25$；

　　　m——列车每年工作日数，视气候条件不同而不同，一般为 $300 \sim 330d$。

如果矿岩的运输不是使用同一线路，则运矿、运岩的列车数应分别计算，两者之和即为工作列车数。

矿用机车总数为：

$$N = N_1 + N_2 + N_3 \tag{3-40}$$

式中 N——机车总数，台；

      N_1——运输矿岩的机车台数，台；

      N_2——检修机车台数，台，

$$N_2 = \alpha N_1$$

      α——检修系数，电机车检修系数为 0.15 ~ 0.17；

      N_3——杂作业机车台数，视矿山规模、采区分布、杂作业运输量大小而定，一般为 2 ~ 3 台。

3.5.2 线路通过能力

露天矿铁路线路通过能力包括区间通过能力和车站通过能力。

3.5.2.1 区间通过能力

区间通过能力是按限制区间确定的。所谓限制区间即长度最大，坡度最陡以及线路数目最少而要求通过列车数最多的区间。要确保列车运行的安全，当区间为单线时，只能在同一时间有一列车运行。区间通过能力取决于连接分界点的线路数目和每一列车占用区间的时间，取决于区间的长度、平面、纵断面及机车车辆和列车载重等因素。

（1）单线区间通过能力：

$$N = \frac{nT}{t_1 + t_2 + 2\tau} \tag{3-41}$$

式中 N——区间每日通过的列车对数，对/d；

      n——每日工作班数；

      T——每班工作时间，min；

      t_1——空车运行时间，min；

      t_2——重车运行时间，min；

      τ——列车间隔时间，min，可参考表 3-19 选用。

表 3-19 列车间隔时间

联 络 方 法	单线行车/min	双线行车/min
电话联络	3.5 ~ 4.0	3.0 ~ 3.5
半自动闭塞	2.5 ~ 3.0	2.0 ~ 2.5
自动闭塞	2.0 ~ 2.5	0

（2）双线区间通过能力：

当采用电话联络或半自动闭塞时：

$$N = \frac{nT}{t_y + \tau} \tag{3-42}$$

式中 t_y——列车在区间运行时间，min；

      τ——准备进路及开放信号时间，电气集中为 0.3min，人工搬道为 2.0min。

当采用自动闭塞时：

$$N = \frac{nT}{t_Q} \tag{3-43}$$

式中　t_Q——自动闭塞区段列车间隔时间，min。

3.5.2.2　车站通过能力

车站通过能力是指单位时间内通过车站的列车数（或列车对数）。因为咽喉道岔是车站的总出入口，所以车站的通过能力往往指的是咽喉道岔的通过能力，即：

$$N = \frac{1440K - \Sigma t_j}{T_k} \tag{3-44}$$

式中　K——咽喉的时间利用系数，取 $0.7 \sim 0.8$；

　　Σt_j——车站内影响咽喉道岔接发车作业所占用的时间（如站内调车等），min；

　　T_k——每对列车接发车平均占用咽喉道岔的时间，min。

——— 本 章 小 结 ———

（1）与公路运输相比，铁路运输具有运输能力大、运输成本低、受气候影响小等优点，具有基建投资大、爬坡能力小、灵活性差等缺点；（2）区间和分界点是组成铁路线路的两个基本环节；（3）铁路信号设备的主要作用是保证列车运行和调车工作的安全，提高铁路通过能力；（4）自动闭塞既保证了行车安全又提高了行车效率，是一种先进的闭塞方式；（5）道岔、曲线与接头是轨道的三大薄弱环节；（6）为行车平顺和提高线路的稳定性、安全性，曲线轨道需要轨距加宽和外轨超高；（7）为保证行车安全和行车平稳，在直线和圆曲线之间需要设置缓和曲线，我国铁路常用三次抛物线形缓和曲线；（8）最小曲线半径和限制坡度是铁路的主要技术指标；（9）当坡度代数差大于一定值（4‰）时，在变坡点处应设置竖曲线，我国铁路常采用圆曲线形竖曲线。

习题与思考题

3-1　在露天矿运输中，与公路运输相比，铁路运输的主要优缺点有哪些？

3-2　在井下运输中，与带式输送机运输相比，轨道运输的主要优缺点有哪些？

3-3　铁路运输的基本设备有哪些？

3-4　铁路信号设备有哪些？说明各自作用。

3-5　车站连锁关系的基本要求（技术条件）是什么？并举例说明。

3-6　简述轨道电路的基本原理和作用。

3-7　列车运行采用自动闭塞技术的优点是什么？

3-8　为保证列车运行和调车工作的安全，提高铁路通过能力，通常需要采用什么技术措施？

3-9　轨道主要由哪些部件组成，各部件的作用是什么？

3-10　钢轨的类型是如何定义的？

3-11　轨道结构的三大薄弱环节是什么？

3-12　绘图说明轮对宽度、轨距及游间的关系。

3-13　缓和曲线的几何特征有哪些？

3-14　列车的运行阻力有哪些？

3-15　平面曲线范围内为什么要进行纵坡折减？

4 带式输送机运输

本章学习重点：（1）带式输送机运输矿岩的特点及适用条件；（2）通用带式输送机的基本构成及各部件的结构原理；（3）带式输送机的摩擦传动理论及传动滚筒的最大牵引力计算；（4）带式输送机运行阻力及所需功率计算；（5）逐点法输送带张力计算；（6）断面积法胶带宽度计算；（7）带式输送机典型故障及处理措施。

本章关键词：带式输送机；传动滚筒；改向滚筒；托辊；拉紧装置；摩擦传动；输送带；钢丝绳芯输送带；硫化胶结法；机架；输送带跑偏；调心托辊；制动器；欧拉公式；联合运输

4.1 概　述

带式输送机运输是一种高效、连续运输方式，其主要特点是将物料不间断地沿固定的线路输送。由于绝大多数带式输送机的承载带是由橡胶材料制成的，所以带式输送机又称胶带输送机，或胶带运输机，简称"胶带机"。

带式输送机是重要的散状物料输送设备，其工业应用已经有150多年的历史，由于它具有运输能力大、运输阻力小、耗电量低、运行平稳、安全可靠、在运输途中对物料的损伤小等优点，被广泛应用于国民经济的各个部门。目前世界上单机最长的带式输送机长达30.4km，用在澳大利亚某铝矾土矿；总长最长的带式输送机由17条输送机组成，全长220.6km，用在荷兰鹿特丹某矿山；最大输送能力为37500t/h，用在德国一露天矿，其平均带速7.4m/s。尽管带式输送机已具有相当长的历史，其技术十分成熟，应用非常广泛，但随着各种新材料、新技术的出现，以及各种应用对带式输送机不断提出新的、更高的要求，致使带式输送机技术和结构形式仍然处于发展中，不断有新的机型、部件及控制技术出现。

4.1.1 带式输送机的工作原理

4.1.1.1 带式输送机的组成部分及工作原理

带式输送机是以输送带兼做牵引机构和承载机构的一种连续动作式运输设备，它在矿山地面及地下运输中得到了极其广泛的应用。常规的矿用胶带机主要由胶带、托辊和拉紧装置等部分组成，其主要组成部分及工作原理如图4-1所示。

输送带绕经驱动滚筒（也称主动滚筒）和机尾导向滚筒（也称换向滚筒）形成一个无极的环形带，上、下两股输送带分别支撑在上、下托辊上，拉紧装置给输送带以正常运

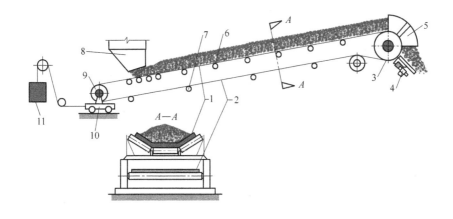

图 4-1　带式输送机工作原理图

1—胶带承重段；2—胶带回空段；3—驱动滚筒；4—清扫器；5—卸载装置；6—上托辊组；
7—下托辊组；8—装载装置；9—改向滚筒；10—张紧车；11—重锤

转所需的张紧力。当驱动滚筒在电动机驱动下旋转时，借助于驱动滚筒与输送带之间的摩擦力带动输送带及输送带上的物料一同连续运转；输送带上的物料运到端部后，由于输送带的转向而卸载，利用专门的卸载装置也可在中间部位卸载。这就是带式输送机的工作原理。

带式输送机的机身断面如图 4-1 中断面 $A—A$ 所示。上部输送带运送物料，称为承载段或承重段；下部不装载物料，称为回空段或非承重段。输送带的承载段一般采用槽形托辊组支撑，使其成为槽形承载断面。因为同样宽度的输送带，槽形承载面比平形的要大很多，而且物料不易散落。回空段不装运货物，故用平行托辊支撑。托辊内两端装有轴承，转动灵活，运行阻力较小。

4.1.1.2　带式输送机的特点

带式输送机与其他运输设备相比较，有其明显的优点：如输送能力大，工作阻力小，耗电量低；因在运输过程中物料与输送机一起移动，故磨损小，物料的破损小；由于结构简单，既节省设备，又节省人力，故广泛应用于国民经济的许多工业部门。国内外的生产实践证明，带式输送机无论在运输能力方面，还是在经济指标方面，都是一种较先进的运输设备。而且随着工业技术的发展，国内外对带式输送机可弯曲运行、大倾角输送、线摩擦驱动等方面的研究取得较大进展，提高了带式输送机的适应性。

带式输送机的缺点：输送带成本高且易损坏，故与其他设备相比，初期投资高，且不适于运送有棱角的物料。

4.1.2　带式输送机的类型

带式输送机已发展成为一个庞大的家族，不再只是常规的开式槽形和直线布置的带式输送机，而是根据使用条件和生产环境设计出了多种多样的机型。带式输送机分类方法有多种，按输送带结构可分为普通型和特殊型两大类。普通型带式输送机的特征是在输送物料的过程中，上带呈槽形，下带呈平形，输送带由托辊托起，输送带外表几何形状为平面，如固定式带式输送机、钢丝绳芯带式输送机、U 形带式输送机等。特殊型输送带有各种不同的结构，如管形带式输送机、波状挡边式带式输送机、气垫带式输送机、压带式带式输送机等。

按输送机的空间布置特性，可分为常规带式输送机、可弯曲带式输送机和大倾角带式输送机。常规带式输送机平面不可弯曲，主要用于水平或缓倾斜输送。

（1）可弯曲带式输送机。可弯曲带式输送机是一种在输送线路上可水平变向的带式输送机。它可以代替沿折线布置的、由多台单独直线输送机串联而成的运输系统，沿复杂的空间折曲线路实现物料的连续运输。输送带在平面上弯曲运行，可大大简化物料运输系统，减少转载站的数目，降低基建工程量和基建投资。

单台带式输送机实现平面弯曲有两种形式，即强制导向弯曲和自然弯曲。强制导向弯曲是采用特种结构的输送带与机架带床（所谓输送带的带床即沿输送线路所有托辊组成的面）强制实现转弯（如各种管式、裙式带式输送机）或在变向处设置专门装置实现变向，此类输送机一般结构复杂。自然变向转弯则是使输送带按力学规律自然弯曲运行，它是采用普通输送带在采取技术措施后经计算得出转弯半径，按此半径铺设带床，输送带可在其上弯曲运行而不致跑偏，适用于转弯角度较小的情形（0°～26°）。

（2）大倾角带式输送机。带式输送机可用于水平和倾斜运输，倾斜的角度依物料性质的不同和输送带表面形状不同而异。普通带式输送机的输送倾角超过临界角度时，物料会沿输送带下滑。输送的物料不同，其临界角度也不同。几种物料所允许的最大上运倾角如表4-1所示，向下运输时应减少20%。

表4-1　带式输送机的上运最大倾角

物 料 名 称	最大倾角/(°)	物 料 名 称	最大倾角/(°)
0～120mm 矿石	18	块 煤	18
0～60mm 矿石	20	原 煤	20
干松泥土	20	湿精矿	20
磁铁矿、锰矿、赤铁矿	18	干精矿	18

大倾角是指上运倾角在18°～28°和下运倾角在16°～25°范围的输送倾角。采用大倾角带式输送机，可以减少输送距离，降低相关工程量，减少设备投资。常用大倾角带式输送机主要有压带式带式输送机、管状带式输送机、波状挡边横隔板式带式输送机、深槽式输送机、花纹带式输送机等几种形式。

在此不进行严格分类，仅将矿山常用的几种带式输送机简要介绍如下：

（1）通用带式输送机。通用带式输送机是一种固定式带式输送机，也是应用最广泛的带式输送机，如我国的定型产品 DTⅡ（A）系列，其他类型输送机都是这种带式输送机的变形。这种输送机的特点是托辊安装在固定的机架上，机架固定在底板上或基础上，广泛应用于运输距离不太长，一旦敷设即永久使用的地点，如地面选厂、地下矿主要运输巷道等。

（2）可伸缩带式输送机。可伸缩带式输送机的特点是能够比较灵活而又迅速地伸长和缩短。它的传动原理和普通带式输送机一样，都是借助于输送带与滚筒之间的摩擦力来驱动输送带运行。在结构上的主要特点是比普通带式输送机多一个储带仓和一套储带装置，当移动机尾进行伸缩时，储带装置可相应地放出或收缩一定长度的输送带，利用输送带在储带仓内多次折返和收放的原理调节输送机长度。

这种可伸缩带式输送机可用于露天采场工作面运输、排土场运输等需要输送带长度灵活调整的运输作业。国产 SJ-80 型落地架式可伸缩带式输送机示意图，如图 4-2 所示。

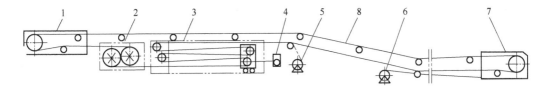

图 4-2　可伸缩带式输送机工作原理图

1—卸载端；2—传动装置；3—储带装置；4—拉紧绞车；5—收放输送带装置；
6—机尾牵引机构；7—机尾；8—输送带

（3）钢丝绳芯带式输送机。钢丝绳芯带式输送机的特点是用钢丝绳芯输送带代替普通输送带，输送带强度较普通型提高了几十倍，甚至近百倍。钢丝绳芯带式输送机已成为大运量、长距离情况下运送物料的重要设备之一，也是冶金矿山运输矿岩最常采用的胶带机类型。我国研制生产的 St 型钢丝绳芯胶带系列产品，已在矿山生产实践中得到广泛应用。

（4）钢丝绳牵引式输送机。钢丝绳牵引带式输送机以钢丝绳作为牵引机构，而输送带只起承载作用，不承受牵引力。输送带以其特制的绳槽搭在两条钢丝绳上，靠输送带与钢丝绳之间的摩擦力而被拖动运行，使牵引机构和承载机构分开，从而解决了运输距离长、运输量大、输送带强度不够的矛盾。但该类型输送机存在基建投资大、输送带制造成本高、钢丝绳寿命低、运营费用大等严重缺点，致使其未得到广泛应用。

（5）线摩擦驱动带式输送机。对于长距离、大运量和高速度的带式输送主要采用钢丝绳芯输送机。近年来又研制和使用了一种线摩擦多点驱动带式输送机。所谓线摩擦带式输送机，即在一台长距离带式输送机（称为主机）中间位置输送带（称为主带）下面加装一台或几台短的带式输送机（称为辅机），主带借助重力或弹性压力压在辅机的输送带（辅带）上，辅带通过摩擦力驱动主带。这些短的带式输送机即为中间直线摩擦驱动装置，长的带式输送机的输送带则为承载和牵引机构。线摩擦驱动带式输送机传动系统如图 4-3 所示。

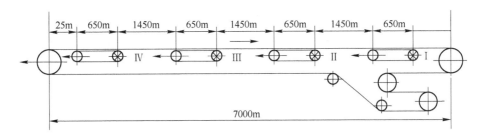

图 4-3　线摩擦驱动带式输送机传动系统

使用线摩擦驱动带式输送机，可以将驱动装置沿长距离带式输送机的整个长度多点布置，可大大降低输送带的张力，可使用一般强度的普通输送带完成长距离、大运量的输送任务；同时，驱动装置中的滚筒、减速器、联轴器、电动机等各部件的尺寸可相应减小，可采用大批量生产的小型标准通用设备，从而降低设备成本，降低初期设备投资。因此，线摩擦驱动带式输送机已成为长距离、大运量带式输送机的发展方向之一。线摩擦驱动带式输送机的主要问题是因多点驱动所带来的控制系统复杂性。

（6）压带式带式输送机。压带式带式输送机是采用夹心式胶带原理，将破碎物料置于两股胶带之间，下胶带为承载带，用排列较密的槽形托辊支撑，并起牵引作用。上胶带为压紧带，用其上部全自动平衡的压辊产生压力将物料压住，使物料与胶带表面形成足够的摩擦力，因此物料不会发生下滑，如图4-4所示。通常上胶带自带驱动机牵引装置，并与下胶带以相同的速度运行。上、下胶带边缘有一定的密合宽度，使物料密封于胶带之间，保证在运输全程不致溢出。从已投产的压带式输送机可知，其最大提升角已达

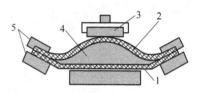

图4-4　大倾角压带式输送机示意图
1—承载带；2—覆盖带；3—弹性压辊；
4—物料；5—边辊

90°，生产能力达4000t/h，胶带宽度达2000mm，最大运行速度5.33m/s，提升高度达93.5m。

（7）管状带式输送机。

1）管状带式输送机的结构特点。在物料装载站和卸载站之间的主要运输段上，将槽形托辊改为六边形托辊，利用托辊组的强制作用使胶带卷成圆管状，如图4-5所示。为使胶带边缘紧密搭接和提高输送带挠性，胶带边缘部分采用较薄的特殊结构。输送机头尾两端可展开成平面形，再由槽形变为管状，其过渡长度一般为管径的25倍。织物胶带和钢丝绳芯胶带最小曲线半径分别为管径的300倍和1000倍。管状带式输送机的关键设备是采用耐久、刚性适度、质量可靠的专用管状输送带和高性能的托辊组。

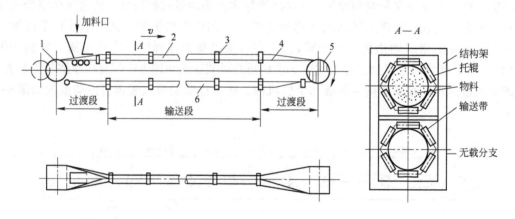

图4-5　管状带式输送机
1—尾部滚筒；2—有载分支；3—六边形托辊；4—卸料区段；5—驱动滚筒；6—无载分支

2）管状带式输送机的特点。管状带式输送机的主要优点如下：

① 可密闭输送散体物料，在输送过程中不洒落、不泄漏，同时也防止了管外物料的混入。因此实现了无公害绿色输送，净化了环境，无需架设带式输送机长廊或者密封罩，减少了基建等费用，降低了设备成本。

② 可空间弯曲布置输送线路，可实现在垂直面和水平面内的拐弯，可绕过各种障碍物，跨过公路、铁路、河流及各种建筑物等，而不需要中间转载，因此线路布置简单，故障率小，维修量少。

③ 可提高输送倾角，物料被输送带围包在里面，通过侧压力及物料与输送带内表面之间的摩擦力作用，从而提高了输送倾角，充填系数越大，倾角越大，最大可达30°～90°。

④ 可双向输送物料。

管状带式输送机的主要缺点是托辊组对胶带的强制卷管会加剧输送带磨损，运行阻力也较常规带式输送机大。

（8）气垫带式输送机。通用带式输送机用托辊支承输送带，其支承形式为间断接触支承，因而输送物料时会引起振动，且运输阻力相对较大。近年来，人们致力研究新型带式输送机，以克服通用带式输送机的缺点，出现了气垫、磁垫和水垫带式输送机，它们共同的特点是非接触连续支承。

气垫带式输送机是 20 世纪 70 年代首先在荷兰研制成功的一种新型连续输送设备。目前，美国、英国、日本、俄罗斯等国都在研制生产这种输送设备，并广泛应用于煤炭、电力、冶金、化工等部门输送各种散状物料。

1）气垫带式输送机的原理及结构。常见的气垫带式输送机的结构原理如图 4-6 所示。输送带 5 绕改向滚筒 7 和驱动滚筒 1 运行；输送机的承载段由封闭的箱体 6 承载，箱体的上部有槽，承载带由气膜支承在槽里运行；输送带的下分支采用托辊 9 支承，但从原理上讲也可以和上分支一样用气膜支承；鼓风机 10 产生的压力空气送入气箱 6，压力空气沿气箱纵向散布，并通过气孔 8 进入槽面，在输送带与槽体之间形成气垫 4，然后进入大气。

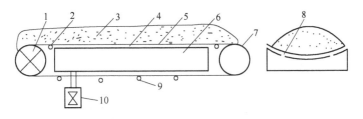

图 4-6　气垫带式输送机的原理图

1—驱动滚筒；2—过渡托辊；3—物料；4—气垫；5—输送带；6—气箱；
7—改向滚筒；8—气孔；9—下托辊；10—鼓风机

2）气垫带式输送机的特点。气垫带式输送机作为一种新型的连续输送设备，克服了通用带式输送机的一些缺点，由通用带式输送机的间断接触支承改变为连续的非接触支承，具有以下优点：

① 结构简单，运动部件少，具有性能可靠和维修费用较低的特点。

② 输送带由均匀的气垫支承，因而运行平稳，减少了粉尘，降低或几乎消除了运行过程中的振动，有利于提高带速和倾角，其最高带速已达 5m/s。

③ 运行阻力系数是通用带式输送机的 1/2～1/3，因而运行能耗低，同时大大减小了输送带的张力，避免了输送带的挠曲，延长了使用寿命；另外，张力的降低及带速的提高

有可能选用带宽小、强度等级低的输送带，其成本也有所降低。

　　④ 负载的输送带和盘槽间的摩擦阻力实际上几乎和带速无关。一台长距离的静止的负载气垫带式输送机只要形成气膜，不需要其他措施便能立即启动。

4.1.3　带式输送机的应用及发展

　　带式输送机的应用范围十分广泛，在现代大型露天矿山运输中发挥着不可替代的作用。为满足大型深凹露天矿山长距离、大运量、大高差运输的需求，新建及改建矿山普遍采用汽车-胶带半连续运输系统，既可发挥汽车运输的机动灵活、适应性强、短距离运输经济、有利于强化开采的长处，又可充分发挥带式输送机运输能力大、爬坡能力强、运营成本低的优势。

　　目前，带式输送机的主要发展方向是设备的大型化和新型结构的特种带式输送机。近20多年来，国内外的带式输送机有突飞猛进的发展，比较突出的特点是输送量大、单机长度大、电动机功率大、启动制动技术进步，运营费用降低，特别在燃油涨价情况下，使带式输送机的应用范围更加宽广；同时对带式输送机的要求也越来越高，主要表现在长距离、大运量、高强度输送带和可控技术的要求更高。

　　目前，国内对于大型、长距离、高带速、大功率、大输送量等输送机参数定义的含义为：

　　（1）大型带式输送机：驱动功率不小于 1000kW、机长不小于 1500m；

　　（2）小型带式输送机：驱动功率 75kW 以内、机长 80m 以内；

　　（3）长距离带式输送机：≥1500m；

　　（4）短距离带式输送机：80m 以内；

　　（5）大输送量：≥3000t/h；

　　（6）高带速：≥4m/s；

　　（7）大功率：≥1000kW；

　　（8）小功率：≤75kW。

4.2　带式输送机的结构组成

　　带式输送机主要由输送带、托辊、传动装置、拉紧装置、制动装置和清扫装置等部分构成。

4.2.1　输送带

　　输送带在一般输送机中既是承载机构又是牵引机构，所以要求它不仅要有足够的强度，还应有相当的挠性。在运转过程中，输送带所受的荷载是极其复杂的，它除了受纵向的拉伸应力外，还受经过滚筒和托辊的弯曲应力。大多数输送带的损坏表现为工作面层和边缘磨损，受大块、尖利物料的冲击引起击穿、撕裂和剥离。输送带贯穿于输送机的全长，其长度为机长的 2 倍以上，是输送机的主要组成部分。它用量大、成本高，约占输送机成本的 50% 左右，因此，在运转中对输送带加强维护使之少出故障，是提高输送机寿命、降低运营费用的重要措施。

4.2.1.1　输送带分类

目前，输送带基本上有四种结构，即分层式织物层芯输送带、整体芯输送带、钢丝绳芯输送带和钢丝绳牵引输送带。冶金矿山通常使用钢丝绳芯输送带。

钢丝绳芯输送带结构如图 4-7 所示。此种输送带拉伸强度大，抗冲击性好，寿命长，使用时伸长率小，成槽性好，耐曲挠性好，适用于长距离、大运量、高速度物料输送，可广泛用于煤炭、矿山、港口、冶金、电力、化工等领域的物料输送。按覆盖胶性能可分为普通型、阻燃型、耐寒型、耐磨型、耐热型、耐酸碱型等品种。按内部结构可分为普通结构型、横向增强型、预埋线圈防撕裂型等。

国内常用的钢丝绳芯输送带为 St 系列，执行标准为《普通用途钢丝绳芯输送带》(GB/T 9770—2001)。钢丝绳芯输送带按纵向拉伸强度、宽度和覆盖层性能区分规格。输送带的强度规格用字母"St"和纵向拉伸强度（N/mm）的标称值表示，其系列见表 4-2（表中输送带质量指每米带宽的质量，所以某带宽输送带每米长度质量 = 每米宽度质量 × 带宽）；输送带的宽度规格以 mm 为单位表示，其系列见表 4-3；覆盖层性能在表 4-4 中给出。

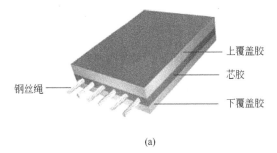

(a)

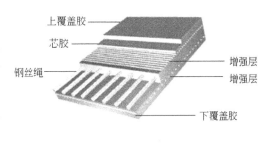

(b)

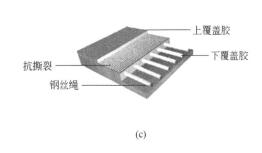

(c)

图 4-7　钢丝绳芯输送带结构

（a）普通结构型；（b）横向增强型；（c）防撕裂型

表 4-2　普通用途钢丝绳芯输送带主要技术参数

规格	St630	St800	St1000	St1250	St1600	St2000	St2500	St3150	St3500	St4000	St4500	St5000	St5400
纵向拉伸强度/N·mm^{-1}	630	800	1000	1250	1600	2000	2500	3150	3500	4000	4500	5000	5400
钢丝绳最大公称直径/mm	3.0	3.5	4.0	4.5	5.0	6.0	7.2	8.1	8.6	8.9	9.7	10.9	11.3
钢丝绳间距/mm	10	10	12	12	12	12	15	15	15	15	16	17	17
上覆盖层厚度/mm	5	5	6	6	6	8	8	8	8	8	8	8.5	9
下覆盖层厚度/mm	5	5	6	6	6	6	6	8	8	8	8	8.5	9
输送带质量/kg·m^{-1}	19	20.5	23.1	24.7	27	34	36.8	42	45	49	53	58	62

输送带覆盖层可以加织物（用字母 T 表示）或金属（用字母 S 表示）作为横向增强层。带芯的左捻钢丝绳和右捻钢丝绳应交替配置，钢丝绳的根数应符合表 4-3 的规定。

表4-3 普通用途钢丝绳芯输送带宽度规格及钢丝绳根数

规格 钢丝绳根数 宽度规格/mm	St630	St800	St1000	St1250	St1600	St2000	St2500	St3150	St3500	St4000	St4500	St5000	St5400
800	75	75	63	63	63	63	50	50	50				
1000	95	95	79	79	79	79	64	64	64	64	59	55	55
1200	113	113	94	94	94	94	76	76	77	77	71	66	66
1400	133	133	111	111	111	111	89	89	90	90	84	78	78
1600	151	151	126	126	126	126	101	101	104	104	96	90	90
1800		171	143	143	143	143	114	114	117	117	109	102	102
2000			159	159	159	159	128	128	130	130	121	113	113
2200						176	141	141	144	144	134	125	125
2400						193	155	155	157	157	146	137	137
2600						209	168	168	170	170	159	149	149
2800									194	194	171	161	161

表4-4 普通用途钢丝绳芯输送带覆盖层性能等级

等级代号	拉伸强度/MPa（≥）	拉断伸长率/%（≥）	磨耗量/mm³（≤）
D	18	400	90
H	25	450	120
L	20	400	150
P	14	350	200

注：D—强磨损工作条件下；H—强划裂工作条件下；L——般工作条件下；P—耐油、耐热、耐酸碱和一般难燃的输送带。

4.2.1.2 输送带的连接

为了便于制造和搬运，输送带长度一般制成每段 100~200m，使用时根据需要把若干段连接起来。橡胶输送带的连接方法有机械接法与硫化胶结法两种。硫化胶结法又可分为热硫化胶结和冷硫化胶结。

A 机械接头

机械接头是一种可拆卸的接头形式。它对带芯有损伤，接头强度低，只有原来强度的 25%~60%，使用寿命短，并且接头通过滚筒时对滚筒表面有损害，常用于短运距或移动式带式输送机上。

B 硫化接头

硫化法是利用橡胶与芯体的黏结力，把两个端头的带芯粘连在一起，是一种不可拆卸的接头形式。其原理是将连接的胶料置于连接部位，在一定的压力、温度和时间作用下，使缺少弹性和强度的生胶变成有高弹性、高黏结强度的熟胶，从而使得两条输送带的芯体连在一起。硫化法具有承受拉力大、使用寿命长、对滚筒表面不产生损害、接头强度可达原来强度的 60%~95% 等优点。但存在接头工艺过程复杂的缺点。

对于钢丝绳芯胶带，在硫化前将接头处的钢丝绳剥出，然后将钢丝绳按某种排列形式搭接好，附上硫化胶料，即可在专用硫化设备上进行硫化胶结。接头长度和几何结构的设计取决于钢丝绳直径、钢丝绳间距、钢丝绳的拉伸强度、钢丝绳粘合强度等因素。为了减轻输送带在滚筒上弯曲时接头处的应力，钢丝绳端部应错位。通常采用斜接头，但也允许直接头，如图4-8、图4-9所示。接头形式有多种，接头结构示意图（以三阶接头为例）如图4-9所示。输送带接头中钢丝绳对接间隙 $l_s \geqslant 3 \times d$。

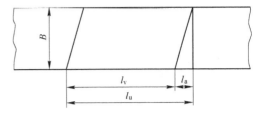

图4-8　接头长度和制作接头的长度

B—带的宽度；l_v—接头长度；l_u—制作接头的长度；

$$l_a = 0.3B$$

接头长度 l_v 中包含钢丝绳偏移长度 l_q、不同组阶梯的错位长度 l_p 和最小阶梯长度 l_{st}。

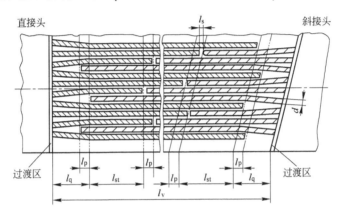

图4-9　三阶接头结构示意图

l_v—接头长度；l_p—不同组阶梯的错位长度；l_q—钢丝绳偏移长度；

l_{st}—阶梯长度；l_s—钢丝绳对接间隙

4.2.2　托辊与滚筒

托辊的作用是支承输送带，使输送带的悬垂度不超过技术上的要求，以保证输送带平稳地运行。托辊安装在机架上，而输送带铺设在托辊上，为减小输送带运行阻力，在托辊内装有滚动轴承。

机架主要由机头传动架、中部架、中间驱动架、受料架和机尾架等组合而成。机架的结构分为落地式和吊挂式两种。落地式机架和托辊如图4-10所示。

4.2.2.1　托辊

托辊沿带式输送机全长分布，数量很多，其总重约占整机的30%～40%，价值约占整机的20%，所以，托辊质量的好坏直接影响输送机的运行，而且托辊的维修费用已成为带式输

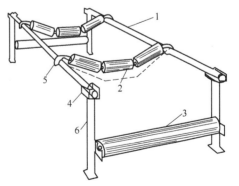

图4-10　落地式机架和托辊

1—纵梁；2—槽形托辊；3—平行托辊；4—弹簧销；

5—弧形弹性挂钩；6—支撑架

送机运营费用的重要组成部分，这就要求托辊运行阻力小，运转可靠，使用寿命长等。因此，对托辊的结构形式、材质、润滑及辊径等的改进和提高都是国内外重点研究的内容。

托辊组托辊的直径应满足带速的要求，带速越高要求的辊径越大，具体值参见国标 GB 50431 的相关规定。

托辊由中心轴、轴承、密封圈、管体等部分组成。托辊按其用途不同可分为一般托辊和特种托辊。前者主要包括承载托辊（又称上托辊）与回程托辊（又称下托辊）；后者则主要包括缓冲托辊、调心托辊等。

A 承载托辊

承载托辊安装在有载分支上，起着支撑输送带及物料的作用。承载托辊随所输送物料性质的不同，设置成不同的承载断面形状。如运送散装物料，为了提高生产率并防止物料的撒落，通常采用槽形托辊；而对于成件物品的运输，则采用平行承载托辊。

槽形托辊组一般由三个或三个以上托辊组成，其中刚性三节槽形托辊与串挂三节槽形托辊尤为常见，如图 4-11 所示。槽形托辊侧辊的斜角 λ 称为槽角，一般为 30°~35°。

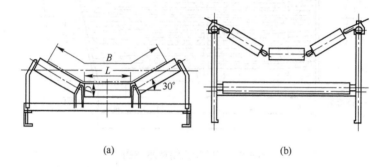

(a)   (b)

图 4-11 三节槽形托辊

（a）固定式托辊组；（b）串挂式托辊组

B 回程托辊

回程托辊是一种安装在空载分支上，用以支承该分支上输送带的托辊。常见布置形式如图 4-12 所示。在下部空载段采用 V 形或反 V 形托辊有利于扼制输送带跑偏。

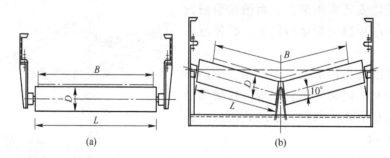

(a)   (b)

图 4-12 回程托辊

（a）平形；（b）V 形

C 缓冲托辊

缓冲托辊是安装在输送机受料处的特殊承载托辊，用于降低输送带所受的冲击力，从而保护输送带。它在结构上有多种形式，例如橡胶圈式、弹簧板支承式、弹簧支承式或复合式，图4-13所示为其中两种形式。

(a)   (b)

图4-13 缓冲托辊
(a) 橡胶圈式；(b) 弹簧支承式

D 调心托辊

输送带运行时，由于张力不平衡、物料偏心堆积、机架变形、托辊损坏等原因会产生跑偏现象。为了纠正输送带的跑偏，通常采用调心托辊。调心托辊是将槽形或平形托辊安装在可转动的支架上构成的。当输送带在运行中偏向一侧时（称为跑偏），调心托辊能使输送带返回中间位置。一般在承载段每隔10～15组固定托辊处设置一组调心托辊。

调心托辊与一般托辊相比较，在结构上增加了两个安装在托辊架上的立辊和传动轴，可根据输送带跑偏情况绕垂直轴自动回转以实现调偏的功能，如图4-14所示。

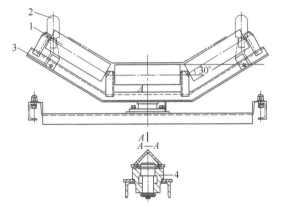

图4-14 回转式调心托辊
1—槽形托辊；2—立辊；3—回转架；4—轴承座

4.2.2.2 滚筒

A 常用滚筒类型及特点

滚筒是带式输送机的重要部件之一，按它的作用不同可分为传动（驱动）滚筒与改向滚筒两种。传动滚筒用来传递动力，它既可传递牵引力，也可传递制动力；而改向滚筒则不起传递力的作用，主要用作改变输送带的运行方向，以完成各种功能（如拉紧、返回等）。

a 传动滚筒

传动滚筒按其内部传力特点不同，分为常规传动滚筒（简称传动滚筒）、电动滚筒和齿轮滚筒。

传动滚筒内部装入减速机构和电动机的称为电动滚筒，在小功率输送机上使用电动滚筒是十分有利的，可以简化安装、减少占地，使整个驱动装置质量轻、成本低，有显著的经济效益。但由于电动机散热条件差，工作时滚筒内部易发热，往往造成密封破坏、润滑油进入电动机，甚至烧坏电动机。

为改善电动滚筒的不足，人们又设计制造了齿轮滚筒。传动滚筒内部只装入减速机构的齿轮，它与电动滚筒相比，不仅改善了电动机的工作条件和维修条件，而且可使其传递的功率有较大幅度的增加。

传动滚筒表面形式有钢制光面和带衬两种形式。衬垫的主要作用是增大滚筒表面与输送带之间的摩擦因数，减小滚筒面的磨损，并使表面有自清洁作用。常用滚筒衬垫材料有橡胶、陶瓷、合成材料等，其中最常见的是橡胶。橡胶衬垫与滚筒表面的结合方式有铸胶与包胶之分。铸胶滚筒表面厚而耐磨，质量好，有条件应尽量采用；包胶滚筒的胶皮容易脱掉，而且固定胶皮的螺钉容易露出胶面而刮伤输送带。

钢制光面滚筒加工工艺比较简单，主要缺点是表面摩擦因数小，而且有时不稳定，因此，仅适用于中小功率的场合。橡胶衬面滚筒按衬面形状不同，主要有光面铸胶滚筒、直形沟槽胶面滚筒、人字沟槽胶面滚筒和菱形（网纹）胶面滚筒等。光面铸胶滚筒制造工艺相对简单，易满足技术要求，正常工作条件下摩擦因数大，能减少物料黏结，但在潮湿场合，常因表面无沟槽，致使无法截断水膜，因而摩擦因数显著下降；花纹状铸胶滚筒由于沟槽能使水膜中断，并将水和污物顺沟槽排出，从而使摩擦因数在潮湿的环境下降低得很少；人字沟槽滚筒在使用中具有方向性，其排污性能和自动纠偏性能正好矛盾，此种矛盾在采用菱形沟槽滚筒时即可得到圆满解决。

b 改向滚筒

改向滚筒常用于改变输送带的运行方向，也有用于压紧输送带，使之在某一滚筒上保持一定围包角度。改向滚筒仅承受压力，不传递转矩，结构上无特殊要求。

改向滚筒有钢制光面滚筒和光面包（铸）胶滚筒。包（铸）胶的目的是为了减少物料在其表面黏结，以防输送带跑偏与磨损。

B 滚筒直径的选择与计算

在带式输送机的设计中，正确合理地选择滚筒直径具有重要意义。如直径增大可以改善输送带的适用条件，但增大直径将使其质量、驱动装置、减速器的传动比也相应提高，因此，滚筒直径应尽量不要大于确保输送带正常使用条件所需的数值。

a 传动滚筒直径的计算

为限制输送带绕过传动滚筒时产生过大的附加弯曲应力，推荐传动滚筒直径 D 按下式计算：

$$D = C_0 d_B \tag{4-1}$$

式中 D——传动滚筒直径，mm；

C_0——计算系数。棉织物芯输送带，宜取 80；尼龙织物芯输送带，宜取 90；聚酯织物芯输送带，宜取 108；钢丝绳芯输送带，宜取 145；

d_B——输送带的织物芯层的厚度或输送带钢丝绳直径，mm。

b 改向滚筒直径的计算

改向滚筒直径一般为：

$$\begin{cases} D_1 = 0.8D \\ D_2 = 0.6D \end{cases} \tag{4-2}$$

式中 D_1——尾部改向滚筒直径，mm；

D_2——其他改向滚筒直径，mm；

D——传动滚筒直径，mm。

对于高张力区的改向滚筒，其直径应按传动滚筒直径的计算方法进行计算。

根据以上滚筒直径的计算值，对照标准选择合适的滚筒直径，如 $\phi500$、$\phi630$、$\phi800$、$\phi1000$、$\phi1250$、$\phi1400$、$\phi1600$、$\phi1800$mm 等。不同胶带类型推荐使用的输送机最小滚筒直径参见表 4-5。

表 4-5　St 系列胶带推荐使用的输送机最小滚筒直径

胶 带 型 号	最小滚筒直径/mm	胶 带 型 号	最小滚筒直径/mm
St630	500	St3150	1400
St800	500	St3500	1600
St1000	630	St4000	1600
St1250	800	St4500	1600
St1600	1000	St5000	1800
St2000	1000	St5400	1800
St2500	1250	St6300	1800

4.2.3　驱动装置

驱动装置的作用是将电动机的动力传递给输送带，并带动它运行。功率不大的带式输送机一般采用电动机直接启动的方式；而对于长距离、大功率、高带速的带式输送机，应采用可控方式使输送带启动，这样可减小输送带及各部件所承受的动负荷及启动电流，采用的驱动装置应满足下列要求：

（1）电动机无载启动；

（2）输送带的加、减速度特性任意可调；

（3）能满足频繁启动的需要；

（4）有过载保护；

（5）多电动机驱动时，各电动机的负荷均衡。

4.2.3.1　驱动装置的组成

驱动装置主要由电动机、联轴器、减速器、传动滚筒组及控制装置等组成，如图 4-15 所示。

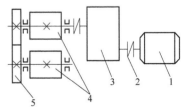

图 4-15　驱动装置示意图（刚性驱动）

1—电动机；2—联轴器；3—减速器；

4—传动滚筒；5—传动齿轮

A 电动机

带式输送机驱动装置最常用的电动机是三相鼠笼型电动机和三相绕线型电动机，只有个别情况下才使用直流电动机。在露天矿山主要采用三相绕线型电动机。

三相鼠笼型电动机与其他两种电动机相比较，具有结构简单、制造方便、易防爆、运行可靠、价格低廉等优点。其最大的缺点是不能经济地实现范围较宽的平滑调速，启动力矩不能控制，启动电流大。

三相绕线型电动机具有较好的调速特性，在其转子回路中串接电阻，可较方便地解决输送机各传动滚筒间的功率平衡问题，不致使个别电动机长时间过载而烧坏；可以通过串接电阻启动以减小对电网的负荷冲击，且可实现软启动控制。其主要缺点是在结构和控制上均比较复杂，如果带电阻长时运转会使电阻发热，效率降低。

直流电动机最突出的优点是调速特性好，启动力矩大，但结构复杂，维护量大，与同容量的异步电动机相比，其质量是异步电动机的两倍，价格是异步电动机的三倍，且需要直流电源，因此只有在特殊情况下才使用。

B 联轴器

驱动装置中的联轴器分为高速轴联轴器与低速轴联轴器，分别安装在电动机与减速器之间和减速器与传动滚筒之间。常见的高速轴联轴器有尼龙柱销联轴器、液力耦合联轴器等；常见的低速轴联轴器有十字滑块联轴器、齿轮联轴器和棒销联轴器等。

C 减速器

驱动装置中的减速器从结构形式上分，主要有直交轴减速器和平行轴减速器两类。

4.2.3.2 驱动装置的类型及布置形式

驱动装置按传动滚筒的数目分为单滚筒驱动、双滚筒驱动及多滚筒驱动；按电动机的数目分为单电动机驱动和多电动机驱动。每个传动滚筒既可配一个驱动单元（图4-16（a）），又可配两个驱动单元（图4-16（b）），且一个驱动单元也可以同时驱动两个传动滚筒（图4-15）。

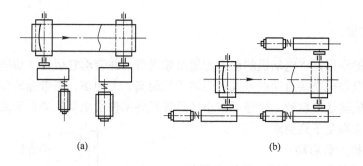

(a)   (b)

图4-16 驱动装置布置形式
（a）垂直式；（b）并列式

带式输送机驱动装置的几种典型布置方案，如图4-17所示。

4.2.3.3 可控驱动装置

大型带式输送机在启、制动过程中会产生较大的动张力，导致输送机运行不平稳，产生强烈振动和磨损，甚至难以启动和正常运行，严重时损坏机件。

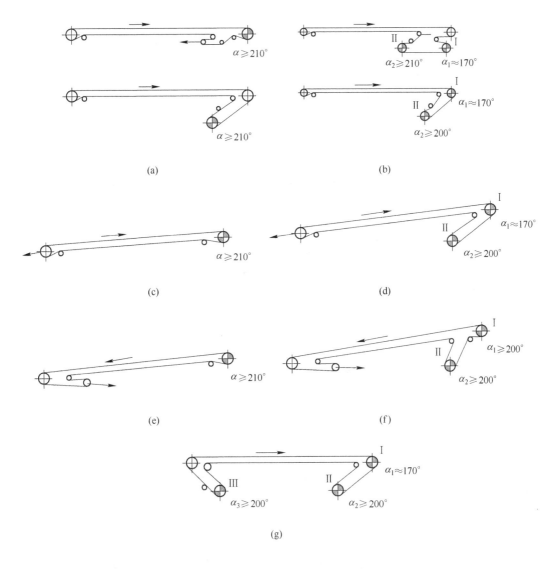

图 4-17　带式输送机典型布置方案

（a）单滚筒驱动（水平输送）；（b）双滚筒驱动（水平输送）；（c）单滚筒驱动（向上输送）；
（d）双滚筒驱动（向上输送）；（e）单滚筒驱动（向下输送）；（f）双滚筒驱动（向下输送）；
（g）三滚筒驱动（水平输送）

　　为保证大型带式输送机有足够的启（制）动时间，使加（减）速度控制在允许范围内，以降低动张力，均应使用可控驱动装置。目前常用的可控驱动装置有：变频调速装置、液力调速装置、CST（controlled start transmission）可控驱动装置等。

　　20 世纪 80 年代初期，美国 DODGE 公司针对大运量、长距离带式输送机在启动过程中动张力所造成的非稳定工况，研制成功了 CST 系统，它可靠地解决了带式输送机启动、停车、功率平衡等一系列技术难题，是较理想的带式输送机驱动系统。CST 是将减速器与完成软启动的湿式线性离合器合二为一的可控驱动装置，启动和停车时提供了平稳的速度与载荷控制，高效地将主电动机的高转速低扭矩输入转变为低转速高扭矩输出。CST 系统具有以下优点：

（1）软启动特性好。CST 系统启动与负载无关，电动机可在无负载的情况下很快达到满速，然后输送机从静止状态恒加速到满速。CST 系统具有优异的力矩控制特性，它可以根据输送机运行的需要（启动、调速、停车），灵活、精确地改变离合器传递扭矩的大小，从而使输送机无冲击，均匀地加（减）速，达到整个运行过程平稳无冲击，因此可最大限度地降低输送的动张力，提高输送带、电动机及整机的使用寿命，并减小对电网的冲击。

（2）具有优良的调速性能。输送机可以不同速度运行，能够满足带式输送机的低速检带需要。

（3）运行可靠、传动效率高。满速运行时，CST 与一般行星齿轮减速器相同，实现无滑差运转，总效率可达 93%。

（4）功率平衡调节性能好。多级驱动或多点驱动时具有良好的功率平衡性能。

（5）易于控制。CST 系统是一套完整的操作、控制系统，其核心是一台微型计算机，可方便地实现速度、加速度、负载等的控制。

CST 系统主要适用于长距离带式输送机和多机驱动的带式输送机。

4.2.4　拉紧装置

4.2.4.1　拉紧装置的作用

带式输送机的正常运转必须使输送带具有一定的张紧力，提供张紧力的设备就是拉紧装置。所谓"拉紧"，具有吸收输送带伸长和为输送带提供张紧力两层含义。一般的输送机拉紧装置的作用如下：

（1）使输送带有足够的张力，以保证输送带与传动滚筒间能产生足够的驱动力，防止打滑；

（2）保证输送带各点的张力不低于某一给定值，以防止输送带在托辊之间过分松弛而引起撒料和增加运行阻力；

（3）补偿输送带的弹性及塑性变形；

（4）为输送带重新接头提供必要的行程。

对于长距离、高张力的输送机，需要考虑在不同的工作状态提供不同的张紧力，以提高输送带的使用寿命。在输送机启动、制动时，为保证启动、制动力的传递所需要的张紧力不同，输送带的张力分布也不相同，需要考虑在这两种工况下满足输送带的垂度条件所需要的张紧力也相应增大，所以要求在启动、制动过程中要有大于正常运行时的张紧力。这就要求拉紧装置在不同的工况下能够提供相应的张紧力。

在实际应用中曾出现用水箱作为拉紧装置，在输送机启动开始前将水箱注水，用以提高张紧力。当输送机达到正常运行状态后，将水放出，张紧力减小到满足正常运行的张紧力。

4.2.4.2　拉紧装置的位置

在带式输送机的总体布置时，选择合适的拉紧装置，确定合理的安装位置，是保证输送带正常运转、启动和制动时输送带不打滑的重要条件。确定拉紧装置的位置时需考虑以下几点：

（1）拉紧装置应尽量安装在靠近传动滚筒的空载分支上，以利于启动和制动时不产生打滑现象；对运距较短的输送机可布置在机尾部，并将机尾部的改向滚筒作为拉紧滚筒；

（2）拉紧装置应尽可能布置在输送带张力最小处，这样可减小拉紧力；

（3）应尽可能使输送带在拉紧滚筒的绕入和绕出分支方向与滚筒位移线平行，且施加的拉紧力要通过滚筒中心。

4.2.4.3 拉紧装置的种类

带式输送机拉紧装置的结构形式很多，按其工作原理不同，主要分为重锤式、固定式、自动式三种。

A 重锤式拉紧装置

重锤式拉紧装置是利用重锤的质量产生拉紧力，并保证输送带在各种工况下均有恒定的拉紧力，可以自动补偿由于温度改变和磨损而引起输送带的伸长变化。其结构简单，工作可靠，维护量小，是一种应用广泛的较理想的拉紧装置。它的缺点是占用空间较大，工作中拉紧力不能自动调整。其布置方式如图4-18所示。

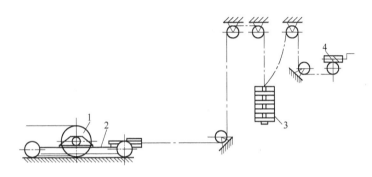

图4-18 重锤式拉紧装置
1—拉紧滚筒；2—滚筒小车；3—重锤；4—手摇绞车

B 固定式拉紧装置

固定式拉紧装置的拉紧滚筒在输送机运转过程中的位置是固定的，其拉紧行程的调整有手动和电动两种方式。其优点是结构简单紧凑，工作可靠；缺点是输送机运转过程中由于输送带弹性变形和塑性伸长无法适时补偿，从而导致拉紧力下降，可能引起输送带在传动滚筒上打滑。

常用的固定式拉紧装置有螺旋拉紧装置及钢丝绳绞车拉紧装置等。

螺旋拉紧装置：拉紧行程短，拉紧力小，故适用于短距离的带式输送机上，如图4-19所示。

钢丝绳绞车拉紧装置：适用于较长距离的带式输送机，如图4-20所示。

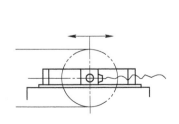

图4-19 螺旋拉紧装置

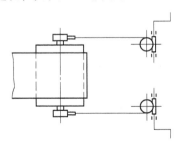

图4-20 钢丝绳绞车拉紧装置

C 自动拉紧装置

自动拉紧装置是一种在输送机工作过程中能按一定的要求自动调节拉紧力的拉紧装置，在现代长距离带式输送机中使用较多。自动拉紧装置和固定拉紧装置的最大不同点是它具有传感元件和控制系统，它能使输送带具有合理的张力，自动补偿输送带的弹性变形和塑性变形；它的缺点是结构复杂、外形尺寸大等。

自动拉紧装置的类型很多，按作用原理分为连续作用式和周期作用式两种；按拉紧装置的驱动力分为电力驱动式和液压力驱动式两种。自动拉紧装置的系统布置图如图4-21所示。

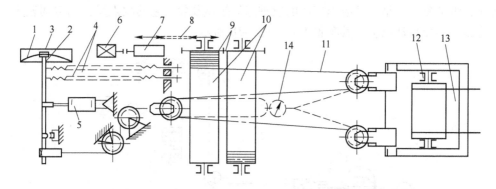

图4-21 自动拉紧装置的系统布置图

1—控制箱；2—控制杆；3—永久磁铁；4—弹簧；5—缓冲器；6—电动机；7—减速器；
8—链传动；9—传动齿轮；10—滚筒；11—钢丝绳；12—拉紧滚筒及活动小车；
13—胶带；14—测力计

4.2.4.4 拉紧装置的选择

短距离小运量输送机应优先选用固定拉紧装置，中等长度输送机可以选用固定绞车拉紧装置或重锤式拉紧装置。长距离带式输送机在有足够的空间时应优先选用重锤拉紧装置，为减小设备所占空间，可以考虑应用自动拉紧装置。对特别长的输送机，可以考虑在输送机上设两个拉紧装置：固定拉紧装置和重锤拉紧装置，或者固定拉紧装置和自动拉紧装置。

拉紧装置的选择计算主要是张紧力和拉紧行程的计算，在选择自动拉紧装置时还要计算自动拉紧装置的功率。

4.2.5 制动装置

对于倾斜输送物料的带式输送机，为了防止有载停车时发生倒转或顺滑现象，或者对于停车特性与时间有严格要求的带式输送机，应设置制动装置。制动装置按其工作方式不同可分为逆止器和制动器。

4.2.5.1 逆止器

带式输送机逆止器主要是防止向上运输的输送机停车后逆转。常用类型主要有塞带逆止器、滚柱逆止器和NF型非接触式逆止器等。

A 塞带逆止器

输送机正常运转位置（上运）如图4-22（a）所示。输送带倒行时，制动带靠摩擦力被塞入输送带与滚筒之间，因制动带的一端固定在机架上，依靠制动带与输送带之间的摩擦力制止输送带倒行，如图4-22(b)所示。这种逆止器的优点是结构简单，容易制造，缺点是必须倒转一段距离才能制动，而输送带倒行将使装载点堆积洒料。由于塞带逆止器的逆止力有限，故只适用于倾角和功率不大的输送机。

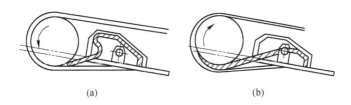

图4-22 塞带逆止器
(a) 正常运转位置；(b) 塞带逆止位置

B 滚柱逆止器

滚柱逆止器的结构如图4-23所示。输送机在正常运行时，滚柱在切口的最宽处，它不妨碍星轮的运转。当输送机停车时，在负载重力的作用下，输送带带动星轮反转，滚柱处在固定圈与星轮切口的狭窄处，滚柱被楔住，输送机被制动。这种制动器制动平稳可靠，空行程小，但其最大逆止力矩不能满足大型带式输送机的需要，主要应用于中、小功率的带式输送机中。

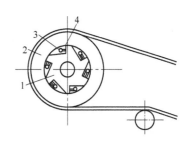

图4-23 滚柱逆止器
1—星轮；2—固定圈；3—滚子；4—弹簧柱销

C NF型非接触式逆止器（异型块逆止器）

NF型非接触式逆止器利用楔块、内圈和外圈之间的特殊几何关系实现单向制动，其结构和工作原理如图4-24所示。楔块的质心与其支撑中心有一个偏心距。在逆止状态，楔块与内、外圈接触并将其楔紧成一体，以承受内圈传递过来的反向力矩。内圈正向运转便带动楔块一起旋转，当转速超过非接触转速时，楔块在离心力的作用下发生偏转与外圈

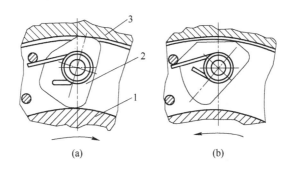

图4-24 非接触楔块逆止器
(a) 逆止状态；(b) 非接触状态
1—内圈；2—楔块；3—外圈

脱离接触。因此 NF 型非接触式逆止器在主机正常运转时，其楔块与内、外圈之间无摩擦和磨损。

NF 型非接触式逆止器是用在高速轴上的防逆转装置，具有逆止可靠、解脱容易、逆止力矩大、质量轻、安装方便等优点，其综合力学性能明显优于其他逆止装置，广泛应用于各类带式输送机中。

4.2.5.2　制动器

制动器的作用有两个，一是正常停车，即在空载或满载情况下能可靠地制动停车；二是紧急停车，即当输送机工作不正常或发生紧急事故时（如输送带被撕裂或严重跑偏等故障出现时），对输送机进行紧急制动。

长期以来，由于带式输送机的长度较短，且大多用于水平或向上运输，制动问题产生的故障较少，因此对输送机的制动问题没有引起足够的重视。近年来，随着长距离、大运量、高速度，以及下运输送机的采用，输送机的制动问题也越来越突出。

大型输送机系统从运行状态到停机的过程，巨大的机械能除由输送机的运行阻力消耗外，其余的能量要由制动装置消耗，特别是下运输送机的速度控制所需的制动功很大。当制动装置设置的不合适时，将导致制动装置损坏、闸瓦烧坏等事故。在下运时，发生过由于制动装置的制动力矩下降，达不到设计要求，致使输送带不断加速，运行速度失控，发生"飞车"，甚至将电动机转子甩坏的重大事故。

制动器通常用来控制向上倾斜输送机的制动时间。假如一台重要的大型输送机发生机械故障时可能出现反转和向后运行，为了慎重起见，除电动制动外，还需采用机械逆止器作为安全措施。

与启动过程相反，制动过程是对输送机减速的过程，是消耗系统机械能的过程。带式输送机除可自由减速外，也可外加制动力制动。目前的制动方式可分为机械摩擦制动器制动、液力制动和电气制动三类制动方式。

A　机械摩擦制动器

机械摩擦制动器的种类很多，常用的主要有闸瓦制动器（块式制动器）和盘式制动器两大类。机械摩擦制动器可以提供必要的减速力矩和产生最后锁紧动作的功能。它是靠摩擦副之间的摩擦力作用吸收运动能量进行制动。

机械摩擦制动器提供制动力的大小取决于摩擦副上的正压力和摩擦系数。制动器的摩擦系数和由其产生的制动力均受到温度、湿度、摩擦副间的相对速度、压力和闸瓦的磨损程度的影响。

a　闸瓦制动器

闸瓦制动器通常采用电动液压推杆制动器，如图 4-25 所示。制动器装在减速器输入轴的制动轮联轴上，闸瓦制动器通电后，由电-液驱动器推动松闸。失电时弹簧抱闸，制动力是由弹簧和杠杆加在闸瓦上的。其特点是结构紧凑、工作可

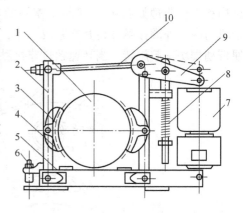

图 4-25　电动液压推杆制动器

1—制动轮；2—制动臂；3—制动瓦衬垫；
4—制动瓦块；5—底座；6—调整螺钉；
7—电液驱动器；8—制动弹簧；
9—制动杠杆；10—推杆

靠，普遍用于水平或上运带式输送机上。但制动副的散热性能不好，不能单独用于下运带式输送机上。

　　b　盘式制动器

　　盘式制动器通常安装在电动机与减速器之间，结构如图 4-26 所示。盘式制动器由制动盘、制动缸和液压系统组成。制动缸活塞杆端部装有闸瓦，制动缸成对安装在制动盘两侧，闸瓦靠制动缸内的碟形弹簧加压，用油压松闸或调节闸瓦压力。它具有制动力矩大、可调、动作灵敏、散热性能好、使用和维护方便等优点；缺点是需要设置油泵站，因而体积较大。这种制动器多用于大型带式输送机，水平、向上、向下运输时均可采用。

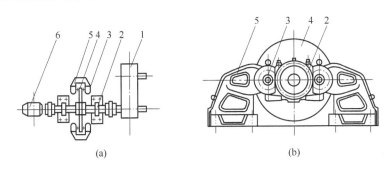

(a)　　　　　　　　　　　　　(b)

图 4-26　盘式制动器

（a）总体布置；（b）盘式制动器组成

1—减速器；2—制动盘轴承座；3—制动缸；4—制动盘；5—制动缸支座；6—电动机

　　B　液力制动

　　液力制动的原理是将系统的动能转化为热能，通过冷却装置把热能耗散掉。液力制动器的结构类似于液力耦合器。液力制动器作换能器，在液力制动器内装有泵轮和涡轮，泵轮与输送机的驱动轴相连。在输送机工作时，泵轮空转，涡轮固定不动；在制动时，向制动器腔内注入工作液体，这时主机通过泵轮带动工作液高速旋转，将机械能转化为液体动能，工作液进入涡轮后与固定不动的涡轮碰撞，液体的动能转化为热能。

　　C　电气制动

　　电气制动是以电磁力矩作为制动力使设备停止转动的制动方式。电气制动有涡流制动、电动机反接制动、动力制动、反馈制动等方式。

　　a　涡流制动器

　　涡流制动器通过一个光滑的转鼓产生制动力矩，转鼓在由固定激磁线圈产生的磁场中旋转。当转鼓转动时，其表面产生涡流。涡流和磁极之间的电磁吸力在转鼓上产生制动力矩与磁场电流，制动力矩与转鼓的转速成正比。

　　b　电动机反接制动

　　在反接制动时，电流反向并产生反力矩。这个反力矩能使电动机反向转动，反接制动的能量变为热能释放出来。当电动机达到零速度时应切断电源，否则电动机将朝反方向加速。

　　c　动力制动

　　动力制动是切断驱动电动机交流电源的同时，将直流电接入电动机的定子，使定子绕组产生静止磁场。正在旋转的转子切割磁场的磁力线，在转子回路中有感应电势和电流，产生的电磁反力矩对输送机形成制动力矩。

d　反馈制动

反馈制动是笼型电动机的转速在其同步转速以上时产生的制动力矩，这种制动形式应用于电动机转速高于同步转速的向下倾斜输送机，由电动机发出的电能流回电网。

输送机的制动问题随着输送机的大型化和下运输送机的采用而日益引起人们的重视。在各种制动方式中，机械摩擦制动器具有在断电时可以制动、结构简单等优点，在输送机系统的设计时应首选这种制动方式。然而，机械制动的最大缺点是制动过程的散热性能差，不适合于制动功过大和长时间连续工作。液力制动和电气制动可将输送机系统的机械能转化为其他形式的能，适用于制动功大和长时间连续工作的情形，特别是在下运输送机上。但是，这两类制动方式由于其本身的特点在低速工况下的制动力矩较小，有时无法使输送机停机，必须用机械制动器辅助停机，且结构复杂，费用高。应当注意的是，不论何种方式，都要受到防滑条件和系统动荷载条件的限制。

4.2.6　辅助装置

带式输送机的辅助装置种类繁多，其总体作用是保证输送机系统正常运行，防止各种事故发生。辅助装置包括给料装置、清扫装置、保护装置、监测控制装置等。

4.2.6.1　给料装置

带式输送机的装载是一个复杂而重要的工作，特别对重载装载机。研究表明：应用最广的中等长度（250m以下）输送机，输送带的使用寿命在很大程度上与给料装置的结构有关。

给料装置按照物料的运动方式不同，可分为强制式、自溜式和组合式3类。

对给料装置的基本要求是：对准输送带中心给料；应使物料落下时能有一个与输送方向相同的初速度；保证均匀地给送到输送带上，在给料点不允许有物料堆积和撒料现象；给料装置结构紧凑，工作可靠，耐磨性好等。

4.2.6.2　清扫装置

输送带清扫器的作用是清除卸载后输送带上的黏附物料，并将这些物料堆积在卸料区内。如果清扫不干净，则黏附在输送带上的物料经过回程托辊时碰落，很快会堆积大量物料，甚至接触回程输送带造成停机事故。同时，物料被带到回程段上，可能会引起输送带的强烈磨损，在下托辊形成积垢，使输送带跑偏。

常用的清扫装置有刮板式清扫器、清扫刷，此外，还有水力冲刷、振动清扫器等，采用哪种装置，应视所输送物料的黏性而定。

清扫装置一般安装在卸载滚筒的下方，使清扫装置在输送带进入空载分支前将黏附在输送带上的物料清扫掉，有时为了清扫输送带非承载面上的黏附物，防止物料堆集在尾部滚筒或拉紧滚筒处，还需在机尾空载分支安装刮板式清扫装置。

对清扫装置的基本要求是：清扫干净，清扫阻力小，不损伤输送带的覆盖层，结构简单、可靠。

4.2.6.3　保护装置

带式输送机的保护装置是保证输送机正常运行，当发生故障时对输送机的主要部件进行保护的机电装置。输送机的正常运行除取决于输送机主要部件的质量外，机电保护装置也是不容忽视的。为使带式输送机安全、高效运行，必须安装相关的保护装置，如打滑保护装置、超速保护装置、跑偏保护装置、纵向撕裂保护装置、自动洒水降尘装置等。

4.2.6.4 监测控制装置

目前国内外大型带式输送机都采用了可编程控制装置，开发了先进的监控系统。除了实现输送机的可控启（制）动、带速同步及功率平衡外，还对各种保护与安全装置、输送带张力与接头强度、驱动滚筒与托辊轴承温度、输送量计量等实行监测。

4.3 带式输送机的摩擦传动理论

4.3.1 摩擦传动理论

带式输送机是靠摩擦力传递动力的，无极绳运输设备、多绳摩擦式提升设备等也是靠摩擦力传递传动的，其原理相同。带式输送机摩擦传动原理示意图，如图4-27（a）所示。当主动滚筒旋转带动输送带运行时，与主动滚筒相遇点上的输送带张力 S_y 比分离点上的张力 S_1 大，并且 S_y 随着负载的增大而增大。作为挠性体摩擦传动，S_y 与 S_1 之差值为主动滚筒所传递的牵引力，即为输送带运行的动力。但 S_y 的增大是有一定限度的，超过这个限度，滚筒与输送带之间就会打滑，传动不能实现。也就是说，要保证输送带正常运行，必须使相遇点张力 S_y 与分离点张力 S_1 保持一定的关系。为此，先介绍挠性体的摩擦传动理论。

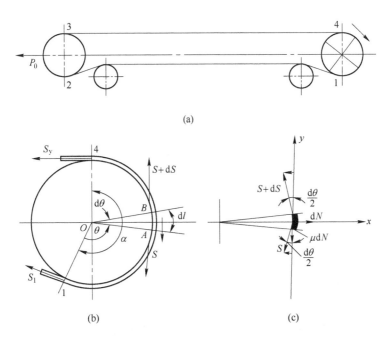

图 4-27 带式输送机摩擦传动原理

如图4-27（b）所示，取一小段 dl 长输送带 AB，其中心角为 $d\theta$，当传动滚筒按箭头方向旋转时，作用在输送带 A 上的张力为 S，由于摩擦力的作用，B 点上的张力为 $S + dS$。

为了简化计算，将 dl 这段输送带的自重、输送带的弯曲应力以及离心力等忽略不计。微元体 AB 的受力分析如图 4-27（c）所示，由微元体的受力平衡得：

$$\begin{cases} dN = S\sin\dfrac{d\theta}{2} + (S + dS)\sin\dfrac{d\theta}{2} \\ S\cos\dfrac{d\theta}{2} + \mu dN = (S + dS)\cos\dfrac{d\theta}{2} \end{cases} \tag{4-3}$$

式中　μ——输送带与滚筒的摩擦系数；

　　dN——输送带 dl 所受的法向反力，N。

因为中心角 $d\theta$ 很小，可以近似认为：

$$\sin\frac{d\theta}{2} \approx \frac{d\theta}{2}, \cos\frac{d\theta}{2} \approx 1$$

因此，方程组（4-3）简化为：

$$\begin{cases} dN = Sd\theta + dS \times \dfrac{d\theta}{2} \\ \mu dN = dS \end{cases}$$

略去二次微量 $dS \times \dfrac{d\theta}{2}$，解上述方程组，得：

$$dS = \mu Sd\theta$$

即

$$\frac{dS}{S} = \mu d\theta \tag{4-4}$$

式（4-4）为一阶常微分方程。解之可得出张力随围包角变化而变化的函数 $S = f(\theta)$。在极限平衡状态下，当围包角由 0 增加到 α 时，张力由 S_1 增加到 S_{ymax}。利用这两个边界条件，对微分方程式（4-4）两边定积分得：

$$\int_{S_1}^{S_{ymax}} \frac{dS}{S} = \int_0^\alpha \mu d\theta$$

由上式得：

$$\ln S_{ymax} - \ln S_1 = \mu\alpha$$

整理得：

$$S_{ymax} = S_1 e^{\mu\alpha} \tag{4-5}$$

同理，对于围包弧上任意一点 A 的张力 S 可以表示为：

$$S_y = S_1 e^{\mu\theta} \tag{4-6}$$

式（4-5）、式（4-6）即挠性体摩擦传动的欧拉公式。欧拉公式所表示的是输送带相遇点和分离点的张力关系。

相遇点张力 S_y 随负载的增加而加大，当负载增加过多时，就会出现相遇点张力 S_y 与分离点张力 S_1 之差大于主动滚筒与输送带间的极限摩擦力，输送带将在滚筒上打滑而不能工作。若使输送带不在滚筒上打滑，保证带式输送机正常运转，输送带在驱动滚筒相遇点的实际张力 S_y 必须满足以下条件：

$$S_1 < S_y < S_{ymax} \tag{4-7}$$

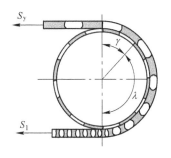

输送带是弹性体，在张力作用下要产生弹性伸长，而且受力越大变形越大。而输送带张力由相遇点到分离点是逐渐变小的，也就是说在相遇点被拉长的输送带，在向分离点运动时，就会随着张力的减小而逐渐收缩，如图 4-28 所示。在这个过程中，输送带与滚筒之间便产生相对滑动，滑动方向是从张力小的一边滑向张力大的一边，这种滑动是因输送带是弹性体所致，故称其为"弹性滑动"。

实践和理论证明，滚筒上所围包的输送带 AB 段可分为 CA 和 BC 两部分，如图 4-29 所示。在 BC 段内输送带张力的变化符合欧拉公式，BC 段所对应的圆弧称为滑动弧，对应

图 4-28 弹性滑动示意图

的中心角 λ 称为滑动角；在 CA 段内输送带张力没有变化，它对应的圆弧称为静止弧，对应的中心角 γ 称为静止角。摩擦传动只在滑动弧内传递动力，静止弧内不传递动力。

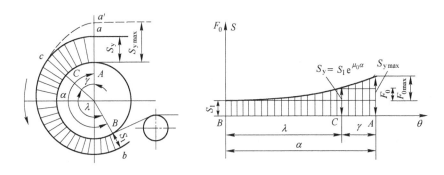

图 4-29 传动滚筒上胶带张力变化曲线

在 $S_y = S_{ymax}$ 的极限情况下，张力按 bca' 变化；在 $S_y < S_{ymax}$ 的情况下，张力按 bca 曲线变化，即张力按曲线 bc 变化到 C 点时张力已达到实际的 S_y 值，然后在 AC 段内张力保持不变。

综上所述，可得出带式输送机摩擦传动的两个结论：

（1）在主动滚筒上 BC 弧内输送带张力按欧拉公式揭示的指数规律变化。

（2）滑动弧随着输送带相遇点张力的增大而增大。当 S_1 一定时，S_y 随着负载的增加而增大，因而滑动角 λ 也相应增大；当 S_y 增加到极限值 $S_{ymax} = S_1 e^{\mu\alpha}$ 时，整个围包角都变成滑动角，这时如果输送机的负载继续增加，输送带将在滚筒上打滑而不能正常运转。

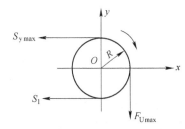

4.3.2 传动滚筒的牵引力

将驱动滚筒取自由体，其力矩图如图 4-30 所示。在　图 4-30 作用在滚筒上的力矩图

极限状态下，滚筒的力矩平衡方程为：

$$R \times S_{ymax} = R \times F_{Umax} + R \times S_1$$

得：

$$F_{Umax} = S_{ymax} - S_1 = S_1(e^{\mu\alpha} - 1)$$

$$S_{ymax} = F_{Umax} \frac{e^{\mu\alpha}}{e^{\mu\alpha} - 1} \qquad (4\text{-}8)$$

$$S_1 = \frac{F_{Umax}}{e^{\mu\alpha} - 1}$$

式中　F_{Umax}——驱动滚筒所能传递的最大牵引力，N。

式（4-8）表示的是传动滚筒能传递的最大摩擦牵引力。在实际使用中，考虑到摩擦系数和运行阻力的变化，以及启动加速时的动负荷影响，应使摩擦牵引力有一定的富裕量作为备用。因此，设计采用的摩擦牵引力 F_{max} 应为：

$$F_{max} = \frac{F_{Umax}}{K_A} = \frac{S_1(e^{\mu\alpha} - 1)}{K_A} \qquad (4\text{-}9)$$

式中　K_A——摩擦力备用系数（或启动系数），可取 $K_A = 1.3 \sim 1.7$，井下设备取小值，露天设备取大值。

摩擦系数对所能传递的牵引力有很大影响，而影响摩擦系数的因素有很多，主要包括输送带与滚筒接触面的材料、表面状态以及工作条件。对于功率大的带式输送机，还要考虑比压、输送带覆盖胶和滚筒包覆层的硬度、滑动速度、接触面温度等。

由公式（4-9）知，提高摩擦牵引力的途径和方法如下：

（1）增加分离点张力 S_1，一般由拉紧装置来实现。但 S_1 的增加，使得相遇点张力 S_y 大大提高，这往往为输送带强度所不允许，所以采用这种办法提高牵引力的程度很有限。当现有输送带强度不足时必须相应地增大胶带断面及传动装置的结构尺寸。

（2）增大输送带与滚筒之间的摩擦系数 μ。办法是在滚筒表面包覆一层摩擦系数较大的衬垫材料，如滚筒表面包胶、铸胶等。这种办法不增加输送带的张力可使牵引力增加很多。

（3）增大围包角 α。增加围包角的有效方法是采用双滚筒或多滚筒传动，当牵引力较大时，多采用双滚筒传动，此时围包角可达到 180°，但因多机驱动可能产生功率不平衡现象。

4.3.3　双滚筒驱动

目前，国内外矿山使用的钢丝绳芯带式输送机，其单机水平输送距离可达几公里到十几公里，因而需要较大的圆周驱动力和功率很大的驱动装置，这是单滚筒驱动装置所无法实现的。为了解决物料的长距离输送问题，就需要采用双滚筒或多滚筒驱动形式，如图4-31所示。双滚筒驱动可以把总功率分配到两个滚筒的驱动装置上，它不仅可以增大围包角 α，而且可以降低胶带的最大张力。

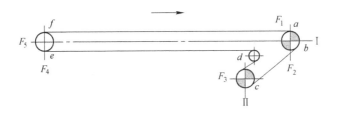

图 4-31　双滚筒驱动张力计算

4.3.3.1　双滚筒驱动形式

双滚筒驱动形式主要有：头部双滚筒，尾部双滚筒和头、尾部单滚筒等。在实际应用中，头部双滚筒驱动又可分为双滚筒单电动机驱动和双滚筒双电动机或多电动机驱动两种，其布置图如图 4-32 所示。

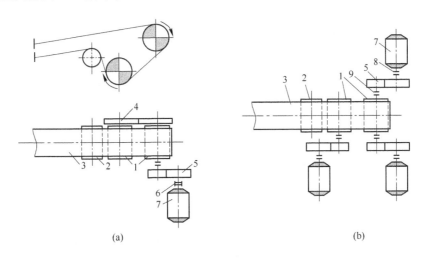

(a)　　　　　　　　　　　　　　　　　　(b)

图 4-32　双滚筒驱动装置布置图

（a）单机驱动；（b）多机驱动

1—驱动滚筒；2—改向滚筒；3—胶带；4—齿轮；5—减速器；6—柱销联轴器；

7—驱动电动机；8—液力联轴器；9—棒销联轴器

双滚筒单电动机驱动又称双滚筒共同驱动，其输送带张力分布如图 4-33 所示。双滚筒双电动机或多电动机驱动又称双滚筒分别驱动，其输送带张力分布如图 4-34 所示。图 4-33 及图 4-34 仅用于示意双滚筒不同驱动方式的张力分布，不是理想的传动滚筒布置形式，因为这种 S 形布置形式不利于提高输送带寿命，而且会降低输送带与滚筒表面间的摩擦系数。

A　双滚筒共同驱动

双滚筒共同驱动时能充分利用两个滚筒的摩擦牵引力，在总牵引力一定时，使两滚筒的围包角增大，可使输送带的张力最小。两驱动滚筒的角速度相同，当两个滚筒的直径相等时，二者的圆周线速度相同。在图 4-33 中，输送带由滚筒 Ⅰ 的 B 点到滚筒 Ⅱ 的 C 点除了一小段输送带质量外，无其他载荷作用，可认为输送带 B 点和 C 点张力相等。共同驱动

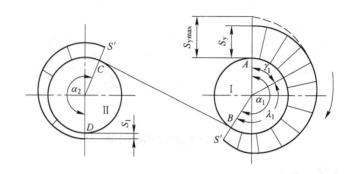

图 4-33　双滚筒共同驱动时输送带张力分布

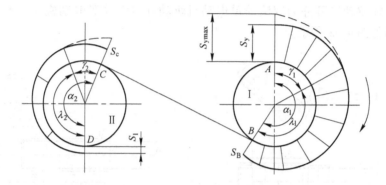

图 4-34　双滚筒分别驱动时输送带张力分布

时，滚筒Ⅱ先出力，只有当滚筒Ⅱ传递的牵引力达极限值后，滚筒Ⅰ才开始传递牵引力，于是滚筒Ⅰ上的围包角可看成是滚筒Ⅱ上围包角的延续，静止弧往往只出现在滚筒Ⅰ上，因而滚筒Ⅱ上的弹性滑动比滚筒Ⅰ上大。尤其是在实际使用中载荷不满或拉紧力过大时，滚筒Ⅱ可能全为工作弧，加快了滚筒Ⅱ的磨损。

　　双滚筒共同驱动的优点是结构紧凑、占用空间小；能充分利用两个滚筒的摩擦牵引力，传递一定的牵引力时，输送带的张力最小。缺点是两驱动滚筒圆周力的分配比值变化大，两滚筒的磨损不均衡；同时，由于两齿轮间的啮合部位受张力较大，可能出现严重磨损和断齿现象。因此，这种驱动形式实用性差，只能用于小功率的带式输送机。

　　B　双滚筒分别驱动

　　双滚筒分别驱动时，两个驱动滚筒都传递牵引力，当输送带在两个滚筒上传递的牵引力都小于按摩擦条件决定的极限值时，每个滚筒上都同时存在滑动弧和静止弧，如图 4-34 所示。输送带在滚筒Ⅰ上 B 点的张力与滚筒Ⅱ上 C 点的张力同样视为相等。

　　4.3.3.2　双滚筒驱动张力计算

　　双滚筒驱动布置方式较多，下面仅以较常见的头部双滚筒为例，介绍其应力计算。如图 4-31 所示，由欧拉公式及逐点张力法有：

$$F_1 = F_2 e^{\mu_1 \varphi_1}$$

$$F_2 = F_3 e^{\mu_2 \varphi_2}$$

$$F_4 = F_3 + W_{RU}$$

$$F_4 = F_5$$
$$F_1 = F_5 + W_{RO}$$
$$F_{U1} = F_1 - F_2$$
$$F_{U2} = F_2 - F_3$$

由以上各式得：

$$F_1 = e^{\mu_1\varphi_1 + \mu_2\varphi_2}(W_{RO} + W_{RU})/(e^{\mu_1\varphi_1 + \mu_2\varphi_2} - 1)$$

$$F_2 = e^{\mu_2\varphi_2}(W_{RO} + W_{RU})/(e^{\mu_1\varphi_1 + \mu_2\varphi_2} - 1)$$

$$F_3 = (W_{RO} + W_{RU})/(e^{\mu_1\varphi_1 + \mu_2\varphi_2} - 1)$$

$$F_{U1} = e^{\mu_2\varphi_2}(e^{\mu_1\varphi_1} - 1)(W_{RO} + W_{RU})/(e^{\mu_1\varphi_1 + \mu_2\varphi_2} - 1) \qquad (4\text{-}10)$$

$$F_{U2} = (e^{\mu_2\varphi_2} - 1)(W_{RO} + W_{RU})/(e^{\mu_1\varphi_1 + \mu_2\varphi_2} - 1)$$

$$F_U = F_{U1} + F_{U2} = W_{RO} + W_{RU}$$

$$i = F_{U1}/F_{U2} = e^{\mu_2\varphi_2}(e^{\mu_1\varphi_1} - 1)/(e^{\mu_2\varphi_2} - 1)$$

式中　F_1，F_2，F_3，F_4——分别为 a、b、c、d 四点的输送带张力，N；

μ_1，μ_2——分别为 Ⅰ、Ⅱ 驱动滚筒的摩擦系数；

φ_1，φ_2——分别为 Ⅰ、Ⅱ 驱动滚筒的围包角，rad；

F_{U1}，F_{U2}，F_U——分别为 Ⅰ、Ⅱ 驱动滚筒圆周力和总的圆周力，N；

i——Ⅰ、Ⅱ 驱动滚筒圆周力分配比；

W_{RU}，W_{RO}——分别为承载分支和回程分支的运行阻力，N。

由式（4-10）可以看出，在头部双滚筒驱动时，其圆周力分配比值仅与滚筒的围包角 φ 和摩擦系数 μ 值有关，通过调整其数值，便可得到较理想的圆周力分配值。

4.3.3.3　功率分配

虽然双滚筒驱动可以将最大张力分成两部分并分别分配在两个驱动滚筒上，但驱动滚筒的增多所带来的问题，是如何正确地调整两驱动滚筒之间圆周力（或功率）的分配。同时，由于作用在两驱动滚筒上的胶带张力不同，胶带的伸长量亦不同；由于滚筒直径在制造上的误差，或在运行中因滚筒磨损或滚筒面粘有物料等，也使滚筒直径发生变化；此外各驱动电动机的转速由于制造上的原因，也会稍有差别。这些都是双滚筒驱动的功率分配及动态控制中应当考虑的问题。

设计时在总功率确定后，需要解决如何分配两个滚筒所传递的功率问题。传动功率的分配，有按最小张力分配和按比例分配两种方式。

最小张力法的最大特点是可以最大限度地利用驱动滚筒的围包角，使输送机最大张力最小。其优点是较小的张力有利于输送带的运行，缺点是很难选到合适的电动机，且两滚筒所用的电动机功率及减速器不同，设计和使用都不便。此外，由于输送带张力减小，常会出现输送带张力不能满足两托辊间的悬垂度要求，因而需要增加输送带张力，使得计算所得的最大张力的最小值失去意义。

按比例分配传动功率是指按比例将总功率分到两个滚筒上，由它们分别承担，且使各驱动滚筒满足不打滑条件。通常采用按 1∶1 和 2∶1 两种分配方式。

（1）按1∶1分配。以这种方式分配时，可设两滚筒功率相同，各为总功率的1/2。其优点是电动机、减速器及有关设备全一样，运转维护方便，因此采用较多。其缺点是不能充分利用相遇点一侧的滚筒Ⅰ所能传递的摩擦牵引力，因而需要加大输送带的张力。

（2）按2∶1分配。将相遇点一侧的滚筒Ⅰ的功率按两倍于滚筒Ⅱ分配。其优点是两滚筒既可使用相同的电动机、减速器及有关设备，又可充分发挥滚筒Ⅰ的摩擦牵引力。传递同样牵引力时，所需输送带的张力比按1∶1分配小得多。缺点是滚筒Ⅰ需两套电动机和减速器，占地面积大。在设计时，一般按实际的摩擦系数 μ 值适当调整围包角 α，使两滚筒所传递的牵引力比值接近2∶1。

双滚筒分别驱动的优点是调节两滚筒之间圆周力的分配比值，可以采用电器控制来实现，常用的方法是在电动机和减速器之间安装一个调节型液力联轴器。

所谓多滚筒驱动，一般是指三滚筒或四滚筒（很少采用）的驱动形式，它实质上就是单滚筒驱动与双滚筒驱动两种驱动形式的组合。其特点是可以将单滚筒驱动的最大张力分配在输送机的头部、尾部和中间部位的各点上，降低胶带最大张力，从而可实现长距离输送物料的目的。多滚筒驱动中各个滚筒的设置，应根据传递功率能力、驱动滚筒圆周力比值以及输送机线路的不同特征，进行综合分析确定。

4.4 带式输送机的设计计算

设计带式输送机，建议首先计算传动滚筒上所需的驱动力，以及由此产生的输送带张力，因为这些数值将有效地确定驱动系统和选择输送带的结构。输送机运行所需的功率是根据传动滚筒上的驱动力和输送带的速度计算的。输送带的宽度是根据输送带的最大输送能力和被输送物料的粒度计算的。

带式输送机选型计算需要的原始数据如下：

（1）带式输送机的使用地点及工作环境；

（2）带式输送机的布置形式及尺寸：运输距离、向上运输还是向下运输、倾角；

（3）所运物料名称和运输量；

（4）所运物料的性质：块度、松散密度、堆积角、温度、湿度、磨琢性、腐蚀性；

（5）装载和卸载情况。

4.4.1 带式输送机的输送能力

4.4.1.1 带速的选择

带速是直接影响带式输送机性能和经济性的重要参数，提高输送机输送能力的途径，一般通过提高带速或增大带宽来实现，通常提高带速较经济。在国外，为了提高输送系统的经济性，一般采用较高的带速，带速以 $5.0 \sim 6.0$ m/s 为多，有的带速高达 10.0 m/s。我国的带式输送机也在向高带速方向发展，如元宝山露天煤矿的输送机带速最高为 5.85 m/s。带式输送机设计应首先考虑采用较高的带速。

矿山带式输送机系统一般运距长、输送量大，为保证技术经济合理性，宜选择较高的带速，如可采用 6.3 m/s。但高带速会带来输送带容易跑偏、传动部件磨损加剧和输送机的负载启动功率增大等问题，需要相应的技术保证措施。

胶带运行速度与输送物料的性质、块度、胶带宽度及输送机倾角大小等有关。一般来说，长距离、宽胶带的水平输送机可选用高带速；短距离、窄胶带或输送机倾角较大时，应选用较低的带速；输送粉状物料时，为防止物料飞扬或抛撒，应采用低带速。钢丝绳芯胶带机的标准带速为 2.0、2.5、3.15、4.0、5.0、6.5m/s 等系列。

水平运输的加速度在 $0.1 \sim 0.5 \mathrm{m/s^2}$ 之间，运距越短加速度越高，运距越长加速度越低；向上运输矿石，加速度为 $0.2 \sim 0.4 \mathrm{m/s^2}$ 之间，倾角越大，运距越长，加速度应越低；向下运输矿石，加速度不应超过 $0.25 \mathrm{m/s^2}$。

我国 DTⅡ（A）型系列钢丝绳芯输送机驱动装置适用的带速 v、带宽 B 与输送能力 Q 之间的关系见表 4-6。

表 4-6　带速、带宽与输送能力关系

B/mm \ v/m·s⁻¹ \ Q/m³·h⁻¹	0.8	1.0	1.25	1.6	2.0	2.5	3.15	4	5	6.5
500	69	87	108	139	174	217				
650	127	159	198	254	318	397				
800	198	248	310	397	496	620	781			
1000	324	405	507	649	811	1014	1278	1622		
1200		593	742	951	1188	1486	1872	2377	2971	
1400		825	1032	1321	1652	2065	2602	3304	4130	
1600					2186	2733	3444	4373	5466	
1800					2795	3494	4403	5591	6989	9083
2000					3470	4338	5466	6941	8676	11277
2200							6843	8690	10863	14120
2400							8289	10526	13158	17104

注：输送能力按水平运输，运行堆积角为 20°，托辊槽角为 35°时计算的。

4.4.1.2　输送带上物料横截面积

对于三托辊槽形胶带输送机，其物料断面可分为梯形断面 S_1 和弓形断面 S_2 两部分，如图 4-35 所示。

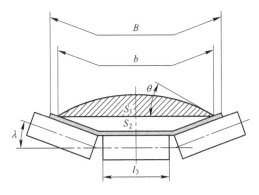

图 4-35　槽形输送带上物料断面计算

为保证正常输送条件下不撒料，输送带上允许的最大物料横截面积 S 为：

$$S = S_1 + S_2 \tag{4-11}$$

$$S_1 = \left[l_3 + (b - l_3)\cos\lambda \right]^2 \frac{\tan\theta}{6} \tag{4-12}$$

$$S_2 = \left(l_3 + \frac{b - l_3}{2}\cos\lambda \right)\left(\frac{b - l_3}{2}\sin\lambda \right) \tag{4-13}$$

式中　b——输送带可用宽度，m，按以下原则取值：

$$B < 2\text{m 时}, b = 0.9B - 0.05$$

$$B \geqslant 2\text{m 时}, b = B - 0.25$$

　　B——输送带宽度，m；

　　l_3——中间辊长度，m；对于一辊或二辊的托辊组，$l_3 = 0$；

　　λ——槽形托辊组侧辊轴线与水平线间的夹角，简称槽角，（°）；三托辊槽角 $\lambda = 25° \sim 45°$，设计中一般取 $\lambda = 30°$；

　　θ——物料的运行堆积角，（°）；θ 值与物料的特性、流动性、输送带速度和带式输送机长度有关。通常比静堆积角小 $5° \sim 15°$，有些物料可能小 $20°$。如无运行堆积角的实测数据，可按物料静堆积角的 $50\% \sim 75\%$ 近似计算，或按表 4-7 选取，对高带速（$\geqslant 4\text{m/s}$）或长距离带式输送机（$\geqslant 1500\text{m}$）或流动性好的物料取小值，如露天矿长距离带式输送机，最低可取到 $15°$。

　　式（4-12）适用于带式输送机在运行方向上的倾斜角小于被输送物料的运行堆积角的情况，当带式输送机在运行方向上的倾斜角大于或等于被输送物料的运行堆积角时，只有下部横截面面积存在。

表 4-7　一般特性的普通物料堆积角数据

物　料　的　特　性	流动性	静堆积角 /（°）	运行堆积角 /（°）
粒度均匀，非常小的圆颗粒，非常湿或非常干的物料，如砂、混凝土浆等	非常好	10 ~ 19	5
中等质量、干燥光滑的圆颗粒，如整粒的谷物和豆类等	好	20 ~ 25	10
规则、粒状物料，如化肥、砂石、洗过的砾石等	一般	26 ~ 29	15
不规则、中等质量的颗粒状或块状物料，如无烟煤、棉籽饼、黏土等		30 ~ 34	20
典型的普通物料，如大多数矿石、烟煤、石块等		35 ~ 39	25
不规则、黏性、纤维状，互相交错的物料，如木屑、甘蔗渣、用过的铸造砂型等	差	>40	30

　　表 4-8 中列出了部分槽角不同带宽的横截面面积，可直接查取，其他槽角的数值可查阅《带式输送机工程设计规范》。

表 4-8 三托辊输送带上物料横截面面积   m²

槽角 λ/(°)	带宽 B/mm	物料的运行堆积角 θ/(°)				
		10	15	20	25	30
30	500	0.01842	0.02055	0.02278	0.02515	0.02773
	650	0.03386	0.03763	0.04158	0.04579	0.05036
	800	0.05298	0.05890	0.06510	0.07171	0.07888
	1000	0.08677	0.09623	0.10614	0.11670	0.12817
	1200	0.12700	0.14091	0.15548	0.17102	0.18787
	1400	0.17695	0.19607	0.21610	0.23745	0.26062
	1600	0.23452	0.25971	0.28610	0.31422	0.34474
	1800	0.30017	0.33225	0.36587	0.40171	0.44059
	2000	0.37250	0.41238	0.45417	0.49872	0.54705
35	500	0.02006	0.02208	0.02420	0.02646	0.02891
	650	0.03684	0.04041	0.04415	0.04814	0.05247
	800	0.05766	0.06326	0.06914	0.07540	0.08219
	1000	0.09437	0.10330	0.11267	0.12265	0.13348
	1200	0.13814	0.15129	0.16506	0.17975	0.19568
	1400	0.19240	0.21044	0.22935	0.24951	0.27137
	1600	0.25495	0.27870	0.30359	0.33012	0.35891
	1800	0.32627	0.35651	0.38821	0.42198	0.45863
	2000	0.40491	0.44251	0.48192	0.52391	0.56948

4.4.1.3 物料输送能力

已知带宽，输送机输送能力计算公式为：

$$I_v = Svk \tag{4-14}$$

$$I_m = Svk\rho = I_v\rho \tag{4-15}$$

$$Q = 3600Sv\rho k \tag{4-16}$$

式中 Q——输送能力，t/h；

      I_v——输送能力，m³/s；

      I_m——输送能力，kg/s；

      S——物料断面积，m²；

      v——带速，m/s；

      ρ——物料的松散密度，t/m³，常用物料 ρ 值参见表 4-9（选自美国 CEMA 标准）；

      k——倾斜输送机面积折减系数（倾斜系数），即考虑倾斜运输时运输能力的减小而设的系数，其值与输送机倾角、运行堆积角、托辊槽角及带宽有关。输送一般流动性物料时，倾斜系数参见表 4-10。

表4-9　常用散状物料特性

物料名称	堆积密度/$t \cdot m^{-3}$	静堆积角/(°)	运行方向最大倾斜角/(°)
铝矾土	0.80～1.04	22	10～12
铝土矿, 原矿	1.28～1.44	31	17
铝土矿, 破碎76mm 及以下	1.20～1.36	30～44	20
硅酸盐水泥	1.15～1.59	30～44	20～23
高炉渣	0.91	35	18～20
煤　渣	0.61	35	20
无烟煤（3mm 及以下）	1.0	35	18
矿井烟煤, 原煤	0.72～0.90	38	18
褐　煤	0.64～0.72	38	22
铜矿石	1.92～2.40	30～44	20
白云石块	1.28～1.60	30～44	22
38～76mm 块状长石	1.44～1.76	34	17
铁矿石	1.60～3.20	35	18～20
破碎的石灰石	1.36～1.44	38	18
湿河砂	1.40～1.90	45	20～24
破碎的页岩	1.36～1.44	39	22
经破碎的高炉渣	1.28～1.44	25	10

表4-10　倾斜输送机面积折减系数

倾角 δ/(°)	2	4	6	8	10	12	14	16	18	20
面积折减系数 k	1.00	0.99	0.98	0.97	0.95	0.93	0.91	0.89	0.85	0.81

4.4.1.4　带宽的选择

输送带宽度是影响带式输送机经济性的重要参数，带宽的选择不仅要考虑带式输送机单机参数的合理性，还应评价带式输送机工程系统的通用性和合理性，应综合比较带宽和带速。

胶带宽度 B 主要取决于物料的输送量、物料性质、胶带运行速度、带面上物料断面形状以及输送机倾角的大小等。一般来说，输送量越大、块度越大、大块率越高，需要的胶带越宽。国产 St 系列的带宽范围为 $800～2800mm$，参见表4-3。

如给定使用地点的设计输送能力 Q、初选带速 v 等参数，则先计算需要的物料横截面积 S。

$$S = \frac{Q}{3.6vk\rho} \tag{4-17}$$

根据计算出的 S 及带速，按输送机承载托辊数量、槽角和物料的运行堆积角，并考虑输送机倾角，从表4-8中可查得需要的带宽，此即所谓的"断面积法"。当输送的物料含有大块时，带宽尚需满足物料最大块度的要求。当没有可靠的物料粒度组成数据时，对带宽为1600mm以下的带式输送机，可按下列公式校核带宽：

未经筛分的散状物料，当大块含量在10%以内时：

$$B \geqslant 2a_1 + 0.2 \tag{4-18}$$

经过筛分的散装物料：

$$B \geqslant 3a_m + 0.2 \tag{4-19}$$

式中　a_1——物料的最大粒度尺寸，m；

　　　a_m——物料的平均粒度尺寸，m，是物料的最大块和最小块尺寸的平均值；

　　　B——所选标准带宽，m。

根据实践经验，较大的带宽虽然理论上可输送较大尺寸粒度的物料，但过大的粒度会对带式输送机造成伤害，增加了对受料点托辊的冲击和输送带的磨耗。目前国内外的散状物料运输，一般需对大块进行破碎处理。当输送坚硬岩石类物料时，最大粒度尺寸不宜超过350mm；普通物料不宜超过500mm。

4.4.2　运行阻力与功率计算

4.4.2.1　运行阻力的计算

带式输送机的阻力计算是其设计计算的主要内容，是传动滚筒所需功率等计算的基础。不同规范对阻力计算的方法及参数各不相同，本书讲解以国家标准《带式输送机工程设计规范》（GB 50431—2008）及《DTⅡ（A）型带式输送机设计手册》为依据。带式输送机运行阻力计算示意图如图4-36所示。

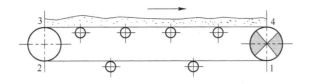

图4-36　带式输送机运行阻力计算示意图

输送机传动滚筒上所需圆周驱动力 F_U 为输送机所有阻力之和，计算公式为：

$$F_U = F_H + F_N + F_{S1} + F_{S2} + F_{St} \tag{4-20}$$

式中　F_H——主要阻力，N；

　　　F_N——附加阻力，N；

　　　F_{S1}——主要特种阻力，N；

　　　F_{S2}——附加特种阻力，N；

　　　F_{St}——倾斜阻力，N。

五种阻力中 F_H、F_N 是所有输送机都有的。其他三类阻力，根据输送机总体布置（侧型）及附件装设情况决定。值得注意的是许多可变因素将影响传动滚筒上的驱动力，并使得精确确定所需功率十分困难。

对于机长大于 80m 的带式输送机，附加阻力 F_N 明显小于主要阻力，为简化计算，可引入附加阻力系数 C，此时总阻力公式为：

$$F_U = CF_H + F_{S1} + F_{S2} + F_{St} \tag{4-21}$$

系数 C 可按下式计算，或从表 4-11 查取，图 4-37 是对应的曲线。

$$C = \frac{L + L_0}{L} \tag{4-22}$$

式中　L_0——附加长度，一般在 70~100m 之间；

　　　L——输送机长度，m；

　　　C——附加阻力系数，系输送机长度的函数，一般不小于 1.02。

表 4-11　附加阻力系数

L/m	80	100	150	200	300	400	500	600	700	800	900	1000	1500	2000	2500	5000
C	1.92	1.78	1.58	1.45	1.31	1.25	1.20	1.17	1.14	1.12	1.10	1.09	1.06	1.05	1.04	1.03

A　主要阻力

输送机的主要阻力包括托辊旋转阻力和输送带的前进阻力。托辊旋转阻力是由托辊轴承和密封间的摩擦产生的；输送带的前进阻力是由于输送带在托辊上反复被压凹陷，以及输送带和物料经过托辊时反复弯曲变形产生的，计算公式为：

$$F_H = fLg\big[(2q_B + q_G)\cos\delta + q_{RO} + q_{RU}\big]$$
$$\tag{4-23}$$

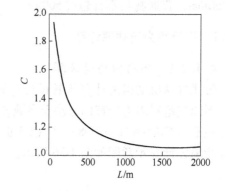

图 4-37　附加阻力系数与输送机长度的关系曲线

式中　F_H——主要阻力，N；

　　　f——模拟摩擦系数（托辊阻力系数），为包括托辊的旋转阻力和输送带前进阻力等的总和摩擦系数，根据工作条件及制造、安装水平决定，通常取 0.020 作为模拟摩擦系数的基本数值进行计算，具体可参照表 4-12 选取；

　　　L——输送机长度（头尾滚筒中心距），m；

　　　g——重力加速度，$g = 9.81 \approx 10\text{m/s}^2$；

　　　q_{RO}——承载分支托辊组每米长度旋转部分质量，kg/m，计算公式为：

$$q_{RO} = \frac{G_1}{a_O} \tag{4-24}$$

　　　G_1——承载分支每组托辊旋转部分质量，kg，见表 4-13；

　　　a_O——承载分支托辊间距，一般取 1~1.5m；

　　　q_{RU}——回程分支每组托辊旋转部分质量，kg，计算公式为：

$$q_{RU} = \frac{G_2}{a_U} \tag{4-25}$$

G_2——回程分支每组托辊旋转部分质量，kg，见表4-13；

a_U——回程分支托辊间距，一般取 $2 \sim 3m$；

q_B——每米长度输送带质量，kg/m，见表4-14，钢丝绳芯输送带也可查阅表4-2；

q_G——每米长度输送物料质量，kg/m，计算公式为：

$$q_G = \frac{Q}{3.6v} \qquad (4\text{-}26)$$

δ——输送机的倾角，(°)。

表 4-12　模拟摩擦系数 f

安装情况	工 作 条 件	f
水平、向上输送及向下输送的电动工况	工作环境良好，制造、安装良好，带速不大于5m/s，物料内摩擦系数中等以下，槽角不大于30°，环境温度不低于20℃	0.020
	工作环境较好，制造、安装正常，物料的内摩擦系数中等，槽角大于30°	0.022
	工作环境多尘，带速大于5m/s，物料的内摩擦系数大，环境温度低	0.023 ~ 0.030
向下输送	制造、安装正常，电动机为发电运行工况	0.012

表 4-13　托辊参数

带宽/mm	辊径/mm	托辊组旋转部分质量/kg		
		槽形托辊	V 形托辊	平形托辊
500	63.5	4.08		3.27
	76	5.55		4.41
	89	6.24		4.78
650	76	6.09		5.01
	89	6.45		5.79
	108	9.03		7.14
800	89	7.74	7.74	7.15
	108	10.59	9.54	8.78
	133	16.35	14.76	13.54
1000	108	12.21		10.43
	133	18.9	18.2	16.09
	159	27.21	25.68	22.27
1200	108	14.31	13.44	12.5
	133	22.14	20.74	19.28
	159	31.59	29.1	26.56
1400	108	15.96		14.18
	133	24.63	23.28	21.83
	159	34.92	32.54	29.99

表 4-14　初始计算张力时使用的输送带质量

输送机长度/m	输送带厚度/mm	带宽/mm	输送带质量/kg·m^{-1}
301～500 （钢丝绳芯带）	14	800	16.8
		1000	21
		1200	25.2
		1400	29.4
501～800 （钢丝绳芯带）	16	800	18.4
		1000	23
		1200	27.6
		1400	32.2
801～1000 （钢丝绳芯带）	17	800	20
		1000	25
		1200	30
		1400	35
101～200 （尼龙芯带）	12.6	650	8.6
		800	10.4
		1000	13
		1200	15.6
		1400	18.2
201～300 （尼龙芯带）	13.2	800	11.8
		1000	14.7
		1200	17.6
		1400	20.6

B　附加阻力

输送机附加阻力 F_N 包括物料在加料段被加速的惯性阻力和加料段物料与输送带的摩擦阻力 F_{bA}，物料在加速段与导料槽两侧栏板间的摩擦阻力 F_f，输送带在滚筒上绕行的弯曲阻力 F_1，除驱动滚筒以外的改向滚筒轴承阻力 F_t 四部分，总的附加阻力为：

$$F_N = F_{bA} + F_f + F_1 + F_t \tag{4-27}$$

$$F_{bA} = 1000I_v\rho(v - v_0) \tag{4-28}$$

$$F_f = \frac{1000\mu_2 I_v^2\rho g l_b}{\left(\dfrac{v + v_0}{2}\right)^2 b_1^2} \tag{4-29}$$

纤维芯输送带：

$$F_1 = 9B\left(140 + 0.01\frac{F}{B}\right)\frac{d}{D} \tag{4-30}$$

钢丝绳芯输送带：

$$F_1 = 12B\left(200 + 0.01\frac{F}{B}\right)\frac{d}{D} \tag{4-31}$$

$$F_{\mathrm{t}} = 0.005 \frac{d_0}{D} F_{\mathrm{T}} \qquad (4\text{-}32)$$

式中 F_{N}——附加阻力，N；

F_{bA}——在受料点和加速段被输送物料与输送带间的惯性阻力和摩擦阻力，N；

F_{f}——在加速段被输送物料和导料槽间的摩擦阻力，N；

F_1——输送带绕经滚筒的缠绕阻力，N；

F_{t}——非传动滚筒轴承阻力，N，可按450N估算；

I_{v}——带式输送机每秒设计输送量，m^3/s；

b_1——导料槽间的宽度，m；

D——滚筒直径，m；

d——输送带的厚度，m；

d_0——滚筒轴承的平均直径，m；

F——滚筒上输送带的平均张力，N；

F_{T}——滚筒上输送带绕入点与绕出点张力和滚筒旋转部分所受重力的向量和，N；

l_{b}——加速段导料槽的长度，m，$l_{\mathrm{b}} \geqslant \dfrac{v^2 - v_0{}^2}{2g\mu_1}$；

v_0——受料点物料在输送带运行方向上的速度分量，m/s；

μ_1——物料与输送带间的摩擦系数，取 $0.5 \sim 0.7$；

μ_2——物料与导料槽间的摩擦系数，取 $0.5 \sim 0.7$。

为简化计算，输送带经过改向滚筒的弯曲阻力 F_1 和改向滚筒轴承阻力 F_{t} 之和 W 可通过改向滚筒阻力系数 K' 进行估算，即：

$$W = F_1 + F_{\mathrm{t}} = (K' - 1)S_{\mathrm{y}} \qquad (4\text{-}33)$$

或

$$S_1 = S_{\mathrm{y}} + F_1 + F_{\mathrm{t}} = K'S_{\mathrm{y}} \qquad (4\text{-}34)$$

式中 S_1——绕出改向滚筒的输送带张力，N；

S_{y}——绕入改向滚筒的输送带张力，N；

K'——改向滚筒阻力系数，又称张力增大系数，见表4-15。

表 4-15 改向滚筒阻力系数

围包角/(°)		45	90	180
轴承种类	滑动轴承	1.03	1.03 ~ 1.04	1.05 ~ 1.06
	滚动轴承	1.02	1.02 ~ 1.03	1.03 ~ 1.04

C 主要特种阻力

主要特种阻力 F_{S1} 包括托辊前倾的附加摩擦阻力 F_ε 和被输送物料与导料槽间的摩擦阻力 F_{g1} 两部分，即：

$$F_{\mathrm{S1}} = F_\varepsilon + F_{\mathrm{g1}} \qquad (4\text{-}35)$$

装有三个等长托辊的承载分支前倾托辊组：

$$F_\varepsilon = C_\varepsilon \mu_0 L_\varepsilon (q_B + q_G) g \cos\delta \sin\varepsilon \qquad (4-36)$$

装有两个托辊的回程分支前倾托辊组：

$$F_\varepsilon = \mu_0 L_\varepsilon q_B g \cos\lambda \cos\delta \sin\varepsilon \qquad (4-37)$$

被输送物料与导料槽间的摩擦力：

$$F_{g1} = \frac{1000\mu_2 I_v^2 \rho g l}{v^2 b_1^2} \qquad (4-38)$$

式中　C_ε——槽型系数，30°槽角时为 0.4，35°槽角时为 0.43，45°槽角时为 0.5；

　　　μ_0——托辊和输送带间的摩擦系数，一般取为 0.3~0.4；

　　　L_ε——装有前倾托辊的输送带长度，m；

　　　δ——输送机的倾角，(°)；

　　　ε——托辊组前倾角度，(°)，计算时可取 1°30′；

　　　l——导料槽的长度，m；

　　　b_1——导料槽两栏板间宽度，m，通常为 1/2~2/3 带宽，参见表 4-16；

　　　λ——托辊组槽角，(°)；

　　　μ_2——物料与导料槽间的摩擦系数，一般取 0.5~0.7；

　　　ρ——物料的松散密度，t/m³，当单位采用 kg/m³ 时，公式改为 $F_{g1} = \frac{\mu_2 I_v^2 \rho g l}{v^2 b_1^2}$。

表 4-16　导料槽栏板内宽、刮板与输送带接触面积

带宽 B/mm	导料槽栏板内宽 b_1/m	刮板与输送带接触面积 A/m²	
		头部清扫器	空段清扫器
500	0.315	0.005	0.008
650	0.400	0.007	0.01
800	0.495	0.008	0.012
1000	0.610	0.01	0.015
1200	0.730	0.012	0.018
1400	0.850	0.014	0.021

D　附加特种阻力

附加特种阻力 F_{S2} 包括输送带清扫器摩擦阻力 F_r 和犁式卸料器摩擦阻力 F_p 等部分，计算式为：

$$F_{S2} = F_r + F_p \qquad (4-39)$$

$$F_r = \Sigma F_{ri} = \Sigma A p \mu_3 = n_3 F_{ri} \qquad (4-40)$$

$$F_p = B k_p \qquad (4-41)$$

式中　A——输送带清扫器与输送带的接触面积，m²，参见表 4-16；

　　　p——清扫器与输送带间的压力，N/m²，一般取 $3 \times 10^4 \sim 10 \times 10^4$ N/m²；

　　　μ_3——清扫器与输送带间的摩擦系数，一般取 0.5~0.7；

　　　n_3——清扫器个数；

　　　F_{ri}——单个清扫器摩擦阻力，N；

k_p——犁式卸料器的阻力系数，一般取为 1500N/m。

E 倾斜阻力

倾斜阻力（又称提升阻力）F_{St}，可按下式计算：

$$F_{St} = (q_G + q_B)gH \tag{4-42}$$

式中 F_{St}——倾斜阻力，N；输送机向上提升时为正值，向下输送时为负值；

H——输送机受料点与卸料点间的高差，m。

实际上，在计算总阻力时可以不考虑输送带本身的倾斜阻力，只考虑提升物料的阻力，即 $F_{St} = q_G gH$，原因是承载段输送带的倾斜阻力和回程段输送带的倾斜阻力相互抵消，但在用逐点法计算输送带各特性点张力时，则应考虑输送带倾斜阻力。

4.4.2.2 电动机功率

带式输送机稳定运行时传动滚筒所需功率可按下式计算：

$$P_A = \frac{F_U v}{1000} \tag{4-43}$$

驱动电动机所需功率，应符合下列规定：

（1）带式输送机为正功率运行时，应按下式计算：

$$P_M = \frac{P_A}{\eta_1} = \frac{F_U v}{1000\eta_1} \tag{4-44}$$

（2）带式输送机为负功率运行时，应按下式计算：

$$P_M = P_A \eta_2 \tag{4-45}$$

式中 P_A——传动滚筒所需运行功率，kW；

F_U——圆周牵引力，N；

v——输送带速度，m/s；

η_1——驱动系统正功率运行时的传动效率，主要包括减速器、耦合器、联轴器的传动效率及多机驱动功率的不平衡等驱动系统综合效率，$\eta_1 = 0.80 \sim 0.95$；

η_2——驱动系统负功率运行时的传动效率，宜为 $\eta_2 = 0.95 \sim 1$。

传动效率 η_1 中的数值不包括电压降的影响。根据现行国家标准《供配电系统设计规范》（GB 50052—2009）对供配电系统电压和电能质量的规定，及电动机本身对供电电压的允许波动范围，通常情况下，不考虑电压降对驱动系统传动效率的影响。仅对特殊地区，电压波动较大，难以保证电动机的供电电压时，可计入电压降的影响系数。电压降影响系数取值 $\eta' = 0.92$。

向下输送的带式输送机，传动滚筒圆周力为物料下滑与带式输送机阻力之差。向下输送的带式输送机圆周力（尤其是带式输送机倾角较小时）对输送量的变化敏感，带式输送机超载会引起超速，严重时可能发生飞车等恶性事故。因此，应考虑带式输送机超载因素的影响，采取均衡给料措施，在设计选择电动机容量时，应计入输送量超载因素，使带式输送机有相应的备用能力，一般应考虑 15% ~20% 的备用功率。

大功率带式输送机宜采用多驱动单元。驱动单元配置应根据带式输送机驱动功率值、输送系统装置通用性和经济性确定。驱动单元分配应符合下列要求：

（1）多驱动装置的带式输送机，宜采用等功率分配法。常用驱动单元配置如下：

（1）单滚筒驱动：双驱动单元；

（2）双滚筒驱动：双驱动单元、三驱动单元、四驱动单元；

（3）三滚筒驱动：三驱动单元、四驱动单元、五驱动单元、六驱动单元。

（2）驱动单元可采用下列功率分配比：

（1）双滚筒驱动：1∶1、2∶1、2∶2；

（2）三滚筒驱动：1∶1∶1、2∶1∶1、2∶2∶1、2∶2∶2。

多驱动单元的带式输送机，驱动单元宜采用相同的配置，部件应采用同型号部件。对于长距离带式输送机，可采用带式输送机中间助力多点驱动方式。

4.4.3　输送带张力计算

输送带张力在整个长度上是变化的，为保证输送机正常运行，输送带张力大小必须满足以下两个条件：

（1）摩擦传动条件：在稳定运行、启动和制动工况下，输送带与传动滚筒间不应打滑；

（2）垂度条件：输送带在相邻两组托辊间的下垂度不应超过允许值。

4.4.3.1　输送带不打滑条件

输送带不打滑条件应按启动、稳定运行、制动等不同工况及运行工作条件（向上输送、向下输送、水平输送等）分别计算。

A　启动工况应符合的规定

（1）向上输送、水平输送及运行总阻力为正值的向下输送的带式输送机张力，如图4-38所示，为保证输送带工作时不打滑，需在回程带上保持最小张力 F_2，计算公式为：

$$F_{UA} = F_1 - F_2 \tag{4-46}$$

$$F_2 \geq \frac{F_{UA}}{e^{\mu\varphi} - 1} \tag{4-47}$$

式中　F_{UA}——输送带满载启动时出现的最大圆周驱动力，N，

$$F_{UA} = K_A F_U$$

　　K_A——启动系数，$K_A = 1.3 \sim 1.7$；

　　F_U——输送机匀速运行时的圆周驱动力，N；

　　F_1——输送带在传动滚筒绕入点的张力，N；

　　F_2——输送带在传动滚筒绕出点的张力，N；

　　e——自然对数的底；

　　μ——传动滚筒与输送带间的摩擦系数，见表4-17；

　　φ——输送带在所有传动滚筒上的围包角，rad。其值根据几何条件确定，一般单滚筒驱动取 $3.3 \sim 3.7$（折合190°～210°），双滚筒驱动取 7.7（折合400°）；

　　$e^{\mu\varphi}$——欧拉系数。

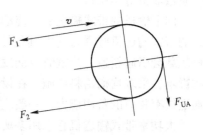

图4-38　启动工况总阻力为正值的
　　　　　输送带张力计算

表4-17　传动滚筒与输送带之间的摩擦系数

覆盖面形式　　　　　　运行条件	光面滚筒	人字形或菱形沟槽的橡胶覆盖面	人字形或菱形沟槽的聚氨酯覆盖面	人字形或菱形沟槽的陶瓷覆盖面
干　燥	0.35 ~ 0.40	0.40 ~ 0.45	0.35 ~ 0.40	0.40 ~ 0.45
清洁、潮湿（有水）	0.10	0.35	0.35	0.35 ~ 0.40
污浊和潮湿（有泥土或黏泥沙）	0.05 ~ 0.10	0.25 ~ 0.30	0.20	0.35

（2）总阻力为负值的向下输送的带式输送机张力，如图4-39所示，应满足下列公式要求：

$$F_{UA} = F_2 - F_1 \tag{4-48}$$

$$F_1 > \frac{F_{UA}}{e^{\mu\varphi} - 1} \tag{4-49}$$

B　稳定运行工况应符合的规定

（1）向上输送、水平输送及总阻力为正值的向下运输的带式输送机张力应满足下式要求：

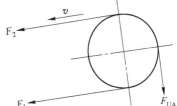

图4-39　启动工况总阻力为负值的输送带张力计算

$$F_2 > \frac{F_U}{e^{\mu\varphi} - 1} \tag{4-50}$$

（2）总阻力为负值的向下输送的带式输送机张力应满足下式要求：

$$F_1 > \frac{F_U}{e^{\mu\varphi} - 1} \tag{4-51}$$

C　制动工况应符合的规定

（1）向上输送、水平输送及总阻力为正值的向下输送的带式输送机张力（见图4-40），应满足下式要求：

$$F_{UB} = F_2 - F_1 \tag{4-52}$$

$$F_1 \geqslant \frac{F_{UB}}{e^{\mu\varphi} - 1} \tag{4-53}$$

式中　F_{UB}——制动工况传动滚筒圆周力，N。

（2）总阻力为负值的向下输送的带式输送机张力（见图4-41），应满足下列公式要求：

$$F_{UB} = F_2 - F_1 \tag{4-54}$$

$$F_1 \geqslant \frac{F_{UB}}{e^{\mu\varphi} - 1} \tag{4-55}$$

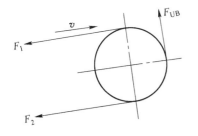

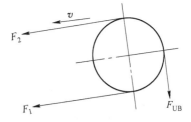

图4-40　制动工况总阻力为正值的输送带张力计算　　图4-41　制动工况总阻力为负值的输送带张力计算

4.4.3.2　输送带垂度校核

为使带式输送机的运转平稳，需要限制输送带在两组托辊间的垂度。输送带的垂度与其张力有关，张力越大，垂度越小。作用在输送带上任意一点的最小张力 F_{min}，承载分支需按式（4-56）进行验算，回程分支需按式（4-57）进行验算。

$$F_{min} \geqslant \frac{a_O(q_B + q_G)g}{8h_r}cos\beta \tag{4-56}$$

$$F_{min} \geqslant \frac{a_U q_B g}{8h_r}cos\beta \tag{4-57}$$

式中　h_r——输送带在相邻两托辊之间的垂度，承载分支 $h_r = h/a_O$，回程分支 $h_r = h/a_U$，应限制在 0.01 ~ 0.02 之间。输送速度越高、物料的块度越大，则垂度应该越小。稳定运行工况，宜取 0.01；

　　　　a_O——输送机承载分支托辊间距，m；

　　　　a_U——输送机回程分支托辊间距，m；

　　　　h——输送带在两托辊组之间的下垂量，m；

　　　　β——输送带的安装角（近似等于输送机的倾角 δ），当 $\beta < 18°$时，取 $cos\beta \approx 1$。

在一般情况下，回空段输送带的最小张力比较容易满足垂度要求，故通常只验算承载段的悬垂度。

4.4.3.3　输送带强度验算

计算出胶带最大张力 F_{max} 后，应验算胶带的强度。钢丝绳芯胶带的强度验算公式为：

$$\sigma_N \geqslant \frac{F_{max}}{B}S_A \tag{4-58}$$

式中　σ_N——输送带纵向抗拉强度，N/mm，见表4-2；

　　　　B——输送带宽度，mm；

　　　　S_A——输送带安全系数，钢丝绳芯输送带可取 7 ~ 9，但采取可控软启、制动措施时，可取 5 ~ 7。

需要说明的是，输送带允许的静载荷和瞬间峰值载荷不仅取决于输送带本身拉断强度，更取决于输送带接头这个最薄弱环节的强度。

也可以通过安全系数法进行输送带强度校核，计算公式为：

$$m \geqslant [m] \tag{4-59}$$

$$m = \frac{S_n}{F_{1max}} \tag{4-60}$$

$$[m] = m_0 \frac{K_A C_W}{\eta_0} \tag{4-61}$$

式中　m——输送带计算安全系数；

　　　　$[m]$——输送带许用安全系数；

　　　　S_n——输送带额定拉断力；

$F_{1\max}$——输送带张力最大值；

η_0——输送带接头效率，见表4-18；

m_0——输送带基本安全系数，见表4-19；

K_A——启动系数；

C_W——附加弯曲伸长折算系数，见表4-19。

表 4-18　输送带接头效率　　　　　　　　　　%

输送带种类	机械接头	硫化接头
帆布芯胶带输送机	35	85
尼龙整芯橡胶输送带	70	90
钢丝绳芯橡胶输送带		75

表 4-19　输送带基本安全系数及附加弯曲伸长折算系数

带芯材料	工作条件	基本安全系数	附加弯曲伸长折算系数
织物芯带	有利	3.2	1.5
	正常	3.5	
	不利	3.8	
钢丝绳芯带	有利	2.8	1.8
	正常	3.0	
	不利	3.2	

4.4.3.4　输送带各点张力的计算

矿山用钢丝绳芯带式输送机的特点是输送能力大，输送距离长，输送机功率大。为了合理地选择输送机，保证运行的安全可靠，必须对输送机在各种工况下的胶带张力进行计算。

带式输送机的胶带张力，可以分为在等速、加速和减速三种工况下的张力。等速运行下的胶带张力，是选择胶带、滚筒、驱动装置、拉紧装置等的主要依据。对加、减速工况下胶带张力的计算，主要是为了保证输送机运行的安全可靠性。

输送带各点的张力，应根据带式输送机的布置及各段的长度和走向、传动滚筒的数量和布置、驱动和制动特性、拉紧装置的类型和布置，以及运行工况等因素确定。一般带式输送机，输送带可按刚体计算。有倾角起伏变化时，应分段计算运行阻力。

通常按逐点计算法计算各特性点张力。所谓逐点计算法，即从胶带最小张力点或某已知张力点开始，沿胶带运行方向，逐点计算胶带各特性点的张力。以单滚筒驱动带式输送机为例，如图4-36所示，计算通常从传动滚筒上绕出点输送带张力开始，沿输送带运行方向，逐点计算到传动滚筒绕入点输送带张力。

由于计算目的、计算方法的不同，逐点张力计算得出的输送带张力往往是不闭合的，以图4-36为例，理论上计算所得的 F_4、F_1 应当满足 $F_4 - F_1 = F_U$，但往往 $F_4 - F_1 \neq F_U$，即产生张力不闭合问题，当误差较大时，应进行迭代计算，尽量降低二者的误差，以提高计算结果的可靠性。

A　逐点张力计算通式

稳定运行工况下，输送带相邻两点的张力，可按下列公式计算：

$$F_i = F_{i-1} + F_{(i-1) \sim i} \tag{4-62}$$

式中　F_i——沿输送带运行方向第 i 点的张力，N；

　　　F_{i-1}——沿输送带运行方向第 $i-1$ 点的张力，N；

　$F_{(i-1) \sim i}$——输送带第 $i-1$ 点至第 i 点的区段上，输送带各项运行阻力之和。

非稳定运行工况（启动和制动工况）下，输送带各点张力计算公式为：

$$F_i = F_{i-1} + F_{(i-1) \sim i} \pm m_{(i-1) \sim i} a \tag{4-63}$$

式中　$m_{(i-1) \sim i}$——输送带第 $i-1$ 点至第 i 点的区段上，参与加速的运动体的质量或等效质量，kg；

　　　a——输送带平均加速度，m/s^2；

　$m_{(i-1) \sim i} a$——包括输送机直线移动部分和旋转部分的惯性力（动负荷），N。

在计算输送带各特性点张力时，应以两相邻特性点之间输送带区段为研究对象，进行受力分析，并列出相应的力学平衡方程。输送带区段主要受力包括两端拉力、物料及胶带的运行阻力、物料及胶带的提升阻力、附加阻力、各种特种阻力、加速或减速惯性阻力等。

需要注意的是，上述输送带特性点张力计算方法及计算公式（4-62）、式（4-63），主要用于确定输送带作用于各改向滚筒的合张力、拉紧装置拉紧力和凸凹弧起止点张力等特性点张力，并不适用于输送带在传动滚筒绕入点与绕出点之间的张力关系，也不适于传动滚筒合张力的计算，更不适于确定圆周驱动力。

在输送带经过改向滚筒处，可利用改向滚筒阻力系数 K' 计算输送带绕出点张力，此时，式（4-34）也可表示为：

$$F_i = K' F_{i-1} \tag{4-64}$$

B　逐点张力计算步骤

以水平或向上输送为例，典型的输送带张力计算步骤如下：

（1）按输送带摩擦传动条件要求，计算传动滚筒输送带绕出点（如图 4-36 中的 1 点）启动工况下所需要的最小张力值；以此值为起始点，按稳定运行工况下输送带各点张力计算方法，计算输送带各点的张力（如图 4-36 中 2、3、4 点的张力）；并按输送带垂度限制条件校核最小张力值。若不能满足要求，则需按步骤（2）计算。

（2）按输送带垂度限制条件，计算尾部改向滚筒绕出点（即承载分支张力最小点，如图 4-36 中的 3 点）所需要的最小允许张力 F_{min}；以该点为起始点，按稳定运行工况下输送带各点张力计算方法，计算输送带各点的张力（如图 4-36 中 4、1、2 点的张力）；按输送带摩擦传动条件要求，校核传动滚筒绕入点和绕出点的张力计算值，若不能满足要求，需按步骤（1）计算。

有倾角起伏变化的带式输送机，应分段计算运行阻力，并考虑最不利工况下的运行阻力计算。

在实际设计工作中，为简化计算，通常按启动工况计算传动滚筒不打滑条件所需最小张力，然后依此张力为基础，按稳定运行工况计算各特性点张力，最后校验承载分支及回程分支最小张力是否满足下垂度条件要求。若满足要求，则计算终止；若不满足要求，则调整传动滚筒绕出点的张力值，重新进行逐点计算和垂度校验，直到取得同时满足不打滑条件和垂度条件的最小张力值为止，即张力计算是一个"迭代"过程。

C　黏弹性体张力计算

输送带各点张力的计算，过去传统的设计是将输送带按刚体来计算，由于用这种计算方法得出的输送带加、减速过程中的动张力结果不准确，对大型、布置复杂带式输送机往往采用加大输送带安全系数的办法解决。

输送带按其受力特性属黏弹性体。弹性波在黏弹性体内的传播，既有一定的波速又受一定的阻尼作用，致使在加速过程中输送带张力在不同位置、不同时刻都有变化。将输送带黏弹性材料的力学特性计入，并综合计入驱动装置驱动力特性、带式输送机各运动体的质量分布、线路各区段的坡度变化、输送带运行阻力等各种影响因素，建立带式输送机运行动力学数学模型，可较准确计算出启动和停车过程中输送带各点不同时间的速度、加速度及张力变化，即带式输送机动态分析。

为准确计算启动和停车过程输送带各点张力，对于长距离、大输送量（$\geqslant 3000 t/h$）及高带速的大型带式输送机，或倾角多变、布置复杂的带式输送机，宜将输送带按黏弹性体计算，进行动态分析，以使设计经济合理，避免带式输送机出现运行事故。

国外从 20 世纪 80 年代开始就对一些长距离和布置复杂的带式输送机，将输送带按黏弹性体进行动态分析计算。通过分析，改进设计布置和驱动方式，降低了输送带强度（安全系数降到 5 以下），提高了带式输送机的可靠性和经济合理性。

4.4.3.5　拉紧力及滚筒合力

输送带拉紧滚筒的拉紧力，可按下式计算：

$$F_{Sp} = F_{Si} + F_{S(i+1)} \qquad (4-65)$$

式中　F_{Sp}——输送带拉紧滚筒的拉紧力，N；

$\quad F_{Si}$——输送带在拉紧滚筒绕入点的张力值，应为最不利工况时的张力值，N；

$\quad F_{S(i+1)}$——输送带在拉紧滚筒绕出点的张力值，应为最不利工况时的张力值，N。

对于传动滚筒，$F_{S(i+1)} = F_2$，$F_{Si} = F_2 + F_{UA}$，则传动滚筒合力：

$$F_n = F_{UA} + 2F_2 \qquad (4-66)$$

式中　F_n——传动滚筒合力，N；

$\quad F_{UA}$——输送带满载启动时出现的最大圆周驱动力，N；

$\quad F_2$——传动滚筒绕出点的张力值，应为最不利工况时的张力值，N。

4.4.4　启动加速与减速停车

为避免输送机惯性力作用使输送机出现输送带打滑、飘带、折皱堆叠、输送机飞车等动力现象，降低输送带动张力，减小冲击，应控制启动加速度和停车加速度。采用可控软启动、制动技术可有效降低和控制加速度、减速度。

4.4.4.1　惯性力

带式输送机在加速和减速期间，惯性力的作用有可能使带式输送机出现下列动力现象：

（1）输送带的张力发生剧变，严重时造成破坏；

（2）输送带在传动滚筒和制动滚筒的绕入点的张力比值改变，严重时发生输送带打滑；

（3）凹弧段的输送带脱离托辊而产生飘带；

（4）张力变成负值的输送带区域发生折皱堆叠；

（5）重锤拉紧装置的行程超过限位；

（6）输送物料在输送带上发生滑动；

（7）制动装置失灵，倾斜带式输送机上的物料下滑力推动输送带，造成飞车（特别是向下输送的带式输送机）。

带式输送机设计需对惯性力进行计算，并采取措施减小惯性力对设备的不良作用，保证带式输送机正常工作。

带式输送机在启动加速和减速停车期间，当将输送带视为刚体时，惯性力可按下列公式计算：

$$F_A = \pm (m_L + m_D) a \qquad (4-67)$$

式中　F_A——带式输送机各运动体的总惯性力，N；

m_L——带式输送机运动体（输送带、物料和托辊）转换到输送带上直线运动的等效质量，kg；

m_D——带式输送机除托辊外的旋转部件转换到输送带上直线运动的等效质量，kg；

a——输送带平均加速度，m/s^2。

带式输送机运动体转换到输送带上直线运动的等效质量，可按下式计算：

$$m_L = (2q_B + q_G + k_1 q_{RO} + k_1 q_{RU}) L \qquad (4-68)$$

式中　k_1——托辊旋转部分质量变换为直线运动等效质量的转换系数，宜取 0.9；

L——输送带长度（头尾滚筒中心距），m。

带式输送机除托辊外的旋转部件应包括驱动装置的电动机、高速轴联轴器、液力耦合器、制动轮、减速器、低速联轴器、逆止装置及所有滚筒等旋转部件，其转换到输送带上直线运动的等效质量，可按下式计算：

$$m_D = \frac{n_D \sum J_{iD} i_i^2}{r_D^2} + \sum \frac{J_i}{r_i^2} \qquad (4-69)$$

式中　n_D——带式输送机的驱动单元数；

J_{iD}——驱动单元第 i 个转动部件的转动惯量，kg·m^2；

i_i——第 i 个转动部件至传动滚筒的传动比；

r_D——传动滚筒的半径，m；

J_i——第 i 个滚筒的转动惯量，kg·m^2；

r_i——第 i 个滚筒的半径，m。

4.4.4.2　启动加速

控制带式输送机加速度的目的是改善带式输送机的启动性能和降低输送带的动张力，减小冲击。设计应根据带式输送机性能、参数要求，选择符合要求的加速度。带式输送机启动时，倾角变化越大、带式输送机长度越长，等效质量越大，则惯性力的作用使带式输送机出现的动力现象越复杂，对加速度控制应越严格，加速度取值应越小。

带式输送机启动加速度，应符合下列规定：

（1）机长超过 200m 的输送机，加速度不应大于 $0.3m/s^2$。

（2）机长超过 500m（电动工况）或机长超过 200m 向下输送的输送机（发电工况），启动加速度过大会造成带式输送机的动力现象突出。为改善带式输送机启动工况，启动平均加速度不宜大于 $0.2m/s^2$。

（3）长距离带式输送机，特别是布置复杂、倾角变化较大的长距离带式输送机，平均加速度不宜大于 $0.1m/s^2$。

（4）倾斜输送物料的带式输送机，加速度的选择应保证物料与输送带间不打滑。

（5）带式输送机的启动加速时间，不应超过驱动电动机允许的启动时间或软启动装置允许的最长启动时间。

带式输送机启动时实际平均加速度，可按下列公式计算：

$$a = \frac{(k_0 - 1)F_U}{m_L + m_D} \tag{4-70}$$

$$k_0 = k_a \frac{P_{M1}}{P_M} \tag{4-71}$$

式中　k_0——带式输送机实际启动系数；

　　　P_{M1}——带式输送机实际选用的驱动电动机的功率之和，kW；

　　　P_M——带式输送机系统所需的驱动电动机功率之和，kW；

　　　k_a——驱动装置启动系数，中小型带式输送机可取 $1.3 \sim 1.7$，复杂的大型带式输送机需进行精确计算，并通过动态分析求得。

输送微小颗粒物料的带式输送机，在倾角较大时，为保证物料与输送带间不打滑，启动加速度和制动减速度，应按下列公式进行校核：

（1）启动时

$$a \leqslant (\mu_1 \cos\delta_{max} - \sin\delta_{max})g \tag{4-72}$$

（2）制动时

$$|a| \leqslant |\mu_1 \cos\delta_{max} + \sin\delta_{max}|g \tag{4-73}$$

式中　μ_1——物料与输送带间的摩擦系数，取 $0.5 \sim 0.7$；

　　　δ_{max}——输送机倾角最大值。

4.4.4.3　减速停车

带式输送机停车减速度，应符合下列规定：

（1）平均减速度应不大于 $0.3m/s^2$；

（2）对大型带式输送机（驱动功率 $\geqslant 1000kW$、机长 $\geqslant 1500m$）及机长 500m 以上的带式输送机，满载正常停车时平均减速度不宜大于 $0.2m/s^2$；

（3）输送线路倾角变化较大、布置复杂的大型长距离带式输送机，平均减速度不宜大于 $0.1m/s^2$。

大型带式输送机，可根据性能参数采用自由停车、减力停车、增惯停车或制动停车等减速停车方式。

（1）自由停车：切断驱动电动机电源后，由带式输送机本身运行阻力消耗运行能量的停车方式，适用于自由停车时停车时间满足要求的带式输送机。

（2）减力停车：逐渐减小带式输送机驱动力的停车方式，如向上输送的带式输送机，当自由停车时间小于规定值时，需通过逐渐减小带式输送机驱动力延长停车时间，以保证规定的减速度值。

（3）增惯停车：当自由停车时间小于规定值并采用减力停车时，为避免因电力故障使减力停车失效达不到减速数据要求而采用的停车方式。增惯停车通常在驱动装置高速轴加装惯性飞轮，利用飞轮惯量延长停车时间，减小减速度。

（4）制动停车：当带式输送机自由停车时间大于规定值时，需对输送机施加制动力的停车方式。

水平或近水平带式输送机，当满载自由停车的减速时间过长时，应采用制动停车方式。带式输送机自由停车平均减速度，可按下式计算：

$$a = \frac{F_U}{m_L + m_D} \tag{4-74}$$

当向上输送带式输送机的自由停车减速度大于规定值时，需采用减力停车，所需传动滚筒驱动圆周力，可按下式计算：

$$F_{BE} = F_U - (m_L + m_D)a \tag{4-75}$$

式中　F_{BE}——减力停车时传动滚筒的驱动圆周力。

水平或近水平带式输送机，当满载自由停车的减速时间过长时，应采用制动停车方式。制动停车时所需制动力 F_B，可按下列公式计算：

$$F_B = (m_L + m_D)a_B - F_U \tag{4-76}$$

式中　a_B——制动加速度，m/s^2。

4.4.5　带式输送机的整机布置

4.4.5.1　一般规定

带式输送机的最大允许倾角，应根据被输送物料的种类及特性、带式输送机特性及技术参数、输送带类型、工作条件确定。

带式输送机线路布置，应减少中间转载环节，并应避免带式输送机倾角有较大的变化。

露天布置的长距离带式输送机，沿线应设维修车辆通道。当带式输送机多台并列布置时，维修车辆通道的位置应便于每条带式输送机线路维修。

高带速或输送块状物料的带式输送机，受料段应水平或微倾斜布置。当必须设在倾斜段时，应采取安全措施。

犁式卸料器宜在带式输送机水平段；卸料车应设在带式输送机水平段，并应根据输送的物料特性和卸料车结构选择输送带速度。

4.4.5.2　槽形过渡段

在确定带式输送机滚筒与第一组承载托辊间的距离时，应特别要注意留有适当的过渡距离，即过渡段。因为钢丝绳芯胶带的伸长率很小，若作用于胶带的张紧力变大，则两者之间胶带的挠度（悬垂度）趋近于零，胶带两边缘部分展开的比其他部分大，张力相应增高，将会导致胶带边缘和托辊的损坏加剧。大运量、长距离、输送带张力大和重要的输送机均应设置过渡段。该过渡段长度取决于胶带宽度、托辊槽角、实际张力大小及滚筒与中间托辊的相对位置。

滚筒顶面处于槽形托辊组槽深的 1/2 时，如图 4-42 所示，对于常用的 35°槽角，过渡段的最小长度见表 4-20。

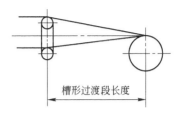

图 4-42 槽形过渡段长度

表 4-20 槽形过渡段长度

张力利用率/%	<60	60~90	>90
织物芯输送带	1.0B	1.3B	1.6B
钢丝绳芯输送带	1.8B	2.6B	3.4B

注：1. 张力利用率为输送带实际张力与许用张力的比率（%）；

    2. B 为输送带的宽度。

如果设计的过渡段长度超过承载托辊组正常间距太多，为了保证输送机运行的安全，中间需要设置槽角较小的过渡托辊。

4.4.5.3 带式输送机布置原则

带式输送机可作水平输送、倾斜向上输送和倾斜向下输送，其布置原则如下：

（1）带式输送机在纵断面上尽可能布置成直线形，应避免有过大的凸弧或深凹弧，以利于正常运行。输送带通过凸弧时，应限制其边缘的伸长率不超过许用值。输送带通过凹弧段时，为防止输送带脱离托辊，要求输送带的自重必须大于凹弧段输送带张力的向上分力。

（2）驱动装置应尽量布置在卸载端，以利于减小输送带的最大张力值。而拉紧装置一般应布置在输送带的张力最小处。

（3）双滚筒驱动时，为提高输送带寿命和不降低输送带与滚筒表面间的摩擦系数，不用 S 形布置。

（4）多滚筒驱动的功率配比应采用等驱动功率单元法分配。输送带在驱动滚筒上的围包角应满足等驱动功率单元法的圆周力分配要求，并考虑布置的可能性。

4.4.5.4 凸弧段与凹弧段

当带式输送机线路上出现变坡点时，在变坡点处需要用曲线连接过渡，从而在线路沿线形成了凸凹弧线段。弧线段一般设置圆曲线，其曲线半径的大小，应视以下不同情况而定。

A 凸弧曲线段的曲率半径

胶带在通过凸弧曲线段时，应注意胶带的伸长问题，即通过弧线点时，胶带两侧边的伸长量比中间大，要避免胶带侧边出现过大的应力。凸弧段的曲率半径，应保证槽形输送带通过凸弧段时，输送带中间部分不隆起。

凸弧段最小曲率半径可按下列公式计算：

织物芯输送带：

$$R_1 \geq (38 \sim 42)B\sin\lambda \tag{4-77}$$

钢丝绳芯输送带：

$$R_1 \geqslant (110 \sim 167)B\sin\lambda \qquad (4\text{-}78)$$

式中　R_1——凸弧段曲率半径，对于张力较大的带式输送机，或在输送带高张力区的凸弧段，宜选用较大的曲率半径值，m；

　　　λ——输送机托辊槽角，(°)。

凸弧段的输送机中间架或钢结构桁架宜设为凸弧。当凸弧长度超过 5m，或采用钢丝绳芯输送带时，应采用加密托辊方式成弧（凸弧段托辊间距一般为承载分支托辊间距的 1/2），不宜采用改向滚筒。

B　凹弧曲线段的曲率半径

在凹弧曲线段，一方面因胶带自重和带上物料的重力作用，使胶带下贴在托辊上，同时又由于胶带张力作用，欲使胶带向上抬起而离开托辊。为了保证带式输送机在最不利的运行条件（空载）下，凹弧段的输送带不抬起脱离托辊，必须设计有足够大的凹弧段曲率半径，以保证在凹弧段胶带的重力大于该处胶带张力作用的向上分力，同时避免出现输送带边缘松弛皱曲的现象。

凹弧段最小曲率半径，可按下列公式计算：

$$R_2 \geqslant \frac{K_\mathrm{d}F_i}{q_\mathrm{B}g\cos\alpha} \qquad (4\text{-}79)$$

式中　R_2——凹弧段曲率半径，m；

　　　K_d——带式输送机动载荷系数，宜取 1.2～1.5。对惯性小，启、制动平稳的带式输送机可取 1.2～1.3，否则取大值；对具有软启、制动装置的带式输送机，可取 1.2；

　　　F_i——输送带稳定运行工况凹弧段起点处的张力，对布置复杂的带式输送机，F_i 应取最不利载荷条件下计算值，N；

　　　q_B——每米长度胶带质量，kg/m；

　　　α——凹弧段变坡点处的线路转角，即凹弧段的圆心角，(°)。

凹弧段起点至导料槽的距离应足够，以保证在任何条件下，导料槽出口处的输送带不跳离托辊或顶在导料槽体上。当此距离小于 5m 时，必须在导料槽与凹弧起点间设置压轮，如图 4-43 所示。

凹弧段支撑上下托辊的输送机中间架或钢

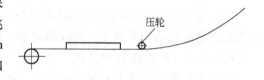

图 4-43　压轮安装的位置

结构桁架亦应为凹弧；不允许在凹弧段设置带侧辊的调心托辊组；一般应在凹弧段靠近凹弧段起点处设置压轮。

当空间布置困难，凹弧段输送带在最不利工况下有可能抬起时，应采取措施保证输送带抬起后不与其他物体碰撞，或设置安全装置防止输送带抬起。

4.4.6　带式输送机典型计算示例

【例 4-1】　头部单传动

某矿输煤系统头部单传动带式输送机，如图 4-44 所示。输送能力 $Q = 600\mathrm{t/h}$，原煤粒

度 $0 \sim 300\text{mm}$，堆积密度 $\rho = 900\text{kg/m}^3$，静堆积角 $\alpha = 40°$，机长（水平长）$L_\text{n} = 127.293\text{m}$，提升高度 $H = 7.3\text{m}$，倾斜角度 $\delta = 3°16'36''$。

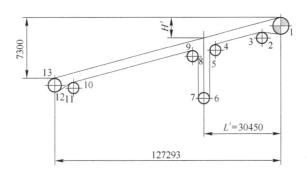

图 4-44　带式输送机简图（头部单传动）

解：初步设定参数：带宽 $B = 1000\text{mm}$，带速 $v = 2\text{m/s}$。上托辊间距 $a_0 = 1200\text{mm}$，下托辊间距 $a_\text{U} = 3000\text{mm}$，托辊槽角 $\lambda = 35°$，托辊辊径 133mm，导料槽长度 4000mm，输送带上胶厚 4.5mm，下胶厚 1.5mm，托辊前倾 $1°23'$。

（1）核算输送能力。

带式输送机每秒设计输送量：$I_\text{v} = \dfrac{Q}{3.6\rho} = \dfrac{600}{3.6 \times 900} = 0.1852\text{m}^3/\text{s}$

查表 4-7 得运行堆积角 $\theta = 25°$

查表 4-8 得输送带上物料的横截面面积 $S = 0.12265\text{m}^2$

根据输送带倾斜角度 $\delta = 3°16'36''$，查表 4-10 得倾斜输送机面积折减系数 $k = 0.99$；则输送带输送能力

$$Q = 3.6Sv\rho k = 3.6 \times 0.12265 \times 2 \times 900 \times 0.99 = 787\text{t/h}$$

大于 600t/h，满足要求。

（2）根据原煤粒度核算输送机带宽。

物料粒度决定的最小带宽，由式（4-18）得：

$$B = 2a_1 + 0.2 = 2 \times 0.3 + 0.2 = 0.8\text{m} < 1000\text{mm}$$

所以，输送带宽度能够满足输送 300mm 粒度原煤的要求。

（3）计算圆周驱动力和传动所需功率。

1）主要阻力 F_H：

由式（4-23）计算主要阻力，即 $F_\text{H} = fLg\left[(2q_\text{B} + q_\text{G})\cos\delta + q_\text{RO} + q_\text{RU}\right]$

由表 4-12 得模拟摩擦系数：$f = 0.03$（多尘、潮湿）

由表 4-13 得承载分支每组托辊旋转部分质量：$G_1 = 18.9\text{kg}$

由表 4-13 得回程分支每组托辊旋转部分质量：$G_2 = 16.09\text{kg}$

则承载分支托辊组每米长度旋转部分质量：$q_\text{RO} = \dfrac{G_1}{a_0} = \dfrac{18.9}{1.2} = 15.75\text{kg/m}$

回程分支托辊组每米长度旋转部分质量：$q_\text{RU} = \dfrac{G_2}{a_\text{U}} = \dfrac{16.09}{3} = 5.36\text{kg/m}$

每米长度输送物料质量：$q_G = \dfrac{Q}{3.6v} = \dfrac{600}{3.6 \times 2} = 83.3 \text{kg/m}$

查表 4-14 得每米胶带质量：$q_B = 13 \text{kg/m}$

机长：$L = \dfrac{L_n}{\delta} = \dfrac{127.293}{\cos 3°16'36''} = 127.502 \text{m}$

则主要阻力：

$$F_H = fLg[(2q_B + q_G)\cos\delta + q_{RO} + q_{RU}]$$

$$= 0.03 \times 127.502 \times 9.81 \times [(2 \times 13 + 83.3)\cos 3°16'36'' + 15.75 + 5.36] = 4886.8 \text{N}$$

2）主要特种阻力：

主要特种阻力由式（4-35）计算，即 $F_{S1} = F_\varepsilon + F_{g1}$

托辊前倾的附加摩擦阻力 F_ε 由式（4-36）计算，即 $F_\varepsilon = C_\varepsilon \mu_0 L_\varepsilon (q_B + q_G) g\cos\delta\sin\varepsilon$

托辊槽角 $\lambda = 35°$，取槽型系数：$C_\varepsilon = 0.43$

托辊和输送带间的摩擦系数：$\mu_0 = 0.3$

装有前倾托辊的输送段长度：$L_\varepsilon \approx L = 127.502 \text{m}$

则托辊前倾的附加摩擦阻力：

$$F_\varepsilon = C_\varepsilon \mu_0 L_\varepsilon (q_B + q_G) g\cos\delta\sin\varepsilon$$

$$= 0.43 \times 0.3 \times 127.502 \times (13 + 83.3) \times 9.81 \times \cos 3°16'36'' \times \sin 1°23'$$

$$= 375 \text{N}$$

物料与导料槽间的摩擦力由式（4-38）计算，即 $F_{g1} = \dfrac{\mu_2 I_v^2 \rho g l}{v^2 b_1^2}$

查表 4-16 得导料槽两栏板间宽度：$b_1 = 0.61 \text{m}$

物料与导料槽间的摩擦系数：$\mu_2 = 0.7$

则物料与导料槽间的摩擦力：

$$F_{g1} = \dfrac{\mu_2 I_v^2 \rho g l}{v^2 b_1^2} = \dfrac{0.7 \times 0.1852^2 \times 900 \times 9.81 \times 4}{2^2 \times 0.61^2} = 570 \text{N}$$

主要特种阻力：$F_{S1} = F_\varepsilon + F_{g1} = 375 + 570 = 945 \text{N}$

3）附加特种阻力：

附加特种阻力计算式（4-39）：$F_{S2} = F_r + F_p$

其中，输送带清扫器摩擦阻力计算式（4-40）：$F_r = n_3 A p \mu_3$

查表 4-16 得刮板与输送带接触面积：$A = 0.01 \text{m}^2$

取清扫器与输送带间的压力：$p = 10 \times 10^4 \text{N/m}^2$

取清扫器与输送带间的摩擦系数：$\mu_3 = 0.6$

则单个清扫器摩擦阻力：$F_{ri} = A p \mu_3 = 0.01 \times 10 \times 10^4 \times 0.6 = 600 \text{N}$

清扫器个数 $n_3 = 5$，包括 2 个清扫器和 2 个空段清扫器（1 个空段清扫器相当于 1.5 个清扫器）

则输送带清扫器摩擦阻力：$F_r = n_3 F_{ri} = 5 \times 600 = 3000 \text{N}$

犁式卸料器摩擦阻力：$F_p = 0$

附加特种阻力：$F_{S2} = F_r + F_p = 3000\text{N}$

4）倾斜阻力：

由式（4-42）得倾斜阻力：$F_{St} = q_G gH = 83.3 \times 9.81 \times 7.3 = 5965\text{N}$

5）圆周驱动力 F_U：

由于输送机长度大于 80m，可采用附加阻力系数简化计算。由表 4-11 并插值得附加阻力系数 $C = 1.68$，由公式（4-21）得：

$$F_U = CF_H + F_{S1} + F_{S2} + F_{St} = 1.68 \times 4886.8 + 945 + 3000 + 5965 = 18119.8\text{N}$$

根据给定条件，取启动系数：$K_A = 1.5$

则最大圆周驱动力

$$F_{UA} = K_A F_U = 1.5 \times 18119.8 = 27180\text{N}$$

6）传动功率计算：

驱动系统传动效率：$\eta = 0.88$

由式（4-44）得电动机所需功率为：$P = \dfrac{F_U v}{1000\eta} = \dfrac{18119.8 \times 2}{1000 \times 0.88} = 43.3\text{kW}$

（4）张力计算。

1）输送带不打滑条件校核：

启动工况下输送带不打滑条件，由式（4-47）计算，即

$$F_2 \geqslant \frac{F_{UA}}{e^{\mu\varphi} - 1} = \frac{K_A F_U}{e^{\mu\varphi} - 1}$$

查表 4-17 得传动滚筒与输送带间的摩擦系数 $\mu = 0.35$，围包角 $\varphi = 190°$，得欧拉系数 $e^{\mu\varphi} = 3.18$，则传动滚筒绕出点最小张力：

$$F_2 \geqslant \frac{F_{UA}}{e^{\mu\varphi} - 1} = \frac{27180}{3.18 - 1} = 12468\text{N}$$

2）输送带下垂度校核：

取允许下垂度 $h_r = 0.01$，由式（4-56）得承载分支最小张力 $F_{\min}$ 为：

$$F_{\min} \geqslant \frac{a_O(q_B + q_G)g}{8h_r} = \frac{1.2 \times (13 + 83.3) \times 9.81}{8 \times 0.01} = 14171\text{N}$$

由式（4-57）得回程分支最小张力 $F_{\min}$ 为：

$$F_{\min} \geqslant \frac{a_U q_B g}{8h_r} = \frac{3 \times 13 \times 9.81}{8 \times 0.01} = 4782\text{N}$$

3）传动滚筒合力 F_n：

启动工况下传动滚筒合力，由式（4-66）得：

$$F_n = F_{UA} + 2F_2 = 27180 + 2 \times 12468 = 52116\text{N} = 52.1\text{kN}$$

根据 F_n，查阅 DTⅡ（A）型带式输送机传动滚筒型谱，初选传动滚筒直径 $D = 630\text{mm}$，输送机代号 10063.2，许用合力 73kN，满足要求。该型滚筒许用扭矩 12kN·m。

传动滚筒扭矩：$M_{\max} = \dfrac{F_{UA}D}{2 \times 1000} = \dfrac{27180 \times 0.63}{2000} = 8.56\text{kN·m} < 12\text{kN·m}$

传动滚筒许用扭矩满足要求。

4) 各特性点张力：

根据启动工况不打滑条件，传动滚筒奔离点最小张力为 12468N；空载边垂度条件要求回程分支最小张力 $F_{\min} = 4782N$，取二者中的最大值，即 $S_1 = 12468N$。

传动滚筒后 2 个清扫器，则

$$S_2 = S_1 + 2F_{ri} = 12468 + 2 \times 600 = 13668N$$

查表 4-15 得改向滚筒阻力系数 $K' = 1.02$，则

$$S_3 = K' \times S_2 = 1.02 \times 13668 = 13941N$$

特性点 4、10 之前各有一空段清扫器。另外，在进行张力计算时，还应考虑各段输送带倾斜阻力的影响，此处倾斜阻力与运动方向一致，即为负值，所以

$$S_4 = S_3 + fL_ig(q_{RU} + q_B) + 1.5 \times F_{ri} - q_Bgh_i$$

$$= 13941 + 0.03 \times 30.5 \times 9.81 \times (5.36 + 13) + 1.5 \times 600 - 13 \times 9.81 \times 1.74$$

$$= 14784N$$

$$S_5 = S_6 = 1.03 \times S_4 = 1.03 \times 14784 = 15228N$$

$$S_7 = S_8 = 1.04 \times S_6 = 1.04 \times 15228 = 15837N$$

$$S_9 = 1.03 \times S_8 = 1.03 \times 15837 = 16312N$$

$$S_{10} = S_9 + fL_ig(q_{RU} + q_B) + 1.5 \times F_{ri} - q_Bgh_i$$

$$= 16312 + 0.03 \times 97.00 \times 9.81 \times (5.36 + 13) + 1.5 \times 600 - 13 \times 9.81 \times 5.54$$

$$= 17030N$$

$$S_{11} = S_{12} = 1.02 \times S_{10} = 1.02 \times 17030 = 17371N$$

$$S_{13} = 1.04 \times S_{12} = 1.04 \times 17371 = 18066N$$

大于承载边下垂度要求的最小张力 14171N，满足要求。

5) 拉紧装置计算：

根据特性点张力计算结果，拉紧力为

$$F_0 = S_6 + S_7 = 15228 + 15837 = 31065N \approx 31.1kN$$

可以据此进行拉紧装置及改向滚筒选型，并计算重锤质量。

【例 4-2】 中部双传动

原始参数及物料特性：某钢铁厂高炉带式上料机，输送能力 $Q = 1700t/h$，物料粒度 $0 \sim 100mm$，堆积密度 $\rho = 1800kg/m^3$，静堆积角 $\alpha = 37°$，机长 $L_n = 304.88m$，提升高度 $H = 57.051m$，倾斜角度 $\delta = 10°25'40''$，如图 4-45 所示。

设计特殊要求：采用双滚筒四电机驱动方式，任意 1 台电动机故障，其余 3 台能继续运转。

解：初定设计参数：带宽 $B = 1400mm$；带速 $v = 2m/s$；上托辊间距 $a_0 = 1200mm$，下托辊间距 $a_U = 3000mm$，托辊槽角 $\lambda = 35°$，托辊辊径 159mm，导料槽长度 10m，预选输送带 St2000，上胶厚 8mm，下胶厚 6mm，托辊前倾 1°25'。

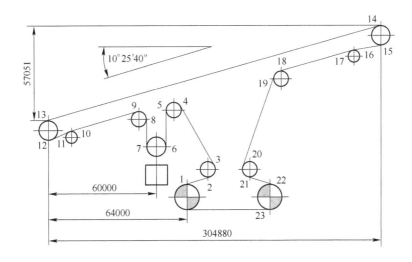

图 4-45　带式输送机简图（中部双传动）

（1）核算输送能力。

带式输送机每秒设计输送量：$I_v = \dfrac{Q}{3.6\rho} = \dfrac{1700}{3.6 \times 1800} = 0.2623\text{m}^3/\text{s}$

查表 4-7 得运行堆积角 $\theta = 25°$

查表 4-8 得输送带上物料的横截面面积 $S = 0.24951\text{m}^2$

根据输送带倾斜角度 $\delta = 10°25'40''$，查表 4-10 得倾斜输送机面积折减系数 $k = 0.95$

则输送带输送能力：

$$Q = 3.6Sv\rho k = 3.6 \times 0.24951 \times 2 \times 1800 \times 0.95 = 3072\text{t/h}$$

输送能力大于 1700t/h，满足要求。

（2）根据物料粒度核算输送机带宽。

物料粒度决定的最小带宽，由式（4-18）得：

$$B = 2a_1 + 0.2 = 2 \times 0.1 + 0.2 = 0.4\text{m} < 1400\text{mm}$$

所以，输送带宽度能够满足输送 100mm 粒度原料的要求。

（3）计算圆周驱动力和传动功率。

1）主要阻力 F_H：

由式（4-23），即 $F_H = fLg\big[(2q_B + q_G)\cos\delta + q_{RO} + q_{RU}\big]$

由表 4-12 得模拟摩擦系数 $f = 0.023$（多尘、潮湿）

由表 4-13 得托辊参数 $G_1 = 34.92\text{kg}$，$G_2 = 29.99\text{kg}$

则承载分支托辊组每米长度旋转部分质量：$q_{RO} = \dfrac{G_1}{a_o} = \dfrac{34.92}{1.2} = 29.1\text{kg/m}$

回程分支托辊组每米长度旋转部分质量：$q_{RU} = \dfrac{G_2}{a_U} = \dfrac{29.99}{3.0} = 10\text{kg/m}$

每米长度输送物料质量：$q_G = \dfrac{Q}{3.6v} = \dfrac{1700}{3.6 \times 2} = 236.1\text{kg/m}$

查表 4-2 得规格 St2000、带宽 $B = 1400\text{mm}$ 输送带每米质量：

$$q_B = 34 \times 1.4 = 47.6\text{kg/m}$$

机长：$L = \dfrac{304.88}{\cos10°25'40''} = 310\text{m}$

则主要阻力：

$$F_H = fLg\big[(2q_B + q_G)\cos\delta + q_{RO} + q_{RU}\big]$$

$$= 0.023 \times 310 \times 9.81 \times \big[(2 \times 29.4 + 236.1)\cos10°25'40'' + 47.6 + 10\big] = 25525\text{N}$$

2）主要特种阻力：

主要特种阻力由式（4-35）计算，即 $F_{S1} = F_\varepsilon + F_{gl}$

托辊前倾的附加摩擦阻力 F_ε 由式（4-36）计算，即 $F_\varepsilon = C_\varepsilon\mu_0L_\varepsilon(q_B + q_G)g\cos\delta\sin\varepsilon$

托辊槽角 $\lambda = 35°$，取槽型系数：$C_\varepsilon = 0.43$

托辊和输送带间的摩擦系数：$\mu_0 = 0.35$

装有前倾托辊的输送段长度：$L_\varepsilon \approx L = 310\text{m}$

则托辊前倾的附加摩擦阻力：

$$F_\varepsilon = C_\varepsilon\mu_0L_\varepsilon(q_B + q_G)g\cos\delta\sin\varepsilon$$

$$= 0.43 \times 0.35 \times 310 \times (47.6 + 236.1) \times 9.81 \times \cos10°25'40'' \times \sin1°25'$$

$$= 3157\text{N}$$

物料与导料槽间的摩擦力由式（4-38）计算，即 $F_{gl} = \dfrac{\mu_2 I_v^2\rho gl}{v^2 b_1^2}$

物料与导料槽间的摩擦系数：$\mu_2 = 0.7$

导料槽长度：$l = 10\text{m}$

查表 4-16 得导料槽两栏板间宽度：$b_1 = 0.85\text{m}$

则物料与导料槽间的摩擦力：

$$F_{gl} = \frac{\mu_2 I_v^2\rho gl}{v^2 b_1^2} = \frac{0.7 \times 0.2623^2 \times 1800 \times 9.81 \times 10}{2^2 \times 0.85^2} = 2943\text{N}$$

则主要特种阻力：$F_{S1} = F_\varepsilon + F_{gl} = 3157 + 2943 = 6100\text{N}$

3）附加特种阻力：

附加特种阻力由式（4-39）计算，即 $F_{S2} = F_r + F_p$

输送带清扫器摩擦阻力由式（4-40）计算，即 $F_r = n_3Ap\mu_3$

查表 4-16 得刮板与输送带接触面积：$A = 0.014\text{m}^2$

取清扫器与输送带间的压力：$p = 10 \times 10^4\text{N/m}^2$

取清扫器与输送带间的摩擦系数：$\mu_3 = 0.6$

则单个清扫器摩擦阻力：$F_{ri} = Ap\mu_3 = 0.014 \times 10 \times 10^4 \times 0.6 = 840\text{N}$

清扫器个数 $n_3 = 5$，包括 2 个清扫器和 2 个空段清扫器（1 个空段清扫器相当于 1.5 个清扫器），则输送机清扫器摩擦阻力：$F_r = n_3F_{ri} = 5 \times 840 = 4200\text{N}$

犁式卸料器摩擦阻力 $F_p = 0$

则附加特种阻力：$F_{S2} = F_r + F_p = 4200\text{N}$

4）倾斜阻力：

由式（4-42）：$F_{St} = q_G g H = 236.1 \times 9.81 \times 57.051 = 132138N$

5）圆周驱动力 F_U：

由于输送机长度大于 80m，可采用附加阻力系数计算。由表 4-11 并插值得附加阻力系数 $C = 1.30$，由公式（4-21）得圆周驱动力：

$$F_U = CF_H + F_{S1} + F_{S2} + F_{St} = 1.30 \times 25525 + 6100 + 4200 + 132138 = 175621N$$

6）传动功率计算：

传动滚筒轴功率 P_A 为：

$$P_A = \frac{F_U v}{1000} = \frac{175621 \times 2}{1000} = 351kW$$

驱动系统传动效率：考虑到多机驱动功率不平衡，取 $\eta = 0.80$

由式（4-44）得电动机所需功率为：$P = \frac{P_A}{\eta} = \frac{351}{0.80} = 439kW$

根据带式上料机特殊布置要求，传动系统采用双滚筒四电机模式运作，正常工作为 3 台电动机，则每台电动机功率为：

$$\frac{439}{3} = 146kW$$

依此进行电动机容量选型，并考虑 15% ~ 20% 的备用功率。

（4）张力计算。

1）输送带不打滑条件校核：

输送带不打滑的条件，由式（4-47）得：

$$F_2 \geqslant \frac{F_{UA}}{e^{\mu\varphi} - 1} = \frac{K_A F_U}{e^{\mu\varphi} - 1}$$

根据给定条件，取启动系数 $K_A = 1.5$，则最大圆周驱动力 F_{UA}：

$$F_{UA} = K_A F_U = 1.5 \times 175621 = 263432N$$

查表 4-17 得传动滚筒与输送带间的摩擦系数 $\mu = 0.35$

围包角 $\varphi_1 = \varphi_2 = 200°$，得欧拉系数 $e^{\mu\varphi_1} = e^{\mu\varphi_2} = 3.4$

假设两传动滚筒的围包角都能得到充分利用，则总围包角：

$$\varphi = \varphi_1 + \varphi_2 = 200° + 200° = 400°$$

总欧拉系数：$e^{\mu\varphi} = e^{\mu\varphi_1 + \mu\varphi_2} = 3.4 \times 3.4 = 11.56$

则传动滚筒绕出点最小张力：$F_2 \geqslant \dfrac{F_{UA}}{e^{\mu\varphi} - 1} = \dfrac{263432}{11.56 - 1} = 24946N$

2）输送带下垂度校核：

取允许垂度 $h_r = 0.01$，由式（4-56）得承载分支最小张力 $F_{承min}$ 为：

$$F_{承min} \geqslant \frac{a_0 (q_B + q_G) g}{8 h_r} = \frac{1.2 \times (47.6 + 236.1) \times 9.81}{8 \times 0.01} = 41746N$$

由式（4-57）得回程分支最小张力 $F_{回min}$ 为：

$$F_{\text{回}\min} \geqslant \frac{a_{\text{U}} q_{\text{B}} g}{8 h_{\text{r}}} = \frac{3 \times 47.6 \times 9.81}{8 \times 0.01} = 17511 \text{N}$$

3）各特性点张力计算：

根据不打滑条件，传动滚筒奔离点最小张力为 24946N。

令 $S_1 = 24946$N，大于回程分支最小张力 $F_{\text{回}\min}$，满足空载边垂度条件。据此计算各点张力，计算结果如表 4-21 所示。

其中：$S_{10} = S_9 + fLg(q_{\text{RU}} + q_{\text{B}}) + 1.5F_{\text{ri}} - q_{\text{B}}gH$，即特性点 9 ~ 10 之间的阻力包括主要阻力、一个空段清扫器阻力及输送带倾斜阻力，S_{18} 的计算类似。

特性点 13 的张力 $S_{13} = 26783 < F_{\text{承}\min} = 41746$，不满足承载分支下垂度条件要求，需令 $S_{13} = 41746$，然后需要重新计算 $S_1 \sim S_{13}$ 之间特性点的张力。重新计算方法有两种，一种是顺序迭代法，即给予 S_1 不同的值，然后沿输送带运行方向重新计算 $S_1 \sim S_{13}$ 之间各特性点的值，直到 S_{13} 满足要求；另一种是逆序法，即从 S_{13} 开始逆序（与输送带运行方向相反）计算逐点张力，此时需要重新推导各点张力计算公式，$S_{12} \sim S_1$ 之间各点张力计算公式如下：

$$S_{11} = S_{12} = S_{13}/1.04$$

$$S_{10} = S_{11}/1.02$$

$$S_9 = S_{10} - fLg(q_{\text{RU}} + q_{\text{B}}) - 1.5F_{\text{ri}} + q_{\text{B}}gH$$

$$S_7 = S_8 = S_9/1.03$$

$$S_5 = S_6 = S_7/1.04$$

$$S_3 = S_4 = S_5/1.03$$

$$S_1 = S_2 = S_3/1.03$$

表 4-21　特性点张力计算表

计　算　式	不　打　滑		1：2
	初　始	重　算	
$S_1 = S_2$	24946	37358	48784
$S_3 = S_4 = 1.03S_2$，需 $S_3 > F_{\text{回}\min}$	25694	38479	50248
$S_5 = S_6 = 1.03S_4$	26465	39633	51755
$S_7 = S_8 = 1.04S_6$	27524	41218	53825
$S_9 = 1.03S_8$	28350	42455	55440
$S_{10} = S_9 + fLg(q_{\text{RU}} + q_{\text{B}}) + 1.5F_{\text{ri}} - q_{\text{B}}gH$	25248	39353	52338
$S_{11} = S_{12} = 1.02S_{10}$	25753	40140	53385
$S_{13} = 1.04S_{12}$	26783	41746	55520
需 $S_{13} \geqslant F_{\text{承}\min}$	41746		
$S_{14} = S_{13} + fLg[q_{\text{RO}} + (q_{\text{B}} + q_{\text{G}})\cos\delta] + F_{\text{S1}} + F_{\text{ST}}$	201535		215309
$S_{15} = S_{16} = 1.04S_{14} + 2F_{\text{ri}}$	211276		225601
$S_{17} = 1.02S_{16}$	215502		230113
$S_{18} = S_{17} + fL_{\text{L}}g(q_{\text{RU}} + q_{\text{B}}) + 1.5F_{\text{ri}} - q_{\text{B}}gH$	199246		213857
$S_{19} = S_{20} = 1.03S_{18}$	205223		220273
$S_{21} = S_{22} = 1.03S_{20}$	211380		226881

4）不同功率配比下各特性点张力：

按照稳定运行工况，分别计算不同功率配比下各特性点张力值。在下述张力计算时，假设围包角 φ_2 能够完全利用。

①功率配比 1：1 时：

$$F_{U1} = F_{U2} = \frac{F_U}{2} = \frac{175621}{2} = 87811N$$

$$S_{23} - S_1 = F_{U2} = 87811N$$

$$S_{23} = F_{U2} \frac{e^{\mu_2\varphi_2}}{e^{\mu_2\varphi_2} - 1} = 87811 \times \frac{3.4}{3.4 - 1} = 124399N$$

$$S_1 = S_{23} - F_{U2} = 124399 - 87811 = 36588N$$

由于 $S_1 = 36588N$，小于按承载分支下垂度条件所计算的 S_1 值（37358N），所以应设 $S_1 = 37358N$，其逐点张力计算结果与不打滑条件计算结果相同。

②功率配比 2：1 时：

$$F_{U1} = \frac{2F_U}{3} = \frac{2 \times 175621}{3} = 117081N$$

$$F_{U2} = \frac{F_U}{3} = \frac{175621}{3} = 58540N$$

$$S_{23} - S_1 = F_{U2} = 58540N$$

$$S_{23} = F_{U2} \frac{e^{\mu_2\varphi_2}}{e^{\mu_2\varphi_2} - 1} = 58540 \times \frac{3.4}{3.4 - 1} = 82932N$$

$$S_1 = S_{23} - F_{U2} = 82932 - 58540 = 24392N$$

由于 $S_1 = 24392N$，小于按承载分支下垂度条件所计算的 S_1 值（37358），所以应设 $S_1 = 37358N$，其逐点张力计算结果与不打滑条件计算结果相同。

③功率配比 1：2 时：

$$F_{U1} = \frac{F_U}{3} = \frac{175621}{3} = 58540N$$

$$F_{U2} = \frac{2F_U}{3} = \frac{2 \times 175621}{3} = 117081N$$

$$S_{23} - S_1 = F_{U2} = 117081N$$

$$S_{23} = F_{U2} \frac{e^{\mu_2\varphi_2}}{e^{\mu_2\varphi_2} - 1} = 117081 \times \frac{3.4}{3.4 - 1} = 165865N$$

$$S_1 = S_{23} - F_{U2} = 165865 - 117081 = 48784N$$

按逐点张力计算法计算各特性点张力，其中 $S_{13} = 55520N \geqslant F_{承min}$，满足下垂度条件要求，其余各点计算结果列于表 4-21 中。

分析以上三种情况可知，在功率比为 1：2 时，各特性点张力最大，即可据此计算出各改向滚筒合张力，然后据此进行滚筒选型。

正常运行工况下，最大拉紧力出现于功率比为 $1:2$ 时，拉紧力为：

$$F_{Sp} = S_6 + S_7 = 51755 + 53825 = 105580N \approx 10558kg$$

5）输送带强度校验：

输送带额定拉断强度计算公式：$\sigma_N \geqslant \dfrac{F_{max}}{B} S_A$

输送带安全系数：$S_A = 9$

稳定运行工况下，最大张力为：$F_{max} = S_{1max} + F_U = 48784 + 175621 = 224405N$

则输送带最大强度：$GX = \dfrac{F_{max}}{B} S_A = \dfrac{224405}{1400} \times 9 = 1442N/mm$

可选输送带 St1600，即可满足要求。由于胶带单位长度质量与预选胶带 St2000 相差不大，对胶带张力及相关参数选取影响不大，不再重新计算胶带逐点张力。

【例4-3】 下运带式输送机

已知某下运带式输送机输送物料参数：原煤，运行堆积角 $\theta = 30°$，物料松散密度 $\rho = 1000kg/m^3$，最大粒度 0.3m。输送量 $Q = 350t/h$，输送机长度 $L = 800m$，输送机倾角 $\delta = -16°$。

工作环境：输送机安装于煤矿井下，工作条件一般，装载点在机头处，整机布置如图 4-46 所示（省略了拉紧装置）。

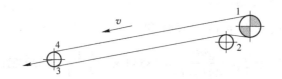

图 4-46　下运带式输送机简图

解：初定参数：带宽 $B = 800mm$，带速 $v = 2m/s$，上托辊间距 $a_0 = 1.2m$，下托辊间距 $a_U = 3m$，上托辊槽角 $\lambda = 35°$，下托辊槽角 $\lambda = 0°$，上、下托辊径 $d_G = 108mm$。

初选输送带：用钢丝绳芯输送带 St2000，额定拉断力 $S_n = 1.6 \times 10^6 N$。

（1）输送能力验证。

输送能力计算公式：$Q = 3.6Sv\rho k$

运行堆积角 $\theta = 30°$，查表 4-8 得输送带上物料的横截面面积 $S = 0.08219m^2$。

根据输送带倾斜角度 $\delta = -16°$，查表 4-10 得倾斜输送机面积折减系数 $k = 0.89$，则输送带输送能力：

$$Q = 3.6Sv\rho k = 3.6 \times 0.08219 \times 2 \times 1000 \times 0.89 = 527t/h$$

大于需要输送能力 350t/h，满足要求。

（2）根据原煤粒度核算输送机带宽。

物料粒度决定的最小带宽，由式（4-18）得：

$$B = 2a_1 + 0.2 = 2 \times 0.3 + 0.2 = 0.8m$$

所以，输送带宽度能够满足输送 0.3m 粒度原煤的要求。

（3）圆周驱动力和所需传动功率计算。

1）主要阻力 F_H：

由式（4-23），即 $F_H = fLg[(2q_B + q_G)\cos\delta + q_{RO} + q_{RU}]$

由表4-12得模拟摩擦系数 $f = 0.012$（多尘、潮湿）

由表4-13得托辊参数 $G_1 = 10.59kg$；$G_2 = 8.78kg$

则承载分支托辊组每米长度旋转部分质量：$q_{RO} = \dfrac{G_1}{a_O} = \dfrac{10.59}{1.2} = 8.83kg/m$

回程分支托辊组每米长度旋转部分质量：$q_{RU} = \dfrac{G_2}{a_U} = \dfrac{8.78}{3} = 2.93kg/m$

每米长度输送物料质量：$q_G = \dfrac{Q}{3.6v} = \dfrac{350}{3.6 \times 2} = 48.6kg/m$

查表4-2得规格 St2000、带宽 $B = 800mm$ 输送带每米质量：

$$q_B = 34 \times 0.8 = 27.2kg/m$$

则：$F_H = 0.012 \times 800 \times 9.81 \times [(2 \times 27.2 + 48.6)\cos16° + 8.83 + 2.93] = 10432N$

主要特种阻力 F_{S1} 和附加特种阻力 F_{S2} 忽略不计。

2）倾斜阻力：

受料点和卸料点间的高差：$H = L\sin\delta = 800 \times \sin(-16°) = -220.5m$

由式（4-42）：$F_{St} = q_G gH = 48.6 \times 9.81 \times (-220.5) = -105127N$

3）圆周驱动力 F_U：

由于输送机长度大于80m，可采用附加阻力系数计算。由表4-11得附加阻力系数 $C = 1.12$，由公式（4-21）得：

$$F_U = CF_H + F_{St} = 1.12 \times 10432 - 105127 = -93443N$$

总阻力为负，表明输送机传动电动机处于发电工况。

4）传动功率计算：

传动滚筒轴功率

$$P_A = \frac{F_U v}{1000} = \frac{-93443 \times 2}{1000} = -187kW$$

驱动系统传动效率：取 $\eta = 0.95$

由式（4-44）得电动机所需功率为：$P = \dfrac{P_A}{\eta} = \dfrac{-187}{0.95} = -197kW$

（4）张力计算。

1）输送带不打滑条件校核：

为满足输送带不打滑的条件，输送带最小张力按式（4-49）计算，即

$$F_1 > \frac{F_{UA}}{e^{\mu\varphi} - 1} = \frac{K_A F_U}{e^{\mu\varphi} - 1}$$

采用液力控制器，取启动系数 $K_A = 1.3$，最大圆周驱动力

$$F_{UA} = K_A F_U = 1.3 \times 93443 = 121476N$$

传动滚筒采用包胶滚筒，查表4-17得传动滚筒与输送带间的摩擦系数 $\mu = 0.25$，围包

角 $\varphi = 210°$，得欧拉系数 $e^{\mu\varphi} = 2.5$，则传动滚筒绕入点最小张力为：

$$F_1 > \frac{F_{UA}}{e^{\mu\varphi} - 1} = \frac{121476}{2.5 - 1} = 80984N$$

2）输送带下垂度校核：

取允许下垂度 $h_r = 0.01$，由式（4-56）得承载分支最小张力 $F_{承min}$ 为：

$$F_{承min} \geqslant \frac{a_0(q_B + q_G)g}{8h_r} = \frac{1.2 \times (27.2 + 48.6) \times 9.81}{8 \times 0.01} = 11154N$$

由式（4-57）得回程分支最小张力 $F_{回min}$ 为：

$$F_{回min} \geqslant \frac{a_U q_B g}{8h_r} = \frac{3 \times 27.2 \times 9.81}{8 \times 0.01} = 10006N$$

3）传动滚筒合力 F_n：

由式（4-66）得传动滚筒合力：

$$F_n = F_{UA} + 2F_1 = 121476 + 2 \times 80984 = 202460N \approx 202.5kN$$

4）各特性点张力：

根据不打滑条件，传动滚筒绕入点最小张力为 $F_1 = 80984N$，所以令 $S_2 = 80984N$。

由于输送带较长，在特性点张力计算中可忽略改向滚筒阻力，则

$$S_1 = S_2 + |F_U| = 80984 + 93443 = 174427N$$

$$S_3 = S_4 = S_2 + fLg(q_{RU} + q_B\cos\delta) - gq_B H$$

$$= 80984 + 0.012 \times 800 \times 9.18 \times (2.93 + 27.2 \times \cos16°) - 9.81 \times 27.2 \times 220.5$$

$$= 19410N$$

大于下垂度条件所需最小张力11154N。

5）输送带强度校验：

采用安全系数法校验输送带强度。

输送带许用安全系数由式（4-61）计算，即 $[m] = m_0\dfrac{K_A C_W}{\eta_0}$

输送带基本安全系数，查表4-19得：$m_0 = 3.0$

启动系数：$K_A = 1.3$

附加弯曲伸长折算系数，查表4-19得：$C_W = 1.8$

输送带接头效率，查表4-18得：$\eta_0 = 0.85$

则许用安全系数：$[m] = m_0\dfrac{K_A C_W}{\eta_0} = 3 \times \dfrac{1.3 \times 1.8}{0.85} = 8.26$

输送带计算安全系数，由式（4-60）计算，即 $m = \dfrac{S_n}{F_{1max}}$

输送带额定拉断力：$S_n = 1.6 \times 10^6 N$

稳定运行工况下，输送带张力最大值：$F_{1max} = S_1 = 174427N$

输送带计算安全系数：$m = \dfrac{S_n}{F_{1max}} = \dfrac{1.6 \times 10^6}{174427} = 9.17$

大于许用安全系数 8.26，因此，选用 St2000 输送带可以满足强度要求。

4.5 带式输送机在露天矿山的应用

4.5.1 破碎站及胶带运输方式

由于铁路运输及其生产工艺所固有的缺点，使其合理的开采深度比较小。汽车运输虽然机动灵活、爬坡能力大，但随开采深度的下降，汽车运输也存在一些问题，如运输效率降低、运营成本增加，重车长距离上坡运输使汽车的使用寿命缩短，汽车尾气对环境的污染增大等，这些原因致使汽车运输的经济合理运距较短，其适用的合理开采深度也受到限制。即使采用大型载重汽车，也不能从根本上解决运输效率低和运营成本高的问题。国内外生产实践证明，采用胶带运输是解决深凹露天矿运输问题的有效技术手段，并成为大型露天矿开采的一种发展趋势。

由于大型露天矿山爆破后的矿岩块度较大，矿岩必须先经破碎机破碎后，才能用胶带机输送。又由于大型破碎站的移设复杂、耗时，所以胶带输送机通常不用于露天矿山采场工作面运输，而是与汽车运输组成联合运输方式，发挥各自的优势，即半连续运输工艺；当采用移动破碎站时，胶带机以单一运输方式，将矿岩从工作面直接运至选厂或排土场，即连续运输工艺。胶带机可直接布置在露天采场边帮上，也可以布置在斜井中。按破碎机固定性和胶带运输机布置方式的不同，露天矿常用的胶带运输系统可分为：

（1）汽车-半固定破碎机-胶带运输系统；

（2）汽车-半固定或固定破碎机-斜井胶带运输系统；

（3）移动破碎机-胶带运输系统。

4.5.1.1 汽车-半固定破碎机-胶带运输系统

这种运输系统的破碎站和胶带运输机布置在露天矿场的非工作帮上，如图 4-47 所示。由于露天边坡角一般比胶带运输机允许的坡度大，故胶带运输机多为斜交边坡布置。矿石或岩石用自卸汽车运至破碎站，破碎后经板式给矿机转载给胶带运输机运至地面，再由地

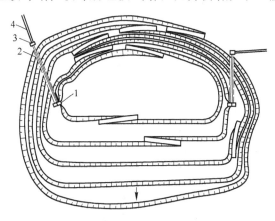

图 4-47　汽车-半固定破碎机-胶带运输系统

1—破碎站；2—边帮胶带运输机；3—转载站；4—地面胶带运输机

面胶带运输机或其他运输设备转运至卸载地点。

破碎机的选型，应根据露天矿生产能力、破碎工作的难易程度以及破碎费用，在综合分析比较的基础上确定。采场内常用的破碎设备有旋回破碎机和颚式破碎机，其中旋回破碎机生产能力大，耗电量和经营费少，使用周期（两次修理间隔时间）长，但投资多，机体高大，移设和安装工作较为复杂。颚式破碎机机体小，移设和安装工作相对简单，但效率低，经营费高。一般情况下，当生产能力超过 1000t/h 时，宜采用旋回破碎机；生产能力较小时，可采用颚式破碎机。

不论采用哪种破碎设备，破碎站的移设和安装工作均较为复杂，所需时间较多。为解决这个问题，国内外有采用组装形式的半固定破碎站（也称半移动破碎站），即将破碎站分割成为 100t 左右的组装件，使其易于拖动和拆装，每移设一次只需 10~15d 左右。如首钢水厂铁矿的移动破碎站，将钢结构支撑系统模块化，每个模块质量不大于 120t，并采用 300t 大型汽车吊和平板拖车配合迁移，大大提高了破碎站的移设效率。

图 4-48 是旋回破碎机的一种破碎系统。汽车在卸载平台上向倾斜格筛卸载，格筛上的大块进入旋回破碎机，破碎的矿石经排料口进入

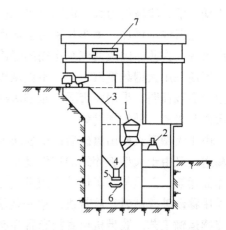

图 4-48　旋回破碎机破碎系统
1—旋回破碎机；2—电动机；3—格筛；4—漏斗；
5—板式给矿机；6—胶带运输机；7—吊车

漏斗。小于格筛孔网的矿石直接落入漏斗，漏斗下部设有板式给矿机，向胶带运输机供料，经采矿场边帮运输机输送至地面。

在露天采场内，为保持汽车的经济合理运距，随着开采深度的下降，破碎站每隔 3~5 个台阶需移设一次。其合理移设步距可按下式计算：

$$H = \frac{C}{(c_1 - c_2)\gamma S} \tag{4-80}$$

式中　H——破碎站移设的垂直距离，m；

C——破碎站移设费用，元；

c_1——汽车运输的矿岩提升费用，元/(t·m)，

$$c_1 = \frac{A_1 K}{1000\sin\alpha}$$

A_1——汽车运输吨千米运费，元/(t·km)；

K——汽车运输坑线展长系数；

α——汽车运输道路的平均坡度；

c_2——胶带运输的矿岩提升费用，元/(t·m)，

$$c_2 = \frac{A_2}{1000\sin\beta}$$

A_2——胶带运输吨千米运费，元/(t·km)；

β——胶带运输机的平均坡度；

γ——矿岩的平均容重，t/m^3；

S——采场分层的面积，m^2。

在计算矿岩吨千米运费时，运距指道路的斜坡距离，而不是道路的水平距离。计算求得的移设垂直距离，应按台阶高度的整数倍确定。破碎站的移设是项复杂的工程，需要综合考虑经济、安全、时间及生产组织等多种因素。

4.5.1.2 汽车-半固定或固定破碎机-斜井胶带运输系统

为克服胶带机斜交边帮对边坡及生产组织的影响，可在采场边帮境界外布设斜井胶带，在端帮上布设破碎站，构成破碎站－斜井胶带运输系统。在采场内，用自卸汽车将矿石或岩石运至破碎站破碎，通过板式给矿机向胶带机供料，然后经斜井胶带运输机运至地面，如图4-49所示。

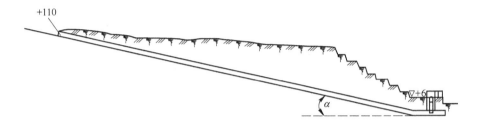

图4-49 汽车-半固定破碎机-斜井胶带运输系统

破碎站还可以固定形式设在露天矿境界底部，矿石或岩石通过溜井下放到地下破碎站破碎，然后经板式给矿机和斜井胶带运输机运往地面。这种布置方式，破碎站不需移设，生产环节简单，减少了因在边帮上设置破碎站而引起的附加扩帮量。但初期基建工程量较大，基建投资较多，基建时间较长，溜井易发生堵塞和跑矿事故，井下粉尘大。当溜井布置在采矿场内时，随着开采水平的下降，需要进行溜井降段作业，其总体特征与平硐溜井运输系统类似。

4.5.1.3 移动式破碎机-胶带运输系统

将移动式破碎机布置于采场工作面内，用挖掘机将矿石或岩石直接卸入破碎机内，也可用前装机或汽车在搭建的卸载平台上向破碎机卸载，破碎后的矿岩用胶带运输机从工作面直接运出采场，构成移动式破碎机-胶带运输系统，如图4-50所示。

在开采过程中，破碎机随工作面的推进而移动。工作台阶上的胶带运输机也随工作线的推进而移设。工作台阶上胶带运输机的布置方式，主要取决于工作线的长度。当台阶工作线较长时，胶带运输机可平行台阶布置，破碎机与该胶带运输机之

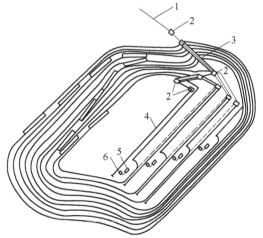

图4-50 移动式破碎机-胶带运输系统
1—地面胶带运输机；2—转载点；3—边帮胶带运输机；
4—工作面胶带运输机；5—移动式破碎机；
6—桥式胶带运输机

间敷设一条桥式胶带运输机，如图 4-51（a）所示；当台阶工作线较短时，采用可回转的胶带运输机，如图 4-51（b）所示。

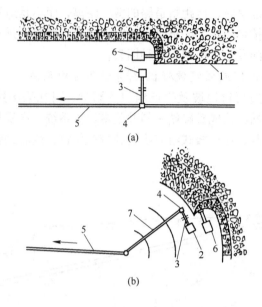

图 4-51　胶带运输机在工作台阶上的布置方式
（a）长工作线布置方式；（b）短工作线布置方式
1—爆堆；2—移动式破碎机；3—桥式胶带运输机；4—转载点；
5—工作面胶带运输机；6—挖掘机；7—可回转的胶带运输机

移动式破碎机的走行机构可分为履带式和迈步式两种。一般当破碎设备质量大于 300t 时，采用液压迈步式走行机构。图 4-52 所示为液压迈步式短头旋回移动式破碎机，这种破碎机高度较低，可用挖掘机直接给料。

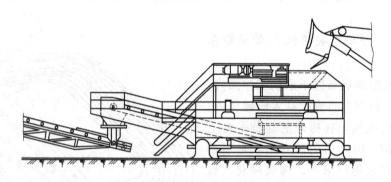

图 4-52　液压迈步式短头旋回移动式破碎机

采用移动破碎方案时，基建费用为半固定破碎方案的 70%～75%，经营费为 80%～85%，挖掘机效率和劳动生产率均比半固定破碎机方案高。

4.5.2　露天矿山胶带运输的特点及适用条件

胶带运输机的主要优点：运输能力大，智利秋基卡马它铜矿一套破碎-胶带排岩系统生产能力达到 10000t/h；爬坡能力大，可达 16° ~ 18°；运输距离短，约为汽车运距的 1/4 ~ 1/3，为铁路运距的 1/10 ~ 1/5；基建工程量少，缩短基建周期；减少噪声和空气污染；运输成本低。据资料介绍，采用汽车运输时，开采深度每增加 110m，运输成本就增加 1.5 倍，而用胶带运输时仅增加 5% ~ 6%，因此可扩大露天开采范围，加大露天开采深度；由于连续运输，便于实现自动控制；采用汽车-半固定破碎机-胶带运输系统时，其劳动生产率比用单一汽车运输提高 1 ~ 3 倍，挖掘机效率提高 25% ~ 50%，使用的汽车台数可减少 30% ~ 40%，露天矿年下降速度可达 20 ~ 30m。

胶带运输系统的主要缺点：对矿岩块度有一定要求，金属矿山采用带式输送机运输矿岩时，矿岩进入运输机前一般均需预先破碎，因而需要在采场内设置破碎站，而破碎站的建设费用高，移设工作复杂；运送棱角锋锐的矿岩，胶带磨损大；敞露的胶带运输机，在一定程度上受气候条件，如暴风雨、雪等影响，因此可能需要设置简易的防护棚。

因为胶带运输需要将矿岩预先破碎，初期投资大，运营成本低，生产效率高，所以胶带运输主要适用于大型深凹露天矿，而当露天开采深度不大时，用胶带运输机输送矿岩，其经济效果较差，甚至是不经济的。

4.5.3　胶带排土机排土

当露天矿采用胶带运输机输送岩石时，为充分发挥胶带运输机的效率，应采用胶带排土机与之配合。以首钢水厂铁矿所用胶带排土机为例，简要介绍如下。

水厂铁矿选用 VASP1400/50 + 50 型排土机，如图 4-53 所示。排土机依靠履带移动，其受料臂和排料臂分别有独立的回转和俯仰功能，排料臂的上排高度为 18m，下排高度为 60m。

图 4-53　胶带排土机

配合排土机选型，选用 VART1600 型卸料车，额定生产能力为 4500t/h。卸料车为轨道式，其自身带有驱动装置，可沿轨道行走。卸料车将物料从胶带机送至排土机受料臂的受料溜槽。

排土机和卸料车通过 PLC 实现自动控制，并与地面胶带机实现连锁和实时通信，可在司机室的操作屏幕上显示设备运行状态。

相对于其他排土方法，胶带排土机排土工艺具有作业连续、生产能力大、一次排弃宽度大、辅助作业时间少、自动化程度高等特点。

4.5.4　应用示例

首钢水厂铁矿属于大型深凹露天矿，历史上达到的最大生产能力为 1600 万吨/a，目前生产能力 1100 万吨/a，是我国汽车-胶带半连续运输技术比较先进的金属矿山之一。水厂铁矿设计矿石运输、东部排岩和西部排岩三套汽车-胶带半连续运输系统，其中东部排岩和西部排岩系统的运输能力分别达到 2100 万吨/a 和 1900 万吨/a，矿石运输系统达到 1100 万吨/a。胶带运输系统主要参数见表 4-22。

表 4-22　水厂铁矿胶带运输系统参数

运输系统名称	运量/t·h⁻¹	总长度/m	提升高度/m	带宽/mm	带速/m·s⁻¹	破碎站	旋回破碎机
矿石运输系统	3600	785.8	86	1400	3.15	半移动	54×74
东部排岩系统	4500	4488.1	221.8	1600	3.4	半移动	60×89
西部排岩系统	4000	3771.8	136.2	1600	2.5	固定	60×89

4.6　带式输送机典型故障

带式输送机运转过程中的典型故障包括输送机跑偏、输送带打滑、托辊运转不灵活、输送带撕裂与断带等，这些故障的发生往往受输送机设计、生产、安装、运行、维护等多个环节的影响，应加强运行监测，确保输送机的平稳可靠运行。

4.6.1　输送带跑偏

带式输送机运转过程中，输送带中心线脱离输送机的中心线而偏向一边的现象称为输送带跑偏。由于输送带跑偏可能造成输送带边缘与机架相摩擦，导致输送带边缘过早损坏，轻则影响输送机的使用寿命、影响物料的输送量；重则造成撒料、甚至停机事故的发生，直接影响生产。因此，在带式输送机的安装、调整、运转和维护工作中都应特别注意输送带的运转状态，防止输送带跑偏造成事故。

4.6.1.1　输送带跑偏的原因

造成带式输送机输送带跑偏的原因是多方面的。首先，输送带的结构及制造质量是决定因素。如钢丝绳芯输送带中有数十根细钢丝绳芯，在制造中若各钢丝绳芯受力不均，则在运转中就可能发生跑偏现象。又如输送带的接头不正，即接口与输送带中心线不垂直，也会造成受力不均，使输送带跑偏。因此在生产及安装过程中应多加注意。

其次，托辊和滚筒的安装质量及调整工作对输送带跑偏也有很大影响。安装带式输送机要求平直，必须保证各托辊轴线、各滚筒轴线同带式输送机的中心线互相垂直，否则，输送带在运转过程中将受到横向推力作用而发生跑偏现象。

再者，清扫及装载工作对输送带跑偏也有影响，如果清扫不干净，造成煤粉黏结在滚筒上，使滚筒的半径不等，导致输送带受力不均，或装载物料偏向输送带一侧，或从侧向冲击输送带造成输送带受力不均，这些都会造成输送带跑偏。因此必须注意检查清扫装置是否完好，货载是否对称于输送带的中心线。

4.6.1.2 防止输送带跑偏措施

为了减少跑偏，有些带式输送机的滚筒制成中间大、两头小的双锥形，锥度一般为1/100。

在固定式托架的结构中，将槽形托辊两侧辊的外端向输送带运行方向偏斜安装2°~3°（前倾角），其目的是使两侧托辊给输送带一个向内的横向推力。当输送带偏向一边时，输送带这边所受的横向力大于另一边，使输送带又回到正中位置，但这种调整跑偏的方法只对跑偏力不大的情况适用。

在大型固定式带式输送机上，一般采用回转式调心托辊。在输送带跑偏时，托辊托架受输送带偏心力的作用而旋转一个角度，就相当于输送带在一个偏斜的托辊上运行一样，托辊给输送带一个向内的横向推力，从而使输送带恢复到正常位置。

4.6.1.3 输送带跑偏的调整措施

输送带在运转中发生跑偏后需要及时进行调整，调整部位包括机头卸载滚筒、机头部位拉紧滚筒、铰接托辊等。

跑偏调整的方法应根据输送带运行方向和跑偏方向来确定。调整换向滚筒和托辊时的一般原则如图4-54所示，即在托辊处，输送带往哪边跑偏就在哪边将托辊朝输送带运行方向移动一个角度，其大小应根据输送带运行情况确定；在换向滚筒处，输送带往哪边跑偏就调紧哪边。

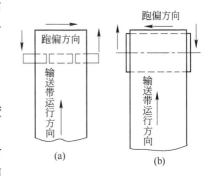

图4-54 输送带跑偏调整示意图
（a）托辊处的调偏；（b）换向滚筒处的调偏

4.6.2 输送带打滑

输送带打滑就是主动滚筒转动而输送带不动或不同步运动的现象。造成打滑的主要原因是输送带与滚筒之间的摩擦力不够，如输送带的拉紧程度不够或滚筒上有水或煤泥等。

输送带打滑的处理：（1）加强运行管理和维护，发现打滑时及时停机；（2）保证输送带有合适的拉紧力；（3）如输送带上有水，应停车后在主动滚筒和下段输送带之间撒上锯末或煤粉将水吸干。

4.6.3 托辊运转不灵活

输送机运转中会出现托辊转动不灵活的现象，严重时甚至停止转动。由于托辊转动不灵活，托辊与输送带之间的摩擦由滚动摩擦变为滑动摩擦，使二者之间的摩擦加剧，造成输送机的运行阻力增大，输送带的使用寿命降低，也有可能造成输送带跑偏。

影响托辊运转的因素很多，主要有托辊的结构、制造质量、密封润滑及使用维护。托辊结构方面存在的问题主要表现在轴承座的刚度不足，难以保证托辊的装配精度，从而制约了托辊运转的灵活性；密封润滑对托辊灵活转动也具有重要影响，通常带式输送机的工作现场粉尘很大，如果密封不好，污物就容易进入轴承造成托辊转动不灵活。

4.6.4 输送带撕裂与断带

输送带撕裂的主要原因是输送带跑偏严重以及尖锐物料划伤。输送带断带的主要原因包括接头强度不够或运行阻力较大，机尾滚筒不转，输送带长时间打滑等。

　　为避免输送带撕裂与断带，应严禁超载运行，及时更换不转动的托辊，清除胶带下面的泥煤，勤查接头状态，不良接头及时重接，配置接头检测装置等。

———— 本 章 小 结 ————

　　（1）相对于汽车运输，带式输送机运输具有突出的优点，包括运输能力大、运输效率高、连续运输、爬坡能力大、经济合理运距长、运营费用低、安全可靠、绿色环保等，主要缺点是在金属矿山需要预先破碎，初期投资大，工作面运输灵活性差等，因而主要用于大型深凹露天矿山；（2）常规带式输送机主要由输送带、托辊与机架、传动滚筒、改向滚筒、拉紧装置、制动装置以及辅助装置构成；（3）钢丝绳芯输送带是大运量、长距离矿岩运输的主要输送带类型；（4）带式输送机是靠摩擦力传递动力的，影响传动滚筒圆周牵引力的因素包括输送带张力、输送带与滚筒间的摩擦系数以及围包角；（5）带式输送机运行阻力计算和各特性点张力计算是选型设计的基础，输送带设计计算的目标是寻求满足摩擦传动条件和垂度条件下的最小张力，另外，张力计算应考虑输送机的不同运行工况。

习题与思考题

4-1　带式输送机的基本构成及各部件的结构原理、特点。

4-2　输送带硫化胶结法的特点是什么？

4-3　绘图说明带式输送机的摩擦传动原理及传动滚筒所能传递的最大牵引力公式。

4-4　说明提高摩擦传动牵引力的途径和方法。

4-5　为保证输送机正常运行，输送带张力应满足哪些条件？

4-6　简要说明"断面积法"胶带宽度的选择及验证过程。

4-7　试述露天矿山胶带运输的特点及适用条件。

4-8　传动滚筒绕入点张力一定大于绕出点张力吗？

4-9　带式输送机运行过程中有哪些典型故障？

4-10　输送带在运行中为什么会跑偏，跑偏时应如何调整，如何防止跑偏？

5 提升容器

本章学习重点：（1）矿井提升系统的分类；（2）提升容器的分类和使用范围；（3）箕斗及其装卸载装置的结构和特点；（4）罐笼及其承接装置的结构和特点；（5）竖井单绳和多绳提升容器的选择和计算方法。

本章关键词：提升设备；提升容器；箕斗及其装卸载装置；罐笼及其承接装置

5.1 矿井提升概述

提升系统的主要作用是在井筒中实现物流和人流的运输，是联系井上、井下的咽喉要道，担负着矿石和废石的提升、人员和设备的升降以及材料的下放，提升系统选择的正确与否直接影响到矿山的生产能力。

矿井提升系统按提升作用可分为主井提升系统和副井提升系统；按井筒倾角可分为竖井提升和斜井提升两种类型，竖井提升根据所使用的提升机和提升钢丝绳数量的不同可分为单绳提升系统和多绳提升系统；根据提升容器的不同可分为箕斗提升系统、罐笼提升系统和混合提升系统；根据提升机布置的不同可分为塔式提升系统和落地式提升系统。

矿井提升系统主要由提升机、提升钢丝绳、提升容器、天轮（或导向轮）、井架（或井塔）、辅助装置等组成。竖井单绳罐笼提升系统和竖井塔式多绳罐笼提升系统分别如图5-1和图5-2所示。

5.2 提升容器分类

提升容器是直接装运矿石、废石、人员、设备及材料的工具，它的合理选用直接关系着提升设备的能力及其他设备的选择。

提升容器的分类方法有多种：按提升方式可分为竖井提升容器和斜井提升容器；按结构可分为罐笼、箕斗、罐笼-箕斗（也称箕斗-罐笼）、矿车组、台车、斜井人车、吊桶等，其中应用最为广泛的是罐笼和箕斗，其次是矿车组、斜井人车，台车应用很少，吊桶多应用于竖井开掘及延深；按服务方式可分为直接提升容器和间接提升容器，其中箕斗、吊桶、箕斗-罐笼属于直接提升容器，罐笼属于间接提升容器。

5.2.1 竖井提升容器

竖井提升容器有罐笼、箕斗和罐笼-箕斗的组合形式等。

5.2.1.1 竖井罐笼

罐笼按其结构不同，可分为普通罐笼和翻转罐笼，后者应用较少。罐笼按层数分为单层、

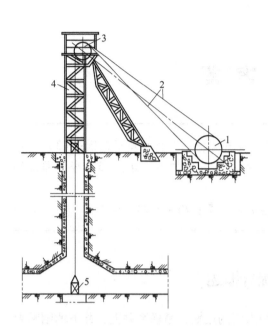

图 5-1   竖井单绳罐笼提升系统示意图

1—提升机；2—提升钢丝绳；3—天轮；

4—井架；5—罐笼

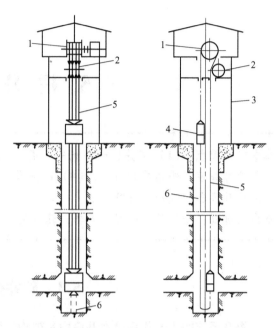

图 5-2   竖井塔式多绳罐笼提升系统示意图

1—提升机；2—导向轮；3—井塔；4—罐笼；

5—提升钢丝绳；6—尾绳

双层和多层；按其制作材质分为钢制罐笼和合金罐笼。我国金属和非金属矿山广泛采用单层及双层罐笼，在材质上主要采用钢罐笼，部分采用铝合金罐笼。与箕斗相比，罐笼是一种多用途的提升容器。罐笼能完成矿石、废石、人员、材料、设备的综合提升任务，灵活性大，井下及井口不需设置矿仓，井架高度小。其缺点是容器质量大，要求的电动机功率较大，能耗较高，效率较低，进出车机械化程度低，劳动强度较大。罐笼主要用于副井提升，也用于小型矿井的主井提升。按有关规定，当垂直深度超过 50m 的竖井用作人员出入口时，须用罐笼或电梯升降人员。

5.2.1.2   竖井箕斗

箕斗是提升矿石或废石的单一容器。箕斗按卸载方式分为底卸式、翻转式和侧卸式。竖井提升主要采用底卸式和翻转式，其中多绳提升一般采用底卸式，单绳提升可采用底卸式，也可采用翻转式。斜井提升主要采用后壁卸载式和翻转式。不同形式的箕斗，均需借助卸载装置进行卸载。

与罐笼提升相比，箕斗具有以下优点：箕斗自重小，使提升机尺寸和电动机功率减小、效率提高；井筒断面较小，无需增大井筒断面即可在井下使用大尺寸矿车；箕斗效率高，装卸时间短，生产能力大；易于实现自动化，劳动强度较低，因此日产量 1000t 以上、井深超过 200m 的矿山的主井通常采用箕斗提升。其存在以下缺点：必须在井下设置破碎系统和装载装置，在井口设置矿仓和卸载装置，使井架高度增加，加大了投资；同时提升多种矿石时不易分类提升；箕斗不能运送人员，须另设副井用于提升人员；箕斗井不能作为进风井。

5.2.1.3   罐笼-箕斗

罐笼-箕斗是一种带防坠器的罐笼和箕斗双功能竖井提升容器，只需一套提升容器即可完成小矿山的矿岩提升、人员升降和其他辅助提升工作。该设备包括防坠器、罐笼两侧板、罐笼两活动底板和侧底卸扇形闸门。罐笼两活动底板抬起固定后作为箕斗提升时的斗箱侧板，箕斗提升时采用侧底卸扇形闸门曲轨自动卸载。箕斗-罐笼把箕斗和罐笼二者合二为一，具有箕斗和罐笼二者的功能，但容器质量大，结构复杂，运行自动化程度低，井上、井下都要相应地增加一些辅助设施。

5.2.2 斜井提升容器

斜井提升所使用的提升容器种类较多，主要有斜井箕斗、矿车组、台车和人车等。矿车组提升可用于倾角小于 25°，最大不超过 30°的斜井（坡）。当倾角大于 30°时，应采用箕斗或台车提升。

5.2.2.1 斜井箕斗

斜井箕斗主要有前翻式箕斗、后卸式箕斗和底卸式箕斗三种。前翻式箕斗结构简单、坚固、设备质量小，适用于提升重载，地下矿使用较多；但其卸载时动载荷大，存在自重不平衡现象，卸载曲轨较长，在斜井倾角较小时，装满系数小。小型矿山斜井倾角较大时，通常采用前翻式箕斗。后卸式箕斗比前翻式箕斗使用范围广，卸载比较平稳，动载荷小，倾角较小时装满系数大；但其结构较复杂，设备质量大，卷扬道倾角过大卸载困难，因此通常在斜井倾角较小时选用后卸式箕斗。底卸式箕斗在斜井中很少使用。

斜井箕斗提升优点是提升运行速度快，提升能力大，机械化程度高，稳定性好，安全性好；缺点是需要设置箕斗的装载和卸载装置，增加运输环节和工程量。

5.2.2.2 矿车组

矿车组的优点是系统环节少，基建工程量小，投资少，可减少粉尘和粉矿的产生；缺点是提升能力小，矿车运行速度慢，易发生跑车或掉道事故，要求矿车组使用连接装置以保证安全性。矿车组提升适用于提升量小，斜井倾角不超过 25°的矿山。考虑到空矿车组顺利下放，斜井倾角一般不小于 8°为宜，一般采用容积为 $0.5 \sim 1.2 m^3$ 的固定式或翻转式矿车。斜井矿车组提升分单钩矿车组和双钩矿车组提升：单钩矿车组提升斜井断面小，初期投资省，但提升能力小；提升能力需求大时，宜采用双钩矿车组提升。

5.2.2.3 台车

台车提升优点是斜井倾角可以较大，阶段运输水平与斜井台车连接简单；缺点是提升能力小，一般是人工推矿车入台车。台车提升适用于斜井倾角在 30°~40°，提升量在 200t/d 以下的矿井。台车一般作为矿井、采区的设备、材料的辅助提升设备。

5.2.2.4 人车

斜井人车用提升机直接牵引，完成斜井中运送人员的任务。通常由首车、挂车和尾车组成，安全装置（包括开动机构、制动机构和缓冲器等）均安设在首车上。当斜井倾角大于 30°、垂直深度超过 50m 或倾角小于 30°、垂直深度超过 100m 时，应安设人车升降人员，且斜井人车必须有可靠的保险装置。

5.3 箕斗及其装卸载装置

5.3.1 箕斗结构

箕斗一般由斗箱、悬挂装置和卸载装置三部分组成。斗箱框架由两根直立的槽钢和横向角钢组成，四侧用钢板焊接，其外面用角钢或钢筋加固，框架上面有钢板制成的平台，防止淋帮水落入斗箱和便于检查井筒；悬挂装置是钢丝绳与箕斗连接的装置，它与罐耳均固定在框架上；其卸载装置采用闸门以扇形、下开折页平板闸门及插板闸门最为多见。这种箕斗优点是闸门结构简单、严密，闸门向上关闭冲击小，矿仓已满或未卸完时，卡箕斗产生断绳的可能性很小。箕斗闸门开启主要借助矿石的重力，因而卸载时传递到卸载曲轨上的力较小，改善了井架的受力状态。该闸门的缺点是闸门在井筒中有开启的可能。

竖井多绳提升箕斗结构与单绳提升箕斗结构相同，不同点是连接装置有所不同。多绳箕斗下部还有尾绳悬挂装置和安装配重的地方。

国外普遍使用大容量箕斗，有效载荷不断加大。闸门形式多为底卸式扇形闸门外动力开启式。斗箱结构大体有两种形式，一种是外层面板和内层衬板组成；另一种是整个斗箱采用耐磨合金钢或不锈钢制作，无衬板，质量可减少 $10\% \sim 15\%$。箕斗的设计主要应考虑其结构坚固、质量小，又要有足够的刚度，装卸载速度快，闸门工作可靠、安全。

5.3.1.1　翻转式箕斗

翻转式箕斗主要具有以下优点：结构简单、坚固，工作可靠，自重小。其缺点主要有：卸载垂直距离长，要求井架高；在双箕斗单绳提升中，开始提升时有自重不平衡现象；卸载时箕斗的一部分自重由卸载曲轨承受，因此使提升钢丝绳的负荷减轻，如用于多绳提升中，则需满足提升机的防滑条件；斗箱容易出现结底现象。

翻转式箕斗的主要部分是沿罐道运动的框架和斗箱。框架用槽钢或角钢焊成，导向装置（罐耳）和悬挂装置都固定在框架上。斗箱用钢板焊成或铆成，外面用角钢、槽钢或带钢加固，以提高其强度和刚度。箕斗底部和前后部斗壁易损坏，常敷以衬板，磨损后可以更换。

翻转式箕斗在卸载过程中，由于斗箱一部分质量被卸载曲轨支撑，因而存在自重不平衡现象。为避免这种现象，多绳摩擦提升设备多采用底卸式箕斗。

目前常用的翻转式箕斗主要规格有 $1.2m^3$（2.5t）、$1.6m^3$（3.5t）、$2m^3$（4t）、$2.5m^3$（5.5t）、$3.2m^3$（7t）、$4m^3$（8.5t）等。

5.3.1.2　底卸式箕斗（气缸或液压缸）

在多绳提升中常用的提升容器是多绳罐笼和底卸式箕斗。

采用固定曲轨卸载形式的斗箱倾斜式和不倾斜式箕斗具有以下优点：卸载时不需外加动力；井架高度小；失重现象很少；结底现象很少。存在以下缺点：不易实现多点卸载；斗箱不倾斜式箕斗打开闸门所需要的力较大。

采用活动直轨卸载形式的斗箱倾斜式底卸式箕斗具有以下优点：卸载时箕斗自重完全由提升钢丝绳承受，适用于多绳提升机提升，尤其适用于深井提升；卸载时冲击、振动都很小，提升机消耗功率小且井架或井塔高度小；载重量大；结底现象较少；可实现多点卸载。存在以下缺点：采用活动直轨卸载增加了箕斗卸载操纵的复杂性和维护、检修工作量；卸载时间较长。

斗箱不倾斜气动无曲轨式箕斗依靠外部接气装置通过本身自带的气缸打开扇形闸门，是一种自成系统的容器。其优点是：卸载过程中全部力量由箕斗本身承受；卸载过程中爬行距离短。缺点是箕斗结构复杂，工作可靠性差。

在我国冶金矿山，中小规格的底卸式箕斗可采用活动直轨卸载或固定曲轨卸载，大规格的底卸式箕斗只采用活动直轨卸载。

底卸式箕斗主要规格有 $2.5m^3$（5.5t）、$3.2m^3$（7t）、$4m^3$（8.5t）、$5m^3$（11t）、$6.3m^3$（13.5t）、$8m^3$（17t）、$9m^3$（19t）、$11m^3$（23.5t）、$14m^3$（30t）、$17m^3$（36t）、$21m^3$（44.5t）等。在选择具体箕斗时可参考冶金矿山竖井箕斗系列型谱和有关厂家样本。

5.3.2 箕斗装卸载装置

箕斗的装卸载装置包括装矿装置和卸矿装置。

5.3.2.1 装矿装置

箕斗的装矿装置一般采用计量装矿装置，分为计容装矿装置和计重装矿装置两种。翻转式箕斗一般多采用计容装矿装置装矿，底卸式箕斗通常采用计重装矿装置装矿。矿石破碎后计容装矿装置如图5-3所示。

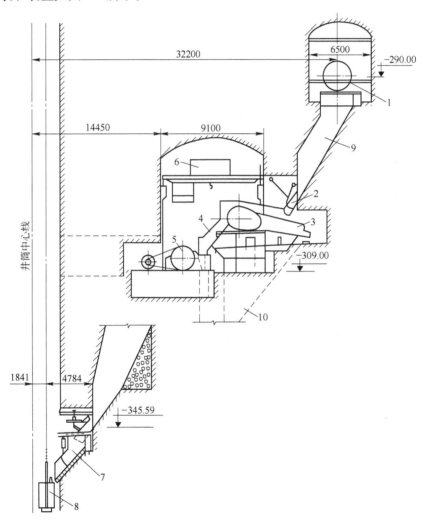

图 5-3 矿石破碎后计容装矿装置

1—翻车机；2—闸门；3—板式给矿机；4—固定筛；5—破碎机；6—起重机；

7—计容装矿装置；8—箕斗；9—溜槽；10—矿仓

在井底水平，利用箕斗的装载装置装载。对箕斗的装载装置的要求是：使提升设备均衡工作，而与井下运输无关，有装载计量容器，保证箕斗的装载量为常量，以提高提升效率，防止提升电动机过负载，为提升的自动化创造条件，在规定的最短时间内自动装载。

装载设备中矿仓的容积等于箕斗的容积时，称为小容量矿仓。当矿仓容积大于箕斗容积时，称大容量矿仓。大容量矿仓的优点是在运输工作量不平衡时，对提升工作没有影响，但造价较高。

5.3.2.2 卸矿装置

箕斗的卸矿装置与箕斗装卸方式有关：翻转式箕斗多采用固定式曲轨卸载，底卸式箕斗多采用由汽缸或液压缸带动的活动直轨卸载。翻转式箕斗的卸载过程会在井架上产生大的反作用力，且所需行程较长，因此底卸式箕斗在金属矿山应用较广泛。

A 翻转式箕斗

翻转式箕斗的卸载过程如图5-4所示。框架下部的底座3上固定有旋转轴4，斗箱上

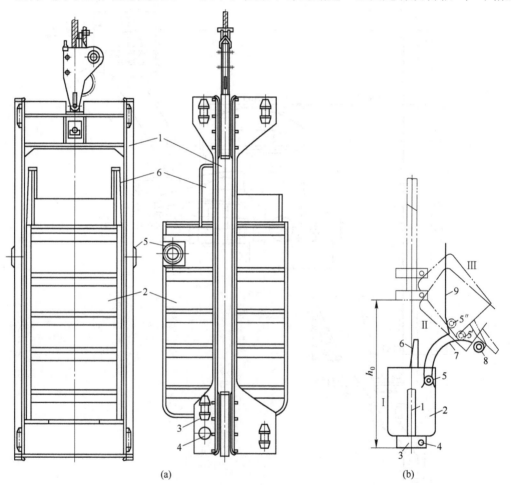

图5-4 翻转式箕斗

（a）翻转式箕斗构造；（b）翻转式箕斗卸载示意图

1—框架；2—斗箱；3—底座；4—旋转轴；5—卸载滚轮；6—角板；7—卸载曲轨；8—托轮；9—过卷曲轨；

Ⅰ—箕斗卸载前位置；Ⅱ—卸载位置；Ⅲ—过卷位置

部安装有卸载滚轮 5 和角板 6。箕斗卸载前位置如图中实线箕斗位置所示。卸载时，框架
1 仍沿罐道直线上升，而滚轮 5 进入卸载曲轨 7，使斗箱 2 绕着旋转轴 4 向贮矿仓方向翻
转，转到 135°时（位置Ⅱ），框架停止上升，矿石靠自重卸入贮矿仓。从滚轮 5 进入曲轨
至容器卸载最终位置止，框架 1 所经过的垂直距离 h_0 称为卸载高度。卸载高度一般取为
箕斗高度的 2.5 倍。当箕斗过卷时，斗箱上部的角板 6 就被支撑在卸载曲轨下面的两个托
轮 8 上，滚轮 5 失去支持，离开卸载曲轨 7 转到过卷曲轨 9 上并沿其向上运行，但斗箱转
角不会继续增加（位置Ⅲ），避免发生事故。下放箕斗时，斗箱从曲轨中退出，沿曲轨回
到原来垂直状态。

B 底卸式箕斗

以斗箱倾斜式活动直轨底卸式箕斗的卸载过程为例。

活动直轨底卸式箕斗的结构和卸载过程如图 5-5 所示。箕斗在装载和提升过程中，斗箱

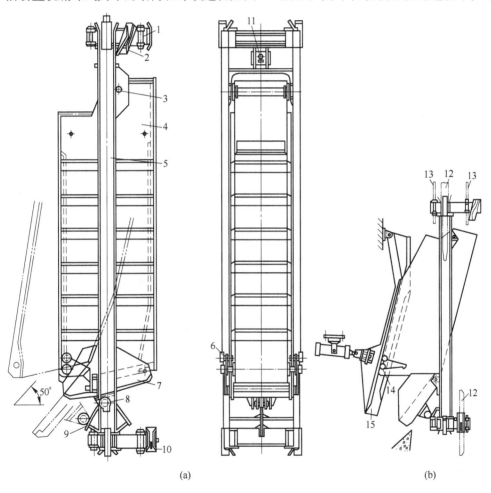

(a)   (b)

图 5-5　活动直轨底卸式箕斗

（a）活动直轨底卸式箕斗结构；（b）箕斗卸载示意图

1—罐耳；2—行程开关曲轨；3—斗箱旋转轴；4—斗箱；5—框架；6，14—导轮挂钩；

7—箕斗底；8—托轮；9—托轮曲轨；10—导轨槽；11—悬吊轴；

12—楔形罐道及导轨；13—钢丝绳罐道；15—卸载直轨

下部两侧的导轮挂钩6靠自重与框架下部两侧的掣子挂合，以保持位置的稳定。当箕斗进入卸载点时，框架立柱顶端进入楔形罐道，下部卸载导轨槽嵌入卸载导轨，使框架保持横向稳定。与此同时，斗箱上导轮挂钩的导轮垂直进入安装在井塔上的活动卸载直轨15。卸载直轨通过导轮使钩子绕自身的支点转动，挂钩与框架上的掣子脱开。当箕斗继续上升，框架上部的行程开关曲轨2作用于固定在井塔上的开关，使箕斗停止运行。此时，电磁阀使活动卸载直轨上的气缸或液压缸动作，气缸或液压缸通过卸载直轨拉斗箱向外倾斜。箕斗底的托轮8则沿框架底部的托轮曲轨9移动，箕斗底打开卸载。气缸或液压缸拉动斗箱使之倾斜至最大卸载位置实现卸载时，箕斗底的倾角为50°。卸载后，气缸或液压缸推动活动直轨复位，使斗箱和箕斗底也复位到关闭位置。此时，箕斗开始低速下放。当导轮挂钩的导轮离开卸载直轨后，在自重作用下挂钩回转钩住框架上的掣子，使斗箱与框架保持相对固定。

5.4　罐笼及其承接装置

罐笼用于提升人员、矿石、废石、设备和材料，是矿井提升中的一项重要设备。罐笼可用于双容器提升和单容器提升，用于单容器提升时，提升钢丝绳的另一侧可配平衡锤。罐笼由罐体、罐内阻车器、罐笼导向装置、罐门、罐笼顶盖门等部分组成。其配套的提升钢丝绳和尾绳悬挂装置的选择与箕斗类似。金属矿山产量较大，一般不用罐笼作主要提升，多用于辅助提升。只有在矿井产量不大，或有特殊原因时，才用罐笼作为主要提升设备。

5.4.1　罐笼结构

罐笼主要由罐体、连接（悬挂）装置、导向装置、防坠落装置等组成，并配有承接装置，罐笼结构简图如图5-6所示。

5.4.1.1　罐体

罐体是承载的金属结构，是由槽钢、角钢等构件焊接或铆接的金属框架。其两侧焊有带孔的钢板，以防止淋水和石块掉入罐内；两端装有罐门或罐帘，以保证提升人员的安全；顶部设有可开启的顶盖门，供放入长材料用；罐底焊有无孔钢板并敷设有供推入矿车用的轨道；为避免矿车在罐内移动，在罐底装有阻车器（罐挡）。

用于升降人员和物料的罐笼，应遵守下列规定：罐底装有转动阻车器的连杆，底板段设检查孔，检查孔应用钢板封闭；罐笼侧壁与罐道接触部分，禁止使用带孔的钢板。罐内要装设扶手；罐帘横杆的间距，不得大于200mm，罐门不得向外开启；单层罐笼和多层罐笼顶层的净高不得小于1.9m，多层罐笼其他各层的净高不得小于1.8m。

罐笼的设计应使其结构坚固，质量轻，并能运送井下的大型设备，一般采用普通钢材制作。为减轻罐笼自重，也有采用铝合金和高强度钢材制作罐笼的。铝合金提升容器的使用寿命较钢制提升容器增加，其总体经济效益好。另外，用工程塑料制作提升容器的研究工作也已开始。

5.4.1.2　连接（悬挂）装置

连接装置又称悬挂装置，是提升容器与提升钢丝绳之间连接部件的总称。一般采用双面夹紧自动调位楔形绳卡连接装置，其结构为：两块侧板用螺栓连接在一起，钢丝绳绕装在楔块上，当钢丝绳拉紧时，楔块挤进由梯形铁（能自动调位）与侧板构成的楔壳内，将

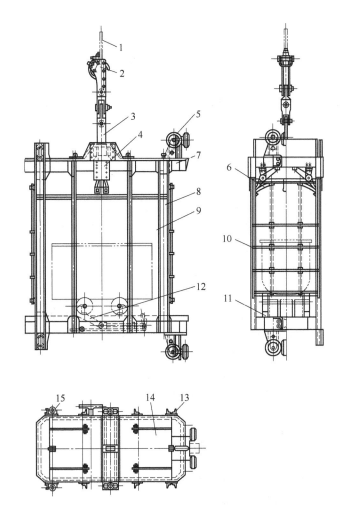

图 5-6 单绳 1t 标准普通罐笼结构简图

1—提升钢丝绳；2—双面夹紧楔形绳环；3—主拉杆；4—防坠器；5—橡胶滚轮罐耳（用于刚性组合罐道）；
6—淋水棚；7—横梁；8—立柱；9—钢板；10—罐门；11—轨道；12—阻车器；
13—稳罐罐耳；14—罐盖；15—套管罐耳（用于绳罐道）

钢丝绳两边卡紧。吊环和孔用来调整钢丝绳长度，限位板在拉紧钢丝绳后用螺栓拧紧，以阻止楔块松脱。其特点是：钢丝绳直线进入，能防止在最危险部分产生附加弯曲应力，可减少断丝现象，延长钢丝绳使用寿命；双面夹紧具有较大的楔紧安全系数，可防止钢丝绳因载荷的变化在楔面上产生滑动及磨损；自动调位结构能使钢丝绳上夹紧压力分布均匀；其长度较短，可减少容器的总高度。这种悬挂装置安全可靠，对钢丝绳也无损害。

5.4.1.3 导向装置

罐笼的导向装置一般称为罐耳，罐笼借助罐耳沿着井筒中的罐道运动。导向装置与罐道配合，使提升容器在井筒中稳定运行，防止其发生扭转或摆动。根据罐道的不同分为刚性罐道(木质罐道、金属罐道等)导向装置和柔性罐道(钢丝绳罐道)导向装置。刚性罐道导向装置采用滚轮罐耳，也可用滑动罐耳。钢丝绳罐道导向装置主要是用滑动导向套。采用钢丝绳罐道时，不仅要设置钢丝绳罐道的滑动导向套，还必须设有刚性罐道的滑动罐耳，以适应井口换车时稳罐的需要或过卷时进入楔形罐道起安全作用。钢丝绳罐道具有结构简单、节省钢材、通风阻力小、便于安装、维护简便等优点，已经获得越来越广泛的使用。

5.4.1.4　罐笼防坠装置

罐笼防坠装置又称防坠器，是在提升容器因钢丝绳、连接装置等断裂发生意外事故时，能使提升容器立即卡在罐道上而不坠落的装置。防坠器的形式与罐道类型有关，木罐道罐笼采用 YM 型防坠器，钢丝绳罐道采用 YS 型、GS 型、BF 型、FS 型防坠器。

升降人员的单绳提升罐笼必须装设可靠的防坠器。当提升钢丝绳或连接装置被拉断时，防坠器可使罐笼平稳地支承在井筒中的罐道（或制动绳）上，以保证人员的安全。防坠器须保证在任何条件下都能制动断绳下坠的罐笼，动作应迅速而又平稳可靠。

防坠器一般由开动机构、传动机构、抓捕机构和缓冲机构四部分组成。开动和传动机构通常是互相连接在一起，由断绳时自动开启的弹簧和杠杆系统组成；抓捕机构和缓冲机构在一般防坠器上是联合的工作机构，有的防坠器还装有单独的缓冲装置。

根据抓捕机构的工作原理不同，防坠器的类型可分为：靠抓捕机构对罐道的切割插入阻力制动罐笼的切割式，木罐道防坠器属此类；靠抓捕机构和罐道之间的摩擦阻力制动罐笼的摩擦式，凸轮式和楔形的防坠器属于此类；抓捕机构与支承物（制动绳）之间无相对运动的定点抓捕式，制动绳防坠器属于此类。

罐笼的最大允许减速度、减速延续时间、防坠器动作的空行程时间、罐笼制动距离等必须符合《罐笼安全技术要求》（GB 16542—1996）的规定：防坠器在抓捕与制动过程中必须保证人身安全，即在最小终端载荷（相当于罐内只乘一人）时，最大允许负加速度不大于 50m/s^2，负加速度持续时间不应大于 0.25s；在最大终端载荷时的负加速度，钢丝绳制动防坠器不应小于 10m/s^2，木罐道防坠器不应小于 5m/s^2。防坠器动作空行程时间（从断绳瞬间到开始制动的时间），不应超过 0.25s。两组抓捕机构制动时的动作时间差，用罐笼通过的距离来表示，不得超过 0.5m。

5.4.2　罐笼承接装置

在矿井中间水平、井底和井口车场，为了便于矿车进出罐笼，必须设置罐笼的承接装置。承接装置有摇台、罐座（托台）、承接梁和支罐机。中间水平车场使用摇台，承接梁只能用于井底车场，摇台和罐座可用于井底和井口车场，中间中段使用摇台。

5.4.2.1　摇台

摇台是利用摇臂上的轨尖搭在罐笼底上，将罐笼内轨道与车场轨道连接起来。摇台不会发生墩罐事故，因此被广泛采用。摇台既适用于缠绕式提升，又适用于摩擦式提升。摇台由能绕轴转动的两个摇臂组成。其操作过程是：当罐笼进出台时，汽缸或液压缸使滑台后退，作用在摇臂上的外动力与摇臂脱开，摇臂靠自重搭接在罐笼上进行承接工作。罐笼进出车完毕，汽缸或液压缸推动滑台前进，滚轮抬起，带动摆杆转一角度，摇臂抬起相应角度。其优点是动作快，操作时间短；缺点是摇臂搭接在罐笼上，当矿车进出罐笼时矿车会对罐笼产生冲击，使罐笼左右摇晃，易造成矿车掉道；当停罐误差较大时，使用摇台较困难。为使罐笼不受过大的冲击力，容积大于 2m^3 的矿车一般不选用摇台。深井提升时需要长臂摇台，安装工程量大，故需配置推车机。摇台适用于井口、井底及各中间水平。

5.4.2.2 罐座

罐座利用托爪将罐笼托住，故可使罐笼的停车位置准确，推入矿车的冲击由托爪承担，使矿车能平稳进出。罐笼运行时罐座必须收回。罐座的优点是：罐笼停车位置准确，提升钢丝绳不承受推入矿车的冲击力，而由托爪承担。缺点是：当下放位于托爪上的罐笼时，必须将罐笼提起一定的高度，才能打开罐座，使操纵复杂化，而且容易产生过卷；罐笼落在井底托爪时，钢丝绳容易松弛，因而提升时钢丝绳内产生冲击负荷；当操作不当时，易发生墩罐事故。因此，缠绕式提升机在提升人员时，不用罐座；摩擦式提升机一般不用罐座，如用时，应防止启动打滑。

5.4.2.3 承接梁

承接梁由一些木梁组成，是最原始的承接装置，它是无水窝井底承接方式。承罐梁的优点是：构造简单，施工方便，投资最小。其缺点是：容易发生墩罐事故，故在使用缠绕式提升机提升人员和使用摩擦式提升机的矿井中，不采用承接梁。

5.4.2.4 支罐机

支罐机是新型承接装置。支罐机由液压油缸带动支托装置，支托装置承接罐笼的活动底盘使其上升和下降，以补偿提升钢丝绳长度的变化和停罐的误差。支罐机调节距离可达1000mm。支罐机的优点是：能准确地使罐笼内轨道与车场固定轨道对接，进出矿车和人员较方便；由于活动底盘是托在支罐机上，矿车进出平稳，提升钢丝绳不承担进出矿车时产生的附加载荷；车场布置紧凑。其缺点是罐笼有活动底盘，结构较复杂，需增设液压动力装置。

5.5 提升容器的选择与计算

5.5.1 竖井单绳提升容器选择

（1）小时提升量：

$$A_s = \frac{C_F C A}{t_r t_s} \tag{5-1}$$

式中　A_s——小时提升量，t/h；

　　　C——提升不均衡系数，有矿仓时主井提升宜取 1.15，无矿仓时主井提升宜取 1.25；

　　　A——年提升量，t/a；

　　　t_r——年工作日，d/a；

　　　t_s——日工作小时数，h/d。t_s 的选取如表 5-1 所示；

　　　C_F——富裕系数，主井提升能力应有 15% ~30% 的富裕量。

表5-1　日工作小时数

提升容器类型		日工作小时数/h	提升容器类型		日工作小时数/h
箕斗提升	单物料	19.5	罐笼提升	主提升	18
	多种物料	18		兼作主副提升	16.5

注：混合井提升有保护隔离措施时，按上面数据选取；若无保护隔离措施则箕斗或罐笼提升的时间均按单一竖井提升时减少 1.5h 考虑。

（2）提升速度。从提升机最大速度与电动机额定转速的角度分析，最大提升速度：

$$v_{max} = \frac{\pi D n_e}{60i} \qquad (5-2)$$

式中　D——电动机输出轴的直径，m；

　　　n_e——电动机额定转速，r/min；

　　　i——减速器传动比。

从缩短提升时间、增大提升能力的角度分析，最大提升速度：

$$v_{max} = \sqrt{aH}$$

式中　a——提升加速度或减速度，m/s^2；

　　　H——提升高度，m。

通过对提升电动机容量、提升有效载重、卷筒直径等参数与提升速度之间关系的分析，得出最经济合理的提升速度为：

$$v = (0.4 \sim 0.5)\sqrt{aH}$$

一般的提升加速度和减速度 $a = 0.6 \sim 1\text{m/s}^2$，故：

$$v = (0.3 \sim 0.5)\sqrt{H} \qquad (5-3)$$

式中　$0.3 \sim 0.5$——系数，当 $H < 200\text{m}$ 时取下限，当 $H > 600\text{m}$ 时取上限，箕斗提升比罐笼提升的取值可适当增大。

根据算出的提升速度，选择与其接近的提升机标准速度，作为最大提升速度，但必须符合安全规程规定。

竖井用罐笼升降人员时，其最大速度不得超过 $v_{max} = 0.5\sqrt{H}$ 的计算值，且不得大于 12m/s；竖井升降物料时，提升容器的最大速度不得超过 $v_{max} = 0.6\sqrt{H}$ 的计算值。

矿井提升机通常要服务于多个阶段，各个阶段的提升高度不同，合理的提升速度也不相同，为计算简便，可采用加权平均高度的概念，并依此作为提升计算的依据。

$$H' = \frac{H_1 Q_1 + H_2 Q_2 + \cdots + H_n Q_n}{Q_1 + Q_2 + \cdots + Q_n} \qquad (5-4)$$

式中　H'——加权平均提升高度，m；

　　　H_n——第 n 阶段的提升高度（对于箕斗提升则为第 n 装矿点的提升高度），m；

　　　Q_n——第 n 阶段的阶段矿量（对于箕斗提升则为第 n 装矿点的矿量），t。

（3）一次提升量计算。

1）主井提升

双容器提升时：

$$V' = \frac{A_s}{3600\gamma C_m}(K_1\sqrt{H'} + u + \theta) \qquad (5-5)$$

单容器提升时：

$$V' = \frac{A_s}{1800\gamma C_m}(K_1\sqrt{H'} + u + \theta) \qquad (5-6)$$

式中 V'——容器的容积，m^3；

　　u——箕斗在曲轨上减速与爬行的附加时间，取 $u=10s$；

　　C_m——装满系数，取 $0.85 \sim 0.9$；

　　γ——松散矿石密度，t/m^3；

　　K_1——系数，按表5-2选取；

　　θ——休止时间（停歇时间），箕斗提升时见表5-3，罐笼提升时见表5-4，s。

表5-2 系数 K_1 值

系　数	提升速度/$m \cdot s^{-1}$				
	$v=0.3\sqrt{H'}$	$v=0.35\sqrt{H'}$	$v=0.4\sqrt{H'}$	$v=0.45\sqrt{H'}$	$v=0.5\sqrt{H'}$
K_1	3.73	3.327	3.03	2.82	2.665

表5-3 箕斗装载休止时间

箕斗容积/m^3	<3.1		3.1~5	≤8
漏斗类型	计　量	不计量	计　量	计　量
休止时间/s	8	18	10	14

注：$8m^3$ 以上箕斗每增加 $1m^3$ 休止时间增加1s，靠外动力卸载的箕斗应增加5s设备联动时间。

表5-4 罐笼进、出车的休止时间

罐笼形式	单层装车罐笼			双层装车罐笼			
进出车方式	两侧进、出车		同侧进、出车	两侧进、出车		两层同时进、出车	
每层矿车数/辆	1	2	1	1	2	1	2
矿车规格/m^3 ≤0.75	15	20	35	35	45	15	20
1.2~1.6	18	25	41	41	55	18	25
2~2.5	20	—	—	45	—	20	—

计算出 V' 后，再选定提升容器，然后计算一次有效提升量：

$$Q = C_m\gamma V \tag{5-7}$$

式中 Q——一次有效提升量，t；

　　V——提升容器的容积，m^3。

2）副井提升

所选的罐笼一般应考虑以下因素：提升废石使用的矿车应与罐笼配套，其计算方法与上述罐笼提升时的情况相同，只是在核算提升能力时，应按最大班提升量考虑；提升最大设备的外形尺寸和质量与罐笼相适应，尽可能考虑罐笼内能装载最大设备，特殊情况下可考虑在罐笼底部吊装。

副井班提升能力计算应符合下列规定：最大班人员下井时间不应超过45min；最大班作业时间应按5.5h计算；计算罐笼升降人员次数时，每班升降生产人员数应按每班井下生产人员数的1.5倍计算；每班升降其他人员时间应按井下生产人员数的20%计算，且每班升降次数不得少于5次；提升岩石应按日出岩石量的50%；下放支护材料应按日需求量的50%；升降小型设备不应少于2次；其他非固定任务的提升次数，每班不应少于4次；

提升设备应满足运送井下设备的最重部件需要，电机车宜整体运输。

罐笼升降人员休止时间应符合表 5-5 的规定；同侧进出车的材料车、平板车进、出罐笼的休止时间宜为 60s，两侧进出车宜为 40s；每种长材料直接装入或卸出罐笼的休止时间宜为 25～30min；装入或卸出爆破材料的休止时间宜为 1min。

表 5-5　罐笼升降人员休止时间

罐　　笼	同侧进入/s	两侧进入/s
单　层	$(n+10) \times 1.5$	$n+10$
双　层	$2 \times (n+10) \times 1.5 + 5$	$2 \times (n+10) + 5$
双层(同时进入)	$(n+10) \times 1.5$	$n+10$

注：n 为每层乘罐人数。

（4）一次循环提升时间：

$$T' = \frac{3600Q}{A_s} \tag{5-8}$$

式中　T'——一次循环提升时间，s。

5.5.2　竖井多绳提升容器选择

5.5.2.1　提升容器参数计算

提升工作时间、不均衡系数、罐笼装卸载时间、每班升降人员时间、其他辅助提升次数及休止时间、经济提升速度等参见竖井单绳提升部分。

多绳底卸式箕斗当采用活动直轨卸载时，其休止时间按其容积而定，如表 5-6 所示。

表 5-6　多绳底卸式箕斗提升休止时间

箕斗容积/m³	≤9	11	14	17
休止时间/s	20	22	25	28

5.5.2.2　提升容器的选择

多绳提升容器的选择原则、方法、步骤、一次合理提升量的计算等与单绳提升相同。所不同的是，单绳提升多采用翻转式箕斗，而多绳提升则多采用底卸式箕斗和钢丝绳罐道。当然，这个区别并不是绝对的。在满足防滑要求的前提下，多绳提升也可采用翻转式箕斗；若将矿石块度控制在 350mm 以下，单绳提升也可采用底卸式箕斗。

多绳提升装置采用双容器提升时，其优点是提升能力大，电能消耗少，经营费用低；其缺点是一套提升装置只能为一个生产水平服务，不适用于多水平提升。因此，在多水平生产的矿山，单容器带平衡锤提升获得了广泛的应用。

5.5.3　斜井提升设备的选择

斜井提升设备滚筒直径与滚筒宽度的计算公式与竖井相似，将竖井的提升高度变成了斜井的提升斜升斜长。当滚筒直径、宽度以及系统的最大静拉力、最大静拉力差等参数确定后就可以参考相关样本和标准选择合适的提升设备。

5.5.3.1 提升工作时间

三班制作业纯工作时间：斜井作为主井提升取 19.5h；辅助提升取 16.5h；箕斗与机车或汽车联合运输时，提升纯作业时间不超过 18h。

5.5.3.2 提升不均衡系数

当矿井开拓系统只有一套提升装置时取 1.25；当有两套提升装置时：箕斗提升取 1.15，串车提升取 1.2。

5.5.3.3 提升休止时间

A 箕斗提升

双箕斗提升。当用计量矿仓向箕斗装矿时，装卸休止时间见表 5-7；当用漏斗装矿时，装卸休止时间应根据不同车辆的卸矿时间而定。向箕斗装一车矿石的休止时间即为汽车（或矿车）的装卸时间，一般取 40 ~ 60s；向箕斗装两车矿石的休止时间即为两辆车分别向箕斗卸矿的时间另加调车时间。调车时间与调车方式有关，对于矿车移位时间可取 5 ~ 8s。汽车只有一个卸车位置时，调车时间取 60s。

单箕斗提升。箕斗的装矿和卸矿休止时间应分别计算。装矿时间可按双箕斗的休止时间选取，卸矿时间为 10s。

表 5-7 双箕斗提升用计量矿仓向箕斗装矿时的装卸休止时间

箕斗容积/m³	<3.5	4 ~ 5	6 ~ 8	10 ~ 15	>18
闸门装矿/s	8 ~ 10	12	15	20	>25

B 矿车组提升

单钩矿车组提升的摘挂钩时间取 45s；双钩矿车组提升的摘挂钩时间取 30 ~ 40s；采用甩车道方式，交换运动方向所需时间另加 5s。

C 其他休止时间

斜井用人车升降人员，当两侧同时上下人员时，休止时间宜按 25 ~ 30s 计算；同侧上下人员时，休止时间宜按 80 ~ 90s 计算。

每班人员升降时间及其他提升时间：最大班井下工作人员下井时间不超过 60min；每班升降人员的时间可按最大班井下工作人员下井时间的 1.5 ~ 1.8 倍计算；升降废石、坑木和其他物品的提升次数和时间与竖井提升相同。

5.5.3.4 提升最大速度

斜井提升最大速度见表 5-8。

表 5-8 斜井提升最大速度

提 升 项 目	提升最大速度/m · s⁻¹	
	斜长≤300m	斜长>300m
升降人员	3.5	5
矿车组、台车提升	3.5	5
箕斗提升	5	7

5.5.3.5 提升加、减速度

提升容器和人员在斜井运行升降时的加、减速度按表 5-9 选取。

表 5-9　斜井提升加、减速度

提 升 项 目	加、减速度/m·s^{-2}
升降人员	≤0.5
矿车组、台车提升	≤0.5
箕斗提升	≤0.75

———— 本 章 小 结 ————

（1）金属矿山竖井提升容器的种类主要有罐笼、箕斗和罐笼-箕斗；（2）竖井箕斗卸载主要采用底卸式和翻转式；（3）罐笼自重大，提升效率低，但可以实现人员、设备、材料及矿岩等多种荷载提升，主要用于副井提升；（4）箕斗自重小，提升效率高，提升自动化程度高，主要用于主井矿石提升。

习题与思考题

5-1　矿井提升容器有哪些类型，各有什么优缺点？
5-2　简述矿用箕斗装载设备的类型及特点。
5-3　简述防坠器的主要作用及其工作原理。
5-4　简述竖井罐笼的结构及特点。
5-5　简述竖井罐笼承接装置的分类和应用范围。

6 提升钢丝绳

本章学习重点：（1）提升钢丝绳的使用现状、研究进展和发展趋向；（2）提升钢丝绳的结构和参数；（3）提升钢丝绳的分类、特点和用途；（4）提升钢丝绳的选择和计算方法。

本章关键词：提升钢丝绳；钢丝绳构成；钢丝绳参数；钢丝绳选择与计算

6.1 概　　述

提升钢丝绳的作用是悬吊提升容器并传递提升机运转时的动力，使容器沿井筒做上下直线运动。钢丝绳是矿山提升设备的一个重要组成部分，它对矿井提升的安全和经济运转起着重要作用。

提升钢丝绳作为一种易损部件和消耗性材料，直接关系到生产安全。因此，钢丝绳的选用应首先考虑产品的使用寿命、安全性和可靠性。为了确保上述特性的实现，一是应根据不同的用途、设备和使用环境条件，科学合理地选择钢丝绳的品种和结构，即正确选型；二是应选择综合力学性能优良和捻制质量优异的产品，确保其抗拉强度均匀、韧性值高、柔韧性好、润滑剂性能优、捻制均匀、尺寸稳定等；三是应正确装卸和储存钢丝绳，确保装卸过程中不损伤钢丝绳，储存期间不造成润滑剂变质或钢丝绳性能下降；四是应正确安装、使用和维护钢丝绳。

提升用钢丝绳在 20 世纪末就全面推广应用线接触和面接触钢丝绳，普通点接触低强度钢丝绳已经基本退出市场。新品种钢丝绳的应用提高了生产效率、降低了消耗、增强了生产安全。世界知名的钢丝绳制造企业生产的特殊结构和品种的钢丝绳，在我国一些关键的提升领域都有应用。

6.1.1 钢丝绳的构成

矿井提升用钢丝绳是由一定数量的细钢丝捻成股，再用若干股捻成绳，绳中间夹有浸过防腐防锈油的纤维绳芯制成，其结构如图 6-1 所示。

6.1.1.1 钢丝

钢丝是构成绳芯、绳股乃至钢丝绳的最基本元件，由原料（盘条）经冷拉（或轧制）制成。按截面形状可分为圆形钢丝和异型钢丝；按表面状态可分为光面钢丝及镀锌钢丝；按钢丝绳性能要求可分为重要用途钢丝和一般用途钢丝。其强度分为 1570MPa、1670MPa、1770MPa、1870MPa、1960MPa 等强度等级。

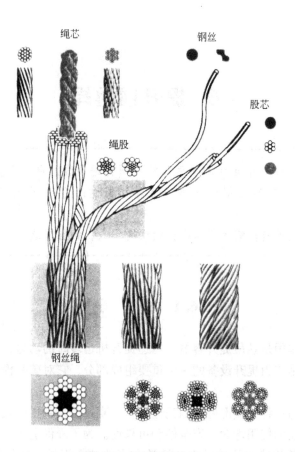

图 6-1　钢丝绳的构成

6.1.1.2　股

股是由钢丝围绕股芯按照一定的规则捻制而成的螺旋状结构，是构成钢丝绳的单元元件。股芯一般由钢丝、天然纤维或合成纤维构成，按股的截面形状可分为圆形股和异型股。

6.1.1.3　绳芯

绳芯是构成钢丝绳的中心部分，分金属芯（绳式芯 IWR、股式芯 IWS）和纤维芯 FC（合成纤维 SF、天然纤维 NF）及固态聚合物芯（SPC）。绳芯主要具有减小股间压力和支撑的作用，纤维绳芯还具有润滑、防腐和储油的作用。

6.1.1.4　油脂

油脂对钢丝绳起润滑、防腐保护作用，有麻芯脂、表面脂及适合其他工况的特殊表面脂，如摩擦提升主绳专用油脂，摩擦提升尾绳专用耐腐蚀油脂等。钢丝绳的涂油方式可分为丝涂油、股涂油和绳涂油。

6.1.2　钢丝绳的参数

6.1.2.1　钢丝绳的捻距

捻距是指钢丝绳股绕绳芯螺旋一周时所产生的移动距离，如图 6-2 所示。

图 6-2　钢丝绳的捻距

6.1.2.2　钢丝绳的捻法

捻法是指捻制时螺旋线的走向。钢丝绳的捻法通常分为右交互捻、左交互捻、右同向捻、左同向捻四种。

6.1.2.3　钢丝绳表面状态

钢丝绳按表面状态分光面钢丝绳和镀锌钢丝绳，其中镀锌钢丝绳按镀锌层的质量分为 B 级、AB 级和 A 级。

6.1.2.4　钢丝绳的抗拉强度

钢丝绳的抗拉强度一般分为 1570MPa、1670MPa、1770MPa、1870MPa、1960MPa。

6.1.2.5　钢丝绳最小破断拉力

计算公式为：

$$F = K' \times D^2 \times R_n / 1000 \tag{6-1}$$

式中　F——钢丝绳最小破断拉力，kN；

　　　R_n——钢丝绳中钢丝公称抗拉强度，MPa；

　　　D——钢丝绳公称直径，mm；

　　　K'——钢丝绳最小破断拉力系数。

6.1.2.6　钢丝绳中最小钢丝破断拉力总和

计算公式为：

$$F_n = K \times F \tag{6-2}$$

式中　F_n——钢丝绳中最小钢丝破断拉力总和，kN；

　　　K——钢丝绳中最小钢丝破断拉力总和与钢丝绳最小破断拉力换算系数。

6.1.2.7　钢丝绳的弹性模量

弹性模量因钢丝绳的结构不同而不同，随钢丝绳金属断面积的增加而增加。常见结构钢丝绳弹性模量参考表 6-1。如需要精确的弹性模量数据，建议用实物样品做弹性模量测试。

表 6-1　常见结构钢丝绳弹性模量

钢丝绳种类	绳　芯	弹性模量/MPa	钢丝绳种类	绳　芯	弹性模量/MPa
6 股钢丝绳	纤维芯	90000～120000	三角股钢丝绳	纤维芯	95000～125000
	钢　芯	100000～130000		钢　芯	100000～130000
8 股钢丝绳	纤维芯	80000～110000	CFRC 钢丝绳	钢　芯	105000～135000
	钢　芯	90000～120000	4 股钢丝绳	纤维芯	85000～115000
多股钢丝绳	钢　芯	100000～130000	密封钢丝绳	钢　芯	115000～140000

6.1.2.8　钢丝绳的质量

钢丝绳的质量是钢丝、纤维绳芯及油脂的质量之和，一般以 kg/100m 表示。

计算公式：

$$M = K \times D^2 \tag{6-3}$$

式中　M——某一结构钢丝绳百米参考质量，kg/100m；

　　　　D——钢丝绳公称直径，mm；

　　　　K——某一结构钢丝绳质量系数。

6.1.3　钢丝绳分类及捻制类型和捻制方向标记

6.1.3.1　钢丝绳分类

钢丝绳按产品单元划分为通用钢丝绳和专用钢丝绳，见表6-2。

表6-2　钢丝绳产品单元划分

产品单元	产品品种	产品标准
通用钢丝绳	重要用途钢丝绳	GB 8918—2006
	一般用途钢丝绳	GB/T 20118—2006
	粗直径钢丝绳	GB/T 20067—2006
专用钢丝绳	电梯用钢丝绳	GB 8903—2005
	输送带用钢丝绳	GB/T 12753—2002
	操纵用钢丝绳	GB/T 14451—1993
	平衡用扁钢丝绳	GB/T 20119—2006
	航空用钢丝绳	YB/T 5197—2005

按照国家标准《钢丝绳术语、标记和分类》（GB/T 8706—2006），钢丝绳分为单层钢丝绳（包括圆股和异型股钢丝绳）、阻旋转钢丝绳、扁钢丝绳、密封钢丝绳、平行捻密实钢丝绳、缆式钢丝绳和单股钢丝绳等。钢丝绳分类、特性及用途见表6-3。

表6-3　钢丝绳分类、特性及用途

分　类		结　构　特　点	性　能　特　点	用　途
按钢丝绳捻法	同向捻	股中丝的捻向与绳中股的捻向相同。按左螺旋方向即自右向左将绳股捻成绳，称为左同向捻。按右螺旋方向即自左向右将绳股捻成绳，则称为右同向捻	使用时表面钢丝与外部接触长度较长，即接触面较大，耐磨性能好；但自转性稍大，容易发生松捻和扭结现象。同向捻钢丝绳较柔软，绳面光滑，使用寿命长；但悬挂困难，容易松捻和卷成环状	在两端固定的场合较为适用，在需要克服旋转的场合通常右同向捻和左同向捻成对使用
	交互捻	股中丝的捻向与绳中股的捻向相反。若股右捻丝左捻则称为右交互捻，若股左捻丝右捻则称为左交互捻	使用时结构比较稳定，自转性较小，不易发生松捻和扭结现象，容易操作	在矿井中应用广泛
	混合捻	外层股的捻制为左向捻的股和右向捻的股交替排列，如一半股为左捻另一半股为右捻	具有同向捻和交互捻的特点，但制造比较困难	目前应用很少

分　类		结　构　特　点	性　能　特　点	用　途
按钢丝绳中钢丝接触状态	点接触	采用相同直径的钢丝呈点状接触分层捻制而成，股内相邻层钢丝捻向相同、捻距不同	钢丝所受接触应力较大，钢丝间易滑移。使用中经卷筒或轮槽处会形成弯曲应力，易造成磨损疲劳，使用寿命较短，破断拉力也低。其优点是结构简单，柔韧性较好	国外已淘汰点接触结构，GB 8918—2006 也已经淘汰了该类结构
	线接触	绳股以不同直径的钢丝和相同的捻距作一次性捻制完成，各层钢丝间呈线接触状态。包括西鲁式、瓦林吞式、填充式和组合平行捻	工作状态下钢丝所受接触应力大为减小，且在弯曲状态下也不产生二次弯曲应力，因此具有耐磨、耐疲劳性高，结构紧密，破断拉力较大等优点。破断拉力和使用寿命分别比同一直径同一强度的点接触钢丝绳高 6%～8% 和 1～2 倍	应用领域广泛，优先采用
	面接触（压实型）	股或绳经特殊工艺处理，钢丝形状和尺寸发生改变，使钢丝间的接触状态呈面状接触，钢丝绳呈密封式光滑表面	其密度系数大、结构紧密、钢丝间接触应力小，具有无二次弯曲应力产生、绳与轮槽接触面积大、抗腐蚀、抗挤压、耐磨、耐疲劳、破断拉力高、能承受较大的横向力、使用寿命长等优点，但柔韧性较差	性能优异，具有推广应用价值的品种
	包覆和/或填充型	固态聚合物包覆在钢丝绳的外部，或填充到钢丝绳的间隙中，或包裹和填充到钢丝绳中，或衬垫在绳芯和股之间	减小钢丝绳内外部的接触应力，减小钢丝绳与外部以及内部钢丝之间的磨损，增强钢丝绳的抗腐蚀能力，提高钢丝绳的使用寿命	应积极开发并推广应用的钢丝绳品种
按股截面形状	圆形股	各层钢丝绕同心圆捻制的股截面形状近似圆形，可以用相同直径或不同直径的圆钢丝或异型钢丝制成		应用广泛
	异型股	股截面形状不为圆形，股截面形状有三角形、椭圆形、扇形，或近似矩形等	其支承面积较圆股钢丝绳高出 3～4 倍，降低了接触应力，减轻钢丝绳的磨损，破断拉力和使用寿命分别较同一直径同一强度的圆股钢丝绳高 20% 和 2～3 倍。 由于其金属填充系数高、结构密度大，因此具有抗挤压、耐磨、耐疲劳性能好的特点。但制造较复杂	应用领域非常广泛，可较大范围替代圆股钢丝绳

续表6-3

分 类		结 构 特 点	性 能 特 点	用 途
按绳芯类型	纤维芯	由天然纤维（黄麻、剑麻、马尼拉麻等）或合成纤维（聚乙烯、聚丙烯等）制成	纤维芯钢丝绳柔韧性、弯曲性能良好，在受到碰撞或冲击载荷时具有缓冲吸震的功能。其中天然纤维绳芯储油多，益于使钢丝绳保持足够的润滑，而具有良好的防腐蚀性能。而合成纤维芯具有韧性好、不吸水、耐腐蚀、耐磨损，使钢丝绳在动载荷使用中不易变形，保持绳径稳定等优点。但其耐高温、耐横向挤压较差，结构伸长较大	应用广泛
	金属芯	分金属绳芯和金属股芯两种，其结构紧密稳定	具有承载能力大、耐高温、耐横向挤压、抗冲击、结构伸长少、破断拉力较大等优点，但柔韧性、耐疲劳性能较差	适用于受挤压、受冲击载荷和高温环境条件下使用
	固态聚合物芯	由圆形或带有沟槽的圆形固态聚合物（SPC）制成	具有较高的弹性、抗拉、抗酸碱盐腐蚀和抗横向挤压等性能	应用不广泛

6.1.3.2　钢丝绳捻制类型和捻制方向标记

常用钢丝绳的标记符号如表6-4所示，其中交互捻和同向捻类型中的第一个字母表示钢丝在股中的捻制方向，第二个字母表示股在钢丝绳中的捻制方向；混合捻类型的第二个字母表示股在钢丝绳中的捻制方向。

表6-4　钢丝绳捻制类型和捻制方向标记

标记符号	捻制类型与方向	备　注	标记符号	捻制类型与方向	备　注
Z	右捻		zZ	右同向捻	GB/T 8707—88 为 ZZ
S	左捻		Ss	左同向捻	GB/T 8707—88 为 SS
sZ	右交互捻	GB/T 8707—88 为 ZS	aZ	右混合捻	
zS	左交互捻	GB/T 8707—88 为 SZ	aS	左混合捻	

6.2　矿山常用钢丝绳

6.2.1　圆股钢丝绳

提升用圆股钢丝绳的技术标准为《重要用途钢丝绳》（GB 8918—2006）。圆股钢丝绳共有 6×7、6×19、6×37、8×19、8×37、18×7、18×19、34×7、35W×7 九种类型，各类型断面图及特征见表6-5。

表 6-5 圆股钢丝绳断面类型及特征

断面类型	断面图	特征
6×7		6 个圆股，每股外层丝可到 7 根，中心丝（或无）外捻制 1~2 层钢丝，钢丝等捻距
6×19		6 个圆股，每股外层丝可到 8~12 根，中心丝外捻制 2~3 层钢丝，钢丝等捻距
6×37		6 个圆股，每股外层丝可到 14~18 根，中心丝外捻制 3~4 层，钢丝等捻距
8×19		8 个圆股，每股外层丝可到 8~12 根，中心丝外捻制 2~3 层钢丝，钢丝等捻距
8×17		8 个圆股，每股外层丝可到 14~18 根，中心丝外捻制 3~4 层钢丝，钢丝等捻距
18×7		17 或 18 个圆股，每股外层丝 4~7 根，在纤维芯或钢芯外捻制 2 层股
18×19		17 或 18 个圆股，每股外层丝可到 8~12 根，钢丝等捻距，在纤维芯或钢芯外捻制 3 层股

断面类型	断　面　图	特　　征
34×7		34～36个圆股，每股外层丝可到7根，在纤维芯或钢芯外捻制3层股
35W×7		24～40个圆股，每股外层丝4～8根，在纤维芯或钢芯（钢丝）外捻制3层股

6.2.2　异型股钢丝绳

提升用异型股钢丝绳的技术标准也为《重要用途钢丝绳》（GB 8918—2006）。异型股钢丝绳共有6V×7、6V×19、6V×37、4V×39、6Q×19＋6V×21 五个类型，各类型断面图及特征见表6-6。

表6-6　异型股钢丝绳断面类型及特征

断面类型	断　面　图	特　　征
6V×7		6个三角形股，每股外层丝可到7～9根，三角形股芯外捻制1层钢丝
6V×19		6个三角形股，每股外层丝可到10～14根，三角形股芯或纤维芯外捻制2层钢丝
6V×37		6个三角形股，每股外层丝可到15～18根，三角形股芯外捻制2层钢丝
4V×39		4个扇形股，每股外层丝可到15～18根，纤维股芯外捻制3层钢丝

断面类型	断 面 图	特 征
$6Q \times 19 + 6V \times 21$		$12 \sim 14$ 个股，在 6 个三角股外，捻制 $6 \sim 8$ 个椭圆股

6.2.3 面接触钢丝绳

面接触钢丝绳分为压实股、压实钢丝绳、压实股钢丝绳等，从结构上看它包括 $6T \times 7 + FC$、$6T \times 19S + FC$、$6T \times 19W + FC$ 和 $6T \times 25FI + FC$ 四种。现行的技术标准为《面接触钢丝绳》(GB/T 16269—1996)。

(1) 压实股：通过模拔、轧制或锻打等变形加工后，钢丝的形状和股的尺寸发生变化，而钢丝的金属横截面积保持不变的股。其断面如图 6-3 所示。

(2) 压实股钢丝绳：成绳之前，股经过模拔、轧制或锻打等压实加工的多股钢丝绳。

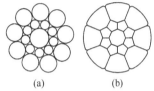

图 6-3 压实圆股钢丝绳
(a) 压实前；(b) 压实后

(3) 压实（锻打）钢丝绳：成绳之后，经过压实（通常是锻打）加工使钢丝绳直径减小的多股钢丝绳。

6.2.4 密封钢丝绳

密封钢丝绳按结构分为点接触、点线接触和线接触三种；按钢丝表面状态分为光面和镀锌两种；按最外层钢丝捻向分为左捻（S）和右捻（Z）两种。现行的技术标准为《密封钢丝绳》(GB/T 352—2002)。

6.2.5 平衡用扁钢丝绳

平衡用扁钢丝绳的每条子绳由 4 股组成的单元钢丝绳制成。通常子绳为 6 条、8 条或 10 条，左向捻和右向捻交替并排排列，并用缝合线缝合或铆钉铆接。现行的技术标准为《平衡用扁钢丝绳》(GB/T 20119—2006)。GB/T 20119—2006 给出了 PD6 × 4 × 7、PD8 × 4 × 7、PD8 × 4 × 9、PD8 × 4 × 14 和 PD8 × 4 × 19 五种双纬绳缝合类型的扁钢丝绳。

6.2.6 包覆和填充钢丝绳

钢丝绳在制造质量优良而且使用和维护得当的情况下，也就是说钢丝绳在制造、使用、维护等方面都完全满足标准或符合规范的条件下，不论是点接触、线接触还是面接触钢丝绳，其失效或报废的根本原因是钢丝绳的腐蚀、磨损和疲劳。

钢丝绳用固态聚合物包覆（涂）和填充。包覆和填充一方面能有效阻隔外界有害介质侵蚀金属，防止尘埃钻入，从而提高钢丝绳的抗腐蚀能力；另一方面，包覆和填充或衬垫材料能有效改变钢丝绳各组件钢丝的接触和摩擦状态，减小钢丝间的接触应力，减小钢丝间的挤压，提高钢丝绳的抗磨损、抗疲劳性能。另外，包覆和填充或衬垫钢丝绳还可以改善与绳轮的接触状态，提高钢丝绳的抗冲击能力、抗横向挤压性能，增加钢丝绳柔韧性，这些均有利于增加钢丝绳的使用寿命。

其主要种类有：

（1）固态聚合物包覆钢丝绳。外部包覆有固态聚合物的钢丝绳。

（2）固态聚合物填充钢丝绳。固态聚合物填充到钢丝绳的间隙中，并延伸到或稍微超出钢丝绳外接圆的钢丝绳，如图 6-4（a）所示。

（3）固态聚合物包覆和填充钢丝绳。包覆和填充固态聚合物的钢丝绳。

（4）衬垫芯钢丝绳。绳芯用固态聚合物包覆，或填充和包覆的钢丝绳，如图 6-4（b）所示。

（5）衬垫钢丝绳。在钢丝绳内层、内层股或股芯上包覆聚合物或纤维，从而在相邻股或叠加层之间形成衬垫的钢丝绳。

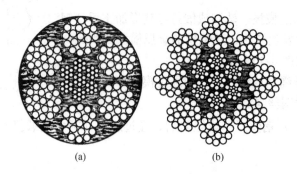

（a）　　　　　　　　（b）

图 6-4　固态聚合物填充钢丝绳与衬垫芯钢丝绳
（a）固态聚合物填充钢丝绳；（b）衬垫芯钢丝绳

6.3　提升钢丝绳的选择与计算

6.3.1　按使用条件选择钢丝绳

国家标准《冶金矿山采矿设计规范》（GB 50830—2013）中对提升钢丝绳的选择有下列规定：

（1）单绳提升钢丝绳悬挂时的安全系数如表 6-7 所示。

表 6-7　竖井单绳提升钢丝绳安全系数

使用条件		安全系数
专作升降人员用		≥9
升降人员和物料用	升降人员用时	≥9
	升降物料用时	≥7.5
专作升降物料用		≥6.5

（2）多绳提升钢丝绳悬挂时的安全系数如表 6-8 所示。

表 6-8　竖井多绳提升钢丝绳安全系数

使　用　条　件		安　全　系　数
专作升降人员用		≥8
升降人员和物料用	升降人员用时	≥8
	升降物料用时	≥7.5
专作升降物料用		≥7
作罐道或防撞绳用		≥6

（3）缠绕式提升钢丝绳宜选用圆股线接触同向捻钢丝绳，采用钢丝绳罐道时，提升绳应采用不旋转钢丝绳；多绳摩擦提升高度小于 1000m 时，首绳宜采用三角股钢丝绳，且左、右捻应各一半。

（4）平衡尾绳宜采用不旋转圆股钢丝绳；采用普通圆股钢丝绳时，在容器底部应装设尾绳旋转装置。

（5）平衡尾绳根数宜取首绳数的 1/2，但不应少于 2 根。

（6）钢丝绳罐道应选用密闭式钢丝绳；每根罐道绳的最小刚性系数不应小于 500N/m；各罐道绳张紧力应相差 5%～10%，内侧张紧力应大于外侧张紧力。

（7）罐道绳拉紧可采用重锤拉紧或液压拉紧，且井底应设罐道绳的定位装置。采用重锤拉紧时，拉紧重锤的最低位置到井底水窝最高水位的距离不应小于 5m。

（8）采用多绳提升机，粉矿仓设在尾绳之下时，粉矿顶面距离尾绳最低位置不应小于 5m；穿过粉矿仓时，应用隔离套筒保护。

（9）罐道绳应有 20～30m 的备用长度。

6.3.2　单绳提升钢丝绳参数计算

6.3.2.1　钢丝绳的选择

提升钢丝绳在使用过程中强度下降的主要因素是磨损、锈蚀和疲劳断丝，但由于金属矿山竖井的具体条件不同，起主要作用的因素也不同，因此按其使用条件不同进行选择。

（1）当竖井淋水大、酸碱度高和作为出风井的井筒时，为减少锈蚀，以选用镀锌钢丝绳为宜；

（2）在钢丝绳磨损严重的矿井中，以选用线接触，异型股外丝粗，或面接触钢丝绳为好；

（3）以疲劳断丝为其损坏的主要原因时，应优先选用异型股钢丝绳或线接触钢丝绳（其中以填充式为好）；

（4）从钢丝绳的结构特点、受力状态和使用条件来分析，竖井提升以选用顺捻钢丝绳为好；

（5）凿井提升用绳，应选用多层股不旋转钢丝绳，如挤压严重，可选用金属绳芯钢丝绳或面接触钢丝绳；

（6）温度很高或有明火的废石场等处的提升绳，可选用带金属绳芯的钢丝绳。

选用钢丝绳的捻向应与其在滚筒上缠绕的螺旋线方向一致，使其在缠绕时不致松劲。

6.3.2.2 钢丝绳每米质量计算

钢丝绳每米质量计算如下：

$$P_s = \frac{Q_d}{1.1 \times 10^{-5} \dfrac{\sigma}{m} - H_0} \tag{6-4}$$

式中　P_s——钢丝绳每米质量，kg/m；

　　　σ——钢丝绳的抗拉强度，Pa；

　　　Q_d——钢丝绳终端悬挂质量，kg；

　　　H_0——钢丝绳最大悬垂长度，m；

　　　m——钢丝绳安全系数，按表6-7选取。

箕斗提升时：

$$Q_d = Q_j + Q; \quad H_0 = H + H_z + H_j \tag{6-5}$$

罐笼提升时：

$$Q_d = Q_g + Q_k + Q; \quad H_0 = H + H_j \tag{6-6}$$

式中　Q_j——箕斗质量，kg；

　　　Q_g——罐笼质量，kg；

　　　Q_k——矿车质量，kg；

　　　Q——有效装载量，kg；

　　　H——提升高度，m；

　　　H_j——井架高度，m；

　　　H_z——箕斗井下装载高度，m。

根据计算的 P_s 值，选取钢丝绳。

6.3.2.3 钢丝绳安全系数验算

钢丝绳安全系数验算如下：

$$m' = \frac{Q_p}{(Q_d + P_s H_0)g} \tag{6-7}$$

式中　m'——钢丝绳实际安全系数；

　　　Q_p——钢丝绳中钢丝破断拉力总和，N；

　　　g——重力加速度，m/s^2。

6.3.3 多绳提升钢丝绳参数计算

6.3.3.1 钢丝绳的选择

提升钢丝绳（首绳）宜选用镀锌三角股钢丝绳（使用寿命约2年），其根数多为偶数，一般为2、4、6、8、10。实践表明，增加提升钢丝绳数将使悬挂平衡装置、挂结和更换钢丝绳更加复杂和困难。为减少容器的扭转，提升钢丝绳中一半采用左捻，另一半采用右捻，并互相交错排列。

平衡绳（尾绳）一般采用不旋转镀锌圆股钢丝绳或扁钢丝绳（使用寿命约4年），平衡绳应不少于2根。圆股钢丝绳是机械编捻，其缺点是平衡绳悬挂装置需装有旋转装置，以消除由轴向拉力引起的旋转力,以防平衡绳绞结。扁钢丝绳运行平稳,其缺点是在井筒中易受坠落物料冲击或黏结。

钢丝绳罐道是一种金属罐道,沿竖井井筒敷设,使提升容器沿罐道平稳地运动。罐道钢丝绳的上端固定在井塔(架)上,其下端在井底以重锤拉紧(也有在上端用液压拉紧)。钢丝绳罐道在我国已获得较广泛的应用,实践证明比较经济而且安全可靠。钢丝绳罐道通常选用密封或半密封钢丝绳。

6.3.3.2 钢丝绳每米质量计算

当所用提升钢丝绳每米质量与所用平衡绳每米质量相等时,提升钢丝绳根数为 n,则每根提升钢丝绳每米质量:

$$p' = \frac{Q_d}{n\left(\dfrac{\sigma}{\rho_o}gm - H_0\right)} \tag{6-8}$$

$$Q_d = Q + Q_r \tag{6-9}$$

$$H_0 = H + H_j + H_w \tag{6-10}$$

式中　p'——提升钢丝绳每米质量,kg/m;

Q_d——提升钢丝绳终端负荷的质量,kg;

Q——有效装载量,kg;

Q_r——提升容器质量(对于罐笼提升,应为罐笼和空矿车的质量之和),kg;

n——提升钢丝绳根数,多为偶数;

σ——钢丝绳抗拉强度,一般不低于 $1470 \times 10^6 \text{N/m}^2$;

ρ_o——钢丝绳的假定密度,平均值为 9000kg/m^3;

g——重力加速度,m/s^2;

H_0——钢丝绳悬垂长度,m;

H——提升高度,m;

H_j——井架高度,m;

H_w——最低阶段到尾绳环底端的高度,m;

m——钢丝绳安全系数。升降人员或升降人员及物料时,取 $m = 8$,升降物料时,取 $m = 7$。

6.3.3.3 钢丝绳安全系数验算

根据式(6-8)~式(6-10)计算的 p' 选择标准提升钢丝绳,所选择的标准提升钢丝绳的实际安全系数 m' 必须满足下式要求:

$$m' = \frac{nQ_p}{(Q_d + npH_0)g} \geqslant m \tag{6-11}$$

式中　Q_p——一根标准钢丝绳所有钢丝破断力总和,N;

p——一根标准钢丝绳每米质量,kg/m。

若平衡绳根数为 n',则每根平衡绳的每米质量 $q = \dfrac{n}{n'}p$,平衡绳的抗拉强度应不低于 1370N/mm^2。

─────── 本 章 小 结 ───────

（1）提升钢丝绳主要包括单层钢丝绳、阻旋转钢丝绳、扁钢丝绳、密封钢丝绳、平行捻密实钢丝绳、缆式钢丝绳和单股钢丝绳等；（2）典型钢丝绳由制绳钢丝、绳股、绳芯和绳用油脂组成；（3）多绳摩擦提升钢丝绳（首绳）通常选用镀锌三角股钢丝绳，平衡绳（尾绳）一般采用不旋转镀锌圆股钢丝绳或扁钢丝绳，钢丝绳罐道通常选用密封或半密封钢丝绳。

习题与思考题

6-1　提升钢丝绳有哪些类型，各有什么优缺点？

6-2　简述提升钢丝绳的构成。

6-3　简述提升钢丝绳的选择步骤。

6-4　简述不同提升方式对提升钢丝绳的安全系数要求。

7 矿井提升机

本章学习重点：（1）矿井提升机的使用现状、研究进展和发展趋向；（2）矿井提升机的主要组成部件；（3）矿井提升机的分类、特点和用途；（4）矿井提升机的选择和参数计算。

本章关键词：矿井提升机；提升机组成；提升机分类；提升机选择与计算

7.1 概　　述

提升机的用途是缠绕和传动钢丝绳，从而带动容器在井筒中升降，完成矿井提升或下放负载任务。矿井提升机的分类方式很多，如图7-1所示。目前我国生产和应用的矿井提升机主要有单绳缠绕式和多绳摩擦式两种。前者简称单绳提升机，后者简称多绳提升机。矿井提升机总体上在向大负载、高速、大型化、自动化和高可靠性方向发展。

矿井提升机主要由机械部分、辅助机械部分和电气部分组成。

（1）机械部分。机械部分主要由工作机构、传动系统、制动系统、观测操纵系统、保护系统组成。

1）工作机构。主要包括主轴装置、主轴承、卷筒和主导轮等。工作机构的作用是缠绕或搭挂提升钢丝绳；承受各种载荷，并将载荷经轴承传给基础；调节钢丝绳长度。

2）传动系统。主要包括减速器和联轴器。前者的作用是减速和传递动力；后者的作用是连接两个旋转运动的部分，并通过其传递动力。

3）制动系统。主要包括制动器和制动器控制装置。制动器的作用是在提升机停车时能够可靠地闸住机器；在减速阶段及重物下放时，参与提升机速度控制；具有安全保护作用或紧急事故情况下使提升机迅速停车，避免事故发生。制动控制装置的主要作用是调节制动力矩，在任何事故状态下进行紧急制动。

4）观测操纵系统。主要包括深度指示器、深度指示器传动装置和操纵台。深度指示器分为牌坊式、圆盘式、小丝杠式等形式，其传动装置有牌坊式深度指示器传动装置、圆盘式深度指示器传动装置、监控器。深度指示器及其传动装置或监视器的作用是：向司机指示提升容器在井筒中的位置；提升容器接近井口卸载位置和井底停车位置时，发出减速信号；提升容器过卷时，牌坊深度指示器、圆盘深度指示器传动装置或监控器上的开关能够切断安全保护回路，进行安全制动；提升机在减速阶段超速时，能够通过限速装置进行过速保护；需要解除二级制动时，能够通过解除二级制动开关予以解除；对于多绳摩擦式提升

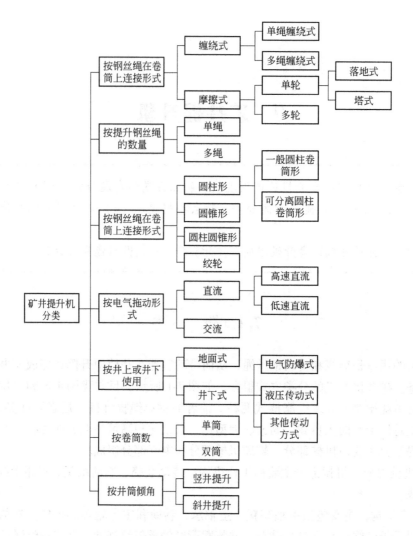

图 7-1　矿井提升机的分类

机，能够自动调零，以消除由于钢丝绳在摩擦轮摩擦衬垫上的滑动、蠕动和伸长及衬垫磨损等所造成的指示误差。操纵台的作用是使用其上的各种手把和开关操纵提升机完成提升、下放及各种动作；通过其上的各种仪表向司机反映提升机的运行情况及设备的工作状况。

5）保护系统。主要包括测速发电机装置、护板、护栅、护罩等。测速发电机装置的作用是通过设在操纵台上的电压表向司机指示提升机的实际运行速度，并参与等速运行和减速阶段的超速保护。

（2）辅助机械部分。辅助机械部分主要由天轮、导向轮、车槽装置组成。

1）天轮。天轮安装在井架上，供引导钢丝绳转向之用。多绳提升系统的天轮装置如图 7-2 所示。

2）导向轮。当多绳提升机的主导轮直径大于两个提升容器之间的距离时，为了将摩擦轮两侧的钢丝绳相互移近，以适应两提升容器中心距离的要求，或为获得大于 180° 的围包角，需装设导向轮。导向轮由一个固定轮和若干个游动轮组成，两种轮子总数目与主导

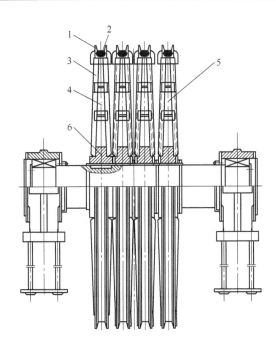

图 7-2　多绳提升系统的天轮

1—轮缘；2—衬垫；3—轮辐；4—固定轮；5—游动轮；6—轮毂

轮上钢丝绳的根数相同。导向轮由轮毂、轮辐和轮缘组成。轮缘绳槽内装有衬垫，磨损后可更换。游动导向轮轴套与轴间用黄油润滑。多绳摩擦式提升系统的导向轮装置如图 7-3所示。

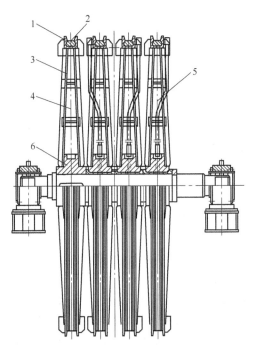

图 7-3　多绳摩擦式提升系统的导向轮装置

1—轮缘；2—衬垫；3—轮辐；4—固定轮；5—游动轮；6—轮毂

3）车槽装置。多绳提升机运转时，为增加钢丝绳和衬垫的接触面积，使提升载荷均匀分布在几根钢丝绳上，应保证主导轮上的各摩擦衬垫绳槽的直径相等。然而，在运转过程中由于各种原因使各绳槽磨损不均匀，各绳槽直径产生偏差，使各绳松紧不一致，因此需要重新车槽，调整绳槽直径，从而保证各绳的张力相等。为便于进行日常调整维修工作和更换新衬垫后加工绳槽，多绳提升机均附带有专设的车绳槽装置，其主要由车槽架和车刀装置组成。车槽装置安装在主导轮下方，摩擦轮上每个摩擦衬垫都有一个单独的车刀装置相对应，可进行单独车削。车槽装置如图 7-4 所示。

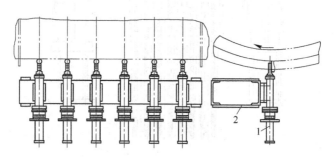

图 7-4　车槽装置
1—车刀装置；2—车槽架

（3）电气部分。电气部分由拖动电动机、电气控制装置、电气保护装置组成。提升机工作需要启动力矩大、启动平稳、具有调速功能、短时正反转反复工作的拖动装置。从电力拖动而言，矿井提升机可分为交流拖动和直流拖动两大类。为了得到设计的速度和拖动力，必须对提升机进行必要的控制。为了保护提升机安全运转，还必须设置一系列的保护装置。

1）直流拖动系统。直流拖动系统一般采用直流他励电动机作为主拖动电动机。根据供电方式不同，直流拖动系统又可分为两类，一类是发电机组供电的系统（简称 G-M 系统），另一类是晶闸管供电的系统（简称 V-M 系统）。G-M 系统的特点是过载能力强，所需设备均为常规定型产品，供货容易，运行可靠，技术要求较低，对系统以外的电网不会造成有害的影响，但维护工作量大。与前者相比，V-M 系统具有功率放大倍数大、快速响应性好、功耗小、效率高、调速范围大、运行可靠、设备费用低等优点，其缺点是晶闸管元件的过载能力较低、有冲击性的无功功率等。

直流他励电动机：功率 800～1250kW 的一般可以选用高速直流电动机带减速器，1250kW 以上一般都采用低速直流电动机与提升机直联方式驱动。直流拖动具有调速性能好、启动转矩大等优点。因此，在副、主井提升电动机功率大于 2000kW 时，较多采用直流拖动。直流电动机降低电压启动、调速是最经济、最方便的方法。由于可控硅技术的发展，通过控制晶闸管触发角，就可以无级调节晶闸管整流装置的输出直流电压，从而可以调节直流电动机的转速。

2）交流拖动系统。交流拖动系统常见拖动方案有绕线型异步电动机转子回路串电阻调速系统和交流电动机交-交变频调速系统。

交流绕线式异步电动机：由于交流接触器的限制，单机运行功率不超过 1000kW，双机运行功率不超过 2000kW（双机拖动）。交流绕线式异步电动机拖动是目前应用最为广泛的拖动方式，主要满足 $1.5 \times 10^6 t/a$ 以下矿井主、副井提升的需要。交流绕线式异步电动机具有结构简单，质量轻，制造方便，运行可靠等优点，与直流电动机相比，价格低，又不需要另外的供电电源变换装置。它的缺点是调速性能不如直流电动机，启动阶段和调速时电能损耗较大，运行不经济。其单水平深井提升时提升效率与用发电机组供电的直流拖动系统相当；但用于要求频繁启动或不同运行速度的多水平提升机时不经济。

交流变频调速同步电动机：可控硅交-交变频装置的应用使这类交流同步电动机开始用于提升机的拖动。交-交变频器是将三相交流电源从固定的电压和频率直接变换成电压和频率可调的交流电源，不需设置中间耦合电路。其主要优点是只进行一次能量变换，效率较高；设备较简单，可靠性较高。缺点是主回路所使用的晶闸管元件数量较多，这比直流拖动中的晶闸管整流装置复杂。虽然交流拖动中的变频装置较直流拖动中的整流装置复杂，相应的投资费用也较高，但由于交流电动机本身较直流电动机具有结构简单、单位容量费用低、维护工作量小等优点，因此交-交变频器供电的交流拖动系统较晶闸管整流装置供电的直流拖动系统的一次性投资要少。

3）拖动方式的选择。直流拖动虽然在调速和控制上优点很多，是交流异步电动机所无法比拟的，但由于结构复杂等原因限制了更大的发展。交流拖动较直流拖动具有以下优点：由于没有直流电动机的换向器和电刷，结构简单，维修量小，寿命长；质量比直流电动机轻，轴向尺寸短，而且功率容量基本上不受限制；调速范围广，控制方便，可保持较高的效率和功率因数；交-交变频后的波形接近于正弦波，因而谐波含量很低，一般不需补偿装置。其主要缺点是：可控硅元件数量多，需要的耐压低，维修量可能大；交-交变频装置的投资较高，制造技术要求很高。

目前，大容量矿井提升机大多采用直流拖动方案，尤以 V-M 系统为主。而在交流拖动系统使用了动力制动、低频制动、可调机械闸、负荷测量、计量装载等辅助装置后，也可获得较满意的调速性能。随着晶闸管交-交变频技术和微机技术的出现，产生了交流无换向器电动机，近年来大型矿井提升机大量采用了这种拖动方式。

7.2 单绳缠绕式提升机的分类与结构

7.2.1 单绳提升机的分类

单绳缠绕式提升机是较早出现的一种提升机，在我国矿山中应用的较为普遍。单绳缠绕式提升机适用于浅井或中等深度的矿井。随着矿井深度和终端载荷的加大，钢丝绳的长度和直径相应增加，卷筒的直径和容绳宽度也随之增大，这将导致提升机体积和质量都大幅度增加，故缠绕式提升机不适用于深井提升。

缠绕式提升机按卷筒的外形可分为变直径提升机和等直径提升机。为解决深井提升时两侧钢丝绳长度变化大、力矩不平衡的问题，早期采用变直径提升机，现多采用尾绳平衡。等直径提升机的结构简单，制造容易，价格较低，得到普遍应用。单绳缠绕式提升机按卷筒数目的不同可分为单卷筒提升机和双卷筒提升机。

7.2.1.1　单卷筒提升机

该类提升机只有一个卷筒，钢丝绳的一端固定在卷筒上，另一端绕过天轮与提升容器相连。卷筒转动时，钢丝绳向卷筒上缠绕或放出，带动提升容器升降。如果单卷筒提升机用作双钩提升，则要在一个卷筒上固定两根缠绕方向相反的提升钢丝绳。提升机运行时，一根钢丝绳向卷筒上缠绕，另一根钢丝绳自卷筒上松放。其特点是：提升机的体积和质量较小，但由于这种提升机只有一个卷筒，容绳量小，适用于提升能力较小的场合，如产量较小的斜井或井下采区上、下山等。

7.2.1.2　双卷筒提升机

该类提升机将两根提升钢丝绳的一端以相反的方向分别缠绕并固定在提升机的两个卷筒上，另一端绕过井架上的天轮分别与提升容器连接；通过电动机改变卷筒的转动方向，可将提升钢丝绳分别在两个卷筒上缠绕和松放，实现提升或下放容器。两个卷筒与轴的连接方式有所不同：其中一个卷筒通过楔键或热装与主轴固接在一起，称为固定卷筒；另一个卷筒滑装在主轴上，通过离合器与主轴连接，故称为游动卷筒。采用这种结构的目的是考虑到在矿井生产过程中提升钢丝绳在终端载荷作用下产生弹性伸长，或在多水平提升中提升水平的转换，需要两个卷筒之间能够相对转动，以调节绳长，使得两个容器分别对准井口和井底水平。双卷筒提升机作双钩提升时，两根钢丝绳各固定在一个卷筒上，分别从卷筒上、下方引出。卷筒转动时，一个提升容器上升，另一个容器下降。

7.2.2　单绳提升机的结构特点

单绳提升机主要由主轴、卷筒、主轴承、调绳离合器、减速器、深度指示器和制动器等部件组成。产品型号编制方法应符合 JB/T 1604 的规定：

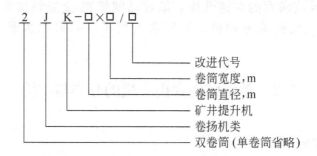

JK 系列提升机是目前生产和应用的主要矿井单绳提升机。其工作原理是：电动机通过减速器将动力传给缠绕钢丝绳的卷筒，实现提升容器的提升和下放；通过电气传动实现调速，盘形制动器由液压和电气控制进行制动；通过各种位置指示系统，实现深度指示；通过由各种传感器的控制元件组成的机、电、液联合控制系统实现整机的监控和保护。JK

型双筒提升机的整体布置及组成如图 7-5 所示。

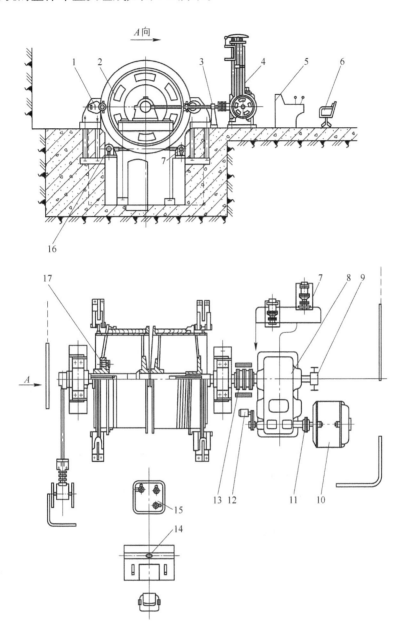

图 7-5 JK 型双筒矿井提升机总体结构

1—盘形制动器；2—主轴装置；3—牌坊式深度指示器传动装置；4—牌坊式深度指示器；5—斜面操纵台；
6—司机椅子；7—润滑油站；8—减速器；9—圆盘式深度指示器传动装置；10—电动机；
11—弹簧联轴器；12—测速发电机装置；13—齿轮联轴器；14—圆盘式深度指示器；
15—液压站；16—锁紧器；17—齿轮离合器

单绳提升机主轴装置主要由主轴、主轴承、卷筒、轮毂、调绳离合器等部件组成。其主要作用是：缠绕提升钢丝绳；承受各种载荷；对于双卷筒提升机，调节钢丝绳长度。其工作原理如图7-6所示。

　　钢丝绳的一端用钢丝绳夹持固定在卷筒辐板上，另一端经卷筒的缠绕后，通过井架天轮悬挂提升容器。这样，利用主轴旋转方式的不同，将钢丝绳缠上或放松，以完成提升或下放容器的工作。单筒提升机采用双钩提升时，左侧钢丝绳为下出绳，右侧钢丝绳为上出绳；单钩提升时为上出绳。双筒提升机是左边卷筒上的钢丝绳为下出绳，右边卷筒上的钢丝绳为上出绳。与固定卷筒和游动卷筒的相对位置无关。

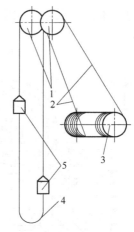

图7-6　单绳缠绕式提升机工作原理
1—天轮；2—钢丝绳；3—主轴装置；4—尾绳；5—容器

　　调绳离合器用来解决多水平提升问题，以及当钢丝绳伸长时，调节绳长达到双容器的相应准确停车位置。

7.3　多绳摩擦式提升机的分类与结构

7.3.1　多绳提升机分类与适用范围

　　由于单绳提升机提升高度受到滚筒容绳量的限制，提升能力又受到单根钢丝绳强度的限制。因此在井深、产量大的矿井中，多绳摩擦式提升机得到了广泛的应用。

　　摩擦式提升机是利用提升钢丝绳与摩擦轮摩擦衬垫之间的摩擦力来传递动力，使重载侧钢丝绳上升，空载侧钢丝绳下放。摩擦提升与缠绕提升工作原理的区别：钢丝绳不是缠绕在卷筒上的，而是搭在主导轮（摩擦轮）上，两端各悬挂一个提升容器，借助于安装在主导轮上的衬垫与钢丝绳之间的摩擦力来传动钢丝绳，使容器移动，从而完成提升或下放重物的任务。

　　摩擦提升最初使用的是单绳摩擦式提升机。随着矿井深度和产量的增加，为解决提升钢丝绳直径和提升机有关尺寸随之增大的问题，制造出了以几根钢丝绳来代替一根钢丝绳的多绳摩擦式提升机。多绳摩擦式提升机具有安全性高、钢丝绳直径细、主导轮直径小、设备质量轻、耗电少、价格便宜等优点。

　　多绳摩擦提升机除用于深竖井提升外，还可用于浅竖井和斜井提升。该类提升机可应用于煤矿和金属矿竖井的主井提升和副井提升，可用于双容器提升系统，也可用于带平衡锤的单容器提升系统。双容器提升系统只适用于单水平提升，而采用带平衡锤的单容器提升系统可用于多水平提升，并提高了提升设备的工作可靠性，减小了钢丝绳伸长的影响，提高了防滑安全系数，扩大了多绳摩擦提升机在浅井中的应用范围。多绳摩擦提升机的工作范围受到几个方面的限制：一是提升钢丝绳的滑动；二是提升钢丝绳的强度；三是摩擦轮摩擦衬垫的抗压强度。

　　多绳摩擦提升按布置方式可分为塔式与落地式两大类。目前我国主要采用塔式，其优点是：机房设在井塔顶层，与井塔合成一体，节省场地；省去天轮；全部载荷垂直向下，架稳定性好；可获得较大围包角；钢丝绳不致因暴露在外受雨雪的侵蚀，而影响摩擦系数及使用寿命。但井塔的质量大，基建时间长，造价高。塔式多绳摩擦式提升机如图7-7所示。

塔式多绳摩擦提升又可分为无导向轮系统和有导向轮系统。无导向轮系统结构简单。有导向轮系统的优点是使提升容器在井筒中的中心距不受主导轮直径的限制，可减小井筒的断面；同时可以加大钢丝绳在主导轮上的围包角；有导向轮系统的缺点是使钢丝绳产生了反向弯曲，会影响钢丝绳的使用寿命。

落地式提升机的机房直接设在地面上。其主要优点是：井架较低，质量小，投资较低；建井架比建井塔占用井口时间短，井筒装备和提升机安装工程可同时施工，加快建设进度；在工程地质不良和地震区，提升机房和井架的安全稳定性比井塔高。其主要缺点是：占地面积大，工业场地比较狭小的矿井不便采用；钢丝绳暴露在外，弯曲次数多，影响钢丝绳的工作条件及使用寿命。落地式多绳摩擦式提升机如图7-8所示。

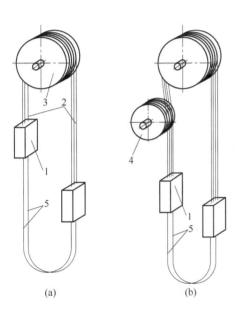

图7-7 塔式多绳摩擦式提升机示意图

（a）无导向轮的多绳摩擦提升系统；

（b）有导向轮的多绳摩擦提升系统

1—提升容器或平衡锤；2—提升钢丝绳；

3—摩擦轮；4—导向轮；5—尾绳

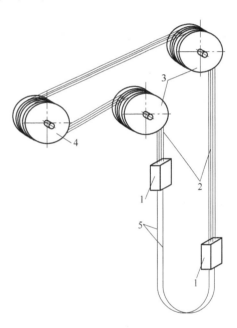

图7-8 落地式多绳摩擦式提升机示意图

1—提升容器或平衡锤；2—提升钢丝绳；3—导向轮；

4—摩擦轮（主导轮）；5—尾绳

7.3.2 多绳提升机特点和发展趋势

多绳摩擦式提升机与单绳缠绕式提升机相比，具有以下优点：

（1）由于钢丝绳不是缠绕在主导轮上，故提升高度不受容绳量的限制，因而主导轮的宽度较缠绕式卷筒小，可适应深度和载荷较大矿井的使用要求。

（2）由于载荷是由数根提升钢丝绳共同承担，故钢丝绳直径较相同载荷下单绳提升的小，并导致主导轮直径也小。因而在相同提升载荷下，多绳提升机具有体积小，质量轻，节省材料，制造容易，安装和运输方便等优点。同时当发生事故的情况下多根钢丝绳同时断裂的可能性极小，因此提高了提升设备的安全性，可不在提升机容器上装设断绳防坠器，给采用钢丝绳作罐道的矿井提供了有利条件。

（3）由于多绳提升机的运动质量小，故拖动电动机的容量与耗电量均相应减小。

（4）在卡罐和过卷的情况下，有打滑的可能性，可避免断绳事故的发生。

（5）当采用相同数量的左捻和右捻钢丝绳时，可减轻提升容器因钢丝绳扭力而产生的对罐道的侧向压力。既降低了运动中的摩擦阻力，又可减轻容器罐耳与罐道间的单向磨损，延长了罐道与罐耳的使用寿命。

多绳摩擦式提升机与单绳缠绕式提升机相比，具有以下缺点：

（1）由于提升容器由数根提升钢丝绳共同悬挂，因而悬挂新绳和更换钢丝绳的工作量都比较大，维护较复杂。同时，为保证每根钢丝绳运行中的受力相等，不仅在提升容器上要设平衡装置，而且对提升钢丝绳的质量和结构的要求都比较高；当提升钢丝绳中有一根需要更换时，必须将全部提升钢丝绳同时更换，且要求换用具有同样弹性模量、规格和强度的钢丝绳，以保证在实际运动中的钢丝绳具有相同的伸长性能。

（2）由于使用数根直径较细的钢丝绳提升，因而钢丝绳的外露面积增加了，在井筒中受矿井腐蚀性气体侵蚀的面积也相应增大。由于钢丝绳直径和绳股中钢丝直径均较小，耐腐蚀性能显著降低，尤其对井筒淋水呈酸性的矿井更为显著。这些因素对钢丝绳的使用寿命产生不利的影响。

（3）多绳摩擦式提升机是依靠提升钢丝绳在摩擦轮的衬垫上产生的摩擦力提升的，因而对衬垫的质量要求较高，即需要衬垫具有较高的摩擦系数、较高的耐磨性和一定的弹性。在车削衬垫上的绳槽时，还要求各绳槽的尺寸尽量一致，绳槽之间尺寸的差值越小越好。为了保证提升钢丝绳与衬垫之间具有足够的摩擦系数，需针对不同使用工况使用特殊的润滑油脂，从而增加了成本。

（4）多绳摩擦式提升机安装在井塔上时，设备吊运的工作量较大，给安装和维修都带来不便。为了解决井塔上工作及检修人员的上下问题，还需要设置电梯。

（5）多绳摩擦式提升机的提升钢丝绳两端分别固定于两个提升容器（提升容器与平衡锤）上，钢丝绳的长度是固定的，只能适用一个生产水平，不能使用双容器提升为多水平的生产服务，也不适用凿井提升。

（6）由于提升钢丝绳和主导轮上的衬垫间有蠕动现象，故对钢丝绳及衬垫的磨损有一定的影响，对深度指示器的准确性也有影响。

综上所述，多绳摩擦提升的优越性是显著的。目前，多绳摩擦提升机发展的方向是：向大型、全自动化和遥控方向发展，并发展各种新型和专用提升设备。发展落地式和斜井多绳摩擦式提升机，研究其用于浅井、盲井甚至天井的可能性，以扩大使用范围；采用新结构，以减小机器的外形尺寸和质量。

多绳摩擦提升钢丝绳的根数取决于多种因素。根据我国矿井的实际情况，提升钢丝绳的根数以四根和六根为宜，在特殊情况下可采用八根。钢丝绳半数左捻，半数右捻，并互相交错排列。

为了保证各绳间负载均匀分配和简化钢丝绳长度的调整，必须保证钢丝绳的初始伸长和弹性伸长最小，并具有高度的耐磨性。目前，首绳可优先选用镀锌三角股钢丝绳，也可采用西鲁型钢丝绳或密封钢丝绳等。尾绳可采用不扭转钢丝绳或扁钢丝绳，圆尾绳根数一般为首绳之半，扁尾绳则用一根或两根。不扭转钢丝绳较扁钢丝绳易于制造和大量生产，用圆尾绳旋转连接器作悬挂装置可以克服圆钢丝绳在使用过程中发生旋转的问题。

7.3.3 多绳提升机的结构特点

多绳摩擦式提升机主要由主轴装置、制动器装置、液压站、减速器、电动机、深度指示器系统、操纵台、导向轮装置、车槽装置、弹性联轴器等部件组成。主导轮表面装有带绳槽的摩擦衬垫。衬垫应具有较高的摩擦系数和耐磨、耐压性能，其材质的优劣直接影响提升机的生产能力、工作安全性及应用范围。自动调零装置在每次停车期间使指针自动指向零位。

国产多绳摩擦式提升机形式分为 JKM 井塔式和 JKMD 落地式。产品型号编制方法应符合 GB/T 25706 的规定：

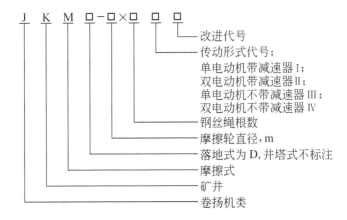

标记示例：摩擦轮直径为 4m、4 根钢丝绳、落地式、单电动机不带减速器的多绳摩擦式提升机应被标识为 JKMD-4×4Ⅲ多绳摩擦式提升机。JKM 多绳摩擦式提升机总体结构如图 7-9 所示。

7.3.3.1 主轴装置

多绳摩擦提升机主轴装置主要由摩擦轮、制动盘、锁紧器、主轴承、主轴、轮毂等组成。

（1）摩擦轮：摩擦轮（主导轮）是传递扭矩和承受两侧钢丝绳拉力的装置，其上有压块、固定块和衬垫。

（2）锁紧器：锁紧器为栓式结构部件，主要是为保证更换钢丝绳、摩擦衬垫，维修盘形制动器时的安全而设置的辅助部件。目前多数 JKM 型提升机已不用锁紧，而是采用一组或几组盘形制动器来锁紧主轴装置。

（3）主轴承：主轴承是承受整个主轴装置自重和钢丝绳上所有载荷的支承部件。

（4）主轴：主轴是承受质量和传递扭矩的部件。

（5）轮毂：轮毂是连接主轴和摩擦轮的部件，它与主轴通过静配合，采用摩擦传递扭矩，不用键连接。轮毂与摩擦轮辐板采用焊接连接或高强度螺栓连接方法，后者易于运输和更换。

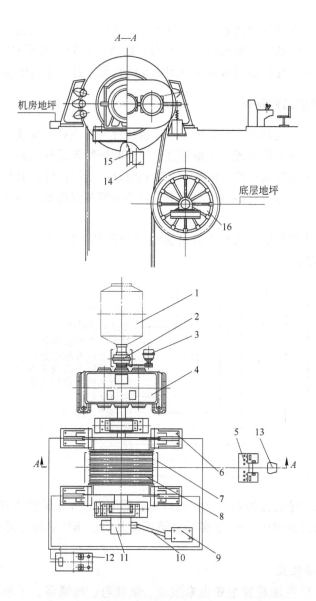

图 7-9　JKM 多绳摩擦式提升机总体结构示意图

1—电动机；2—弹簧联轴器；3—测速发电机装置；4—减速器；5—斜面操纵台；6—盘形制动器；
7—摩擦轮护板；8—主轴装置；9—深度指示器系统；10—万向联轴器；11—精针发送装置；
12—液压站；13—司机椅子；14—车槽架；15—车槽装置；16—导向轮

　　摩擦轮与主轴有两种联结方式：一种联结方式是采用单法兰、单面摩擦联结，通常中、小型的摩擦式提升机采用此结构；另一种联结方式是摩擦轮与主轴采用双法兰、双夹板、双面平面摩擦联结。摩擦轮直径大于 4m 的大型提升机多采用此结构，其特点是装拆方便。由于受运输、包装和使用现场的吊装条件限制，大型提升机的摩擦轮与主轴通常需要在现场组装。

　　提升机的电动机转子和主轴的联结方式有键联结、双夹板联结、圆锥面过盈联结等，其中圆锥面过盈联结是目前一种比较理想的联结方式。其主要优点是装拆比较方便，维护量小，结构紧凑；缺点是对加工制造和测量技术的要求较高。电动机转子在主轴上的装拆方式采用液压扩孔法。

7.3.3.2 深度指示器

多绳摩擦式提升机在运行时，钢丝绳与主导轮之间不可避免地会产生蠕动和滑动，摩擦衬垫也会产生磨损。因此，深度指示器应能自动消除由于上述原因所造成的误差，从而能够正确地指示出容器在井筒中的实际位置，因此都设有自动调零装置。所谓调零，就是每次提升之后，在停车期间将指针调整到零位。

7.3.3.3 摩擦衬垫

摩擦衬垫是提供传动动力的关键部件，承担着钢丝绳比压、张力差，以及两侧提升钢丝绳运行的各种动载荷与冲击载荷。因此，它与钢丝绳对偶摩擦时应具有较高的摩擦系数，且摩擦系数受水和油的影响较小。摩擦衬垫应具有足够的抗压性能和抗疲劳性能，较好的耐磨性能，且磨损时的粉尘对人和设备无害。在正常温度变化范围内，摩擦衬垫能够保持其原有性能。摩擦衬垫应具有一定的弹性，能起到调整一定的张力偏差的作用，并减小钢丝绳之间蠕动量的差。上述性能中最主要的是摩擦系数，提高摩擦系数将会提高提升设备的经济效果和安全性。

摩擦衬垫采用固定块和压块（由铸铝或塑料制成）通过螺栓固定在筒壳上，不允许在任何方向有活动。钢丝绳的绳距与提升容器间的悬挂装置的结构尺寸有关。

常用的几种摩擦衬垫的材料性能如表 7-1 所示。

表 7-1　几种常用摩擦衬垫材料性能

衬垫材料	运输胶带	皮革	聚氯乙烯	聚氨酯橡胶	新型高分子材料
摩擦系数	0.2	0.2	0.2	0.23	0.25
许用比压/MPa	1.5	1.5	2.0	2.0	2.0

我国以前主要采用聚氯乙烯衬垫，20 世纪 80 年代末开始使用聚氨酯橡胶衬垫。

7.4　单绳缠绕式提升机的选择与计算

7.4.1　卷筒参数的选取

提升机卷筒直径是提升机选择计算的主要技术数据。选择卷筒直径的原则是钢丝绳在卷筒上缠绕时不产生过大的弯曲应力，以保证其承载能力和使用寿命。卷筒或天轮直径与钢丝绳直径的关系见表 7-2。

表 7-2　卷筒直径与钢丝绳直径的关系

卷筒安装地点或用途	卷筒的最小直径与钢丝绳直径之比	卷筒的最小直径与钢丝绳中最粗的钢丝直径之比
地表提升装置	≥80	≥1200
井下提升装置和凿井的提升装置	≥60	≥900
凿井升降物料的绞车或悬挂水泵、吊盘	≥20	≥300
排土场提升装置	≥50	

（1）双卷筒宽度的确定

缠绕一层时：

$$B = \left(\frac{H + L_s}{\pi D_j} + n_m \right)(d_s + \varepsilon) \tag{7-1}$$

缠绕多层时：

$$B = \left[\frac{H + L_s + (n_m + 4)\pi D_j}{n'\pi D_p} \right](d_s + \varepsilon) \tag{7-2}$$

（2）单卷筒作双端提升时卷筒宽度的确定

$$B = \left(\frac{H + 2L_s}{\pi D_j} + 2n_m + 2n_j \right)(d_s + \varepsilon) \tag{7-3}$$

式中 B——卷筒宽度，mm；

H——提升高度，m；

L_s——供试验用的钢丝绳长度，取 $20 \sim 30$m；

D_j——卷筒直径，m；

D_p——多层缠绕时卷筒的平均直径，$D_p = D_j + (n' - 1)d_s$，m；

n'——卷筒上缠绳的层数，层；

n_m——留在卷筒上的钢丝绳摩擦圈数，取 $n_m = 3$；

n_j——两提升绳之间的间隔圈数，取 2；

4——每月移动 0.25 圈绳长所需的备用圈数，圈；

d_s——钢丝绳直径，mm；

ε——钢丝绳两圈间的间隙，取 $2 \sim 3$mm。

7.4.2 计算钢丝绳最大静拉力和最大静拉力差

（1）钢丝绳最大静拉力 F_0

$$F_0 = (Q + Q_r + P_s H_0)g \tag{7-4}$$

式中 F_0——钢丝绳最大静拉力，N；

Q——有效装载量，kg；

P_s——钢丝绳每米质量，kg/m；

H_0——钢丝绳悬垂长度，m；

Q_r——提升容器质量，kg。

（2）钢丝绳最大静拉力差

双容器：

$$F_j = (Q + P_s H)g \tag{7-5}$$

单容器带平衡锤：

$$F_{j} = (Q + Q_r + P_s H - Q_c)g \tag{7-6}$$

式中　F_j——最大静拉力差，N；

　　　H——提升高度，m；

　　　Q_c——平衡锤质量，kg。

7.4.3　确定提升机的标准速度

依据生产能力所需的提升速度及滚筒直径、最大静拉力、最大静拉力差等参数选出提升机型号，然后在提升机规格表中选出提升机的标准速度。

7.4.4　电动机预选

矿井提升机的电力拖动形式采用交流或直流拖动，应进行方案的技术经济比较后确定。以下的计算是按照交流拖动考虑的。可按罐笼提升电动机近似功率曲线和双箕斗提升电动机近似功率曲线查出电动机近似功率，或者按照下列公式计算后，选取标准电动机。

$$N' = \frac{K F_j v}{1000\eta}\rho \tag{7-7}$$

式中　N'——预选电动机功率，kW；

　　　K——井筒阻力系数，箕斗井提升宜取 1.05～1.15；罐笼井提升宜取 1.1～1.25；

　　　v——最大提升速度，m/s；

　　　ρ——电动机功率储备系数，宜按 1.05～1.10 选取；

　　　η——减速器的传动效率，按生产厂家给定值选取，在无厂家给定值时，直联宜取 1，行星齿轮减速器宜取 0.95，平行轴减速器宜取 0.90。

7.4.5　井架和提升机房配置

（1）井架高度。如图 7-10 所示，罐笼和箕斗提升的井架高度计算公式如下：

$$H_j = h_x + h_j + h_{ch} + h_{gj} + 0.25 D_t \tag{7-8}$$

图及式中　H_j——井架高度，m；

　　　　　h_r——容器全高，指容器底部至连接装置最上面一个绳卡的距离，m；

　　　　　h_{gj}——过卷扬高度，m；

　　　　　D_t——天轮直径，m；

　　　$0.25 D_t$——附加距离，因为从容器连接装置上绳头与天轮轮缘的接触点到天轮中心约为 $0.25 D_t$，m；

　　　　　h_x——箕斗卸载高度，指井口水平至卸载位置的容器底座的距离，m，对于罐笼提升，若在井口装卸载，$h_x = 0$；对于箕斗提升，地面要装设矿仓，可根据实际取值；

　　　　　h_{ch}——箕斗卸矿时，斗箱对矿仓顶的超高，m，对于罐笼提升，若在井口装卸载，$h_{ch} = 0$；对于箕斗提升，取值见表 7-3。

表 7-3　翻转式箕斗卸载时斗箱对矿仓顶的超高 h_{ch} 值

箕斗容积/m³	1.2	1.6	2	2.5	3.2	4
h_{ch}/m	2.5	3	3	3.5	3.5	4

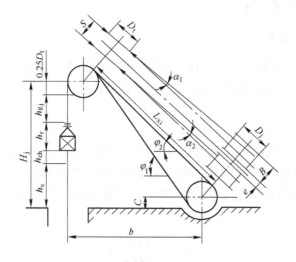

图 7-10　罐笼和箕斗提升井架高度示意图

竖井提升速度小于 3m/s 时，过卷高度不小于 4m；提升速度在 6m/s 以下时，过卷高度不小于 6m；提升速度在 6m/s 以上时，过卷高度不小于最大提升速度时的值；提升速度大于 10m/s 时，过卷高度不小于 10m。

对某些矿山，在确定井架高度时，还应考虑提升长材料及大型设备的可能性。

（2）卷筒中心至提升容器中心距离一般取 20~40m，其最小值 b_{min} 近似计算：

$$b_{min} \geq 0.6H_j + 3.5 + D_j \tag{7-9}$$

式中　$0.6H_j$——考虑井架斜撑基础与卷筒中心距离，m。

（3）钢丝绳弦长。钢丝绳弦长公式如下：

$$L_{xi} = \sqrt{\left(b - \frac{D_t}{2}\right)^2 + (H_j - C)^2} \tag{7-10}$$

式中　b——卷筒中心至提升容器中心距离，m；

　　　L_{xi}——钢丝绳弦长，m；

　　　C——卷筒中心线与井口水平的高差，m。

一般 L_{xi} 不宜超过 50~60m，以免钢丝绳颤动。超过 60m 后，应加设支撑托辊。

（4）钢丝绳偏角。绳弦所在平面内，从天轮轮缘做垂线使之垂直于卷筒中心线，则绳弦与垂线所形成的偏角 α 为钢丝绳偏角。最大偏角不得超过 1°30′。在双层或多层缠绕时应取 1°10′左右。若偏角过大，除增大钢绳与天轮轮缘的彼此磨损外，还可能产生乱绳现象（特别是多层缠绕时）。偏角有两个：外偏角 α_1 和内偏角 α_2，如图 7-10 所示。其计算公式如表 7-4 所示。

表7-4　钢丝绳内、外偏角的计算公式

适 用 条 件	外偏角 α_1	内偏角 α_2
双筒提升、单层缠绕时	$\tan\alpha_1 = \dfrac{B - \dfrac{S-e}{2} - n_m(d_s + \varepsilon)}{L_{xi}}$	$\tan\alpha_2 = \dfrac{\dfrac{S-e}{2} - B + \left(\dfrac{H+30}{\pi D_j} + 3\right)(d_s + \varepsilon)}{L_{xi}}$
双筒提升、多层缠绕时	$\tan\alpha_1 = \dfrac{B - \dfrac{S-e}{2}}{L_{xi}}$	$\tan\alpha_2 = \dfrac{S-e}{2L_{xi}}$
单筒作双提升	$\tan\alpha_1 = \dfrac{\dfrac{B-S}{2} - n_m(d_s + \varepsilon)}{L_{xi}}$	$\tan\alpha_1 = \dfrac{\dfrac{B+S}{2} - (n_m + n_j)(d_s + \varepsilon)}{L_{xi}}$

注：S 为两天轮之间的距离，m；e 为两卷筒之间的间隙，m；d_s 为钢丝绳直径，m；ε 为钢丝绳两圈的间隙，m。

（5）钢丝绳仰角。钢绳弦与水平线所成仰角 φ 不应小于提升机规格表中的规定值，但不宜小于 $30°$，且不宜大于 $50°$。由图7-10可知，实际上 φ 角有两个，即上出绳仰角 φ_2 和下出绳 φ_1，其计算方法如表7-5所示。

表7-5　钢丝绳仰角计算方法

天轮布置形式	天轮直径与卷筒直径的关系	计 算 公 式
	$D_t = D_j = 2R$	$\varphi_1 = \arctan\dfrac{H_j - C}{b - R} + \arcsin\dfrac{D_t}{L_{xi}}$ $\varphi_2 = \arctan\dfrac{H_j - C}{b - R}$
	$D_t < D_j$	$\varphi_1 = \arctan\dfrac{H_j - C}{b - R_t} + \arcsin\dfrac{R_j + R_t}{L_{xi}}$ $\varphi_2 = \arctan\dfrac{H_j - C}{b - R_t} - \arcsin\dfrac{R_j - R_t}{L_{xi}}$
	$D_t = D_j = 2R$	$\varphi_1 = \arctan\dfrac{H_j - C}{b - R} + \arcsin\dfrac{D_t}{L_{xi}}$ $\varphi_2 = \arctan\dfrac{H_j - C + h}{b - R}$
	$D_t < D_j$	$\varphi_1 = \arctan\dfrac{H_j - C}{b - R_t} + \arcsin\dfrac{R_j + R_t}{L_{xi}}$ $\varphi_2 = \arctan\dfrac{H_j - C + h}{b - R_t} - \arcsin\dfrac{R_j - R_t}{\sqrt{(b - R_j)^2 + (H_j - C + h)^2}}$

注：R_t—天轮直径，m；R_j—卷筒直径，m；h—两天轮中心之间的高度差，m。

7.5　多绳摩擦式提升机的选择与计算

多绳摩擦式提升机和单绳缠绕式提升机相比，具有适于深井重载提升，钢丝绳直径小，设备质量轻，投资省，耗电少，安全可靠等优点，因而获得广泛的应用。

多绳摩擦式提升机有塔式和落地式两种，目前使用塔式较多，但落地式也日益发展。在某些具体条件下，采用落地式还是采用塔式的应通过经济比较确定。在一般情况下，竖井只装一台提升机时，采用落地式较为经济。若竖井安装两台提升机，则采用塔式较为经济。落地式多绳提升机的设计计算与塔式提升机相同,仅在井口布置方面具有和单绳缠绕式提升机相似的特点。由于没有钢丝绳偏角的限制,提升机可以尽量靠近井筒,钢丝绳仰角可达 50°~90°,使井口布置更为紧凑。

应根据提升载荷和提升高度选择提升机。

7.5.1 主导轮直径

多绳提升机主导轮直径 D_j 与提升钢丝绳直径 d_s 之比应符合表 7-6 要求。导向轮直径与提升钢丝绳直径之比,塔式不小于 80;落地式不小于 100。

表 7-6 多绳提升机主导轮直径与提升钢丝绳直径之比

提升机布置方式		主导轮直径与提升钢丝绳直径之比
塔式多绳提升机	有导向轮	$D_j/d_s \geqslant 100$
	无导向轮	$D_j/d_s \geqslant 80$
落地式多绳提升机		$D_j/d_s \geqslant 100$

7.5.2 钢丝绳作用在主导轮上的最大静拉力和最大静拉力差

主导轮重载侧和空载侧质量计算如表 7-7 所示。

表 7-7 主导轮重载侧和空载侧质量计算

质量名称	单罐笼提升/kg		双罐笼提升/kg		单箕斗提升/kg		双箕斗提升/kg	
	重载侧	空载侧	重载侧	空载侧	重载侧	空载侧	重载侧	空载侧
一侧钢丝绳	npH_0	$n'qH_0$	npH_0	$n'qH_0$	npH_0	$n'qH_0$	npH_0	$n'qH_0$
罐笼	Q_g		Q_g	Q_g				
矿车	q_c		q_c	q_c				
箕斗					Q_j		Q_j	Q_j
有效装载量	Q		Q		Q		Q	
平衡锤		Q_c				Q_c		
一侧钢丝绳总质量	m_1	m_2	m_1	m_2	m_1	m_2	m_1	m_2

注:p 为首绳钢丝绳每米质量,kg/m;q 为尾绳钢丝绳每米质量,kg/m;n 为首绳钢丝绳根数,根;n' 为尾绳钢丝绳根数,根;H_0 为钢丝绳最大悬垂长度,m;Q 为提升容器有效装载量,kg;Q_j 为箕斗质量,kg;Q_g 为罐笼质量,kg;q_c 为矿车质量,kg。

钢丝绳作用在主导轮上的最大静拉力为

$$S_1 = m_1 g \tag{7-11}$$

钢丝绳作用在主导轮上的最大静拉力差为

$$S_c = S_1 - S_2 = (m_1 - m_2)g \tag{7-12}$$

式中 S_1——钢丝绳作用在主导轮上的最大静拉力,N;

  S_2——钢丝绳作用在主导轮上的最小静拉力,N;

  S_c——钢丝绳作用在主导轮上的最大静拉力差,N。

7.5.3 防滑计算

实践表明，湿度、温度、钢丝绳表面状况及污染程度等因素都会影响摩擦系数，因此设计计算要留有余地。

提升钢丝绳对衬垫的单位压力 q_0 不应超过制造厂提供的允许值，衬垫许用单位压力一般为 $1.96N/mm^2$，并按下式校核：

$$q_0 = \frac{S_1 + S_2}{nD_j d_s} \qquad (7\text{-}13)$$

对于摩擦提升设备必须满足钢丝绳沿主导轮不得发生滑动的条件：

$$\frac{S_{max}}{S_{min}} \leqslant e^{\mu\alpha} \qquad (7\text{-}14)$$

式中　S_{max}——围包主导轮的一侧钢丝绳的最大拉力，N；

　　　S_{min}——围包主导轮的另一侧钢丝绳的最小拉力，N；

　　　e——自然对数的底，$e = 2.71828$；

　　　μ——钢丝绳和主导轮衬垫间的摩擦系数，不应超过制造厂所提供的容许值；

　　　α——钢丝绳围包主导轮的角度，为减小钢丝绳的磨损，一般不大于195°。

对于静止和等速运动的提升系统，为安全工作，静防滑初算取：

$$\frac{S_1}{S_2} \leqslant 1.4 \sim 1.5 \qquad (7\text{-}15)$$

对于摩擦提升系统的加速和减速运动状态，最易发生滑动现象。加速时主导轮可能沿钢丝绳滑动，减速时钢丝绳可能沿主导轮滑动。为防止滑动，应验算滑动极限加速度和减速度，校核下放重物时安全制动减速度。

目前，增加防滑安全系数的措施主要有：增大围包角，可采用加设导向轮的方法来实现；增加钢丝绳与摩擦衬垫间的摩擦系数，采用具有高摩擦系数、耐磨的材料作衬垫，此外还可以对钢丝绳加以处理来增大摩擦系数；采用尾绳可以增大空载绳的张力；增大容器自重也可以增大空载绳的张力，对于浅井效果特别显著；采用平衡锤单容器提升；控制最大的加、减速度值以减小动载荷。

7.5.4 提升机拖动方式的选择

提升机拖动方式应满足提升负荷和运行速度的需要。拖动方式有交流拖动和直流拖动。交流拖动比较简单，设备和安装费用低，但调速性能较差；目前由于磁力控制站容量的限制，交流拖动可达1000kW（双机拖动可达2000kW）。而直流拖动，调速性能好，易于实现自动控制，但设备和安装费用高。对于深井和大型提升容器的提升宜采用直流拖动。但是交流控制技术日益进步，交流拖动将获得更广泛的应用。

若采用交流拖动，爬行阶段可考虑低频拖动或微拖动装置。箕斗提升爬行距离为 $0.5 \sim 2m$，其爬行速度为 $0.3 \sim 0.5m/s$；罐笼提升爬行阶段可忽略不计。

电动机的概算功率：

$$N' = \frac{K(S_1 - S_2)v}{1000\eta}\rho \qquad (7\text{-}16)$$

式中　N'——电动机的概算功率，kW；

　　　K——井筒阻力系数，数值同式（7-7）；

　　　η——减速器的传动效率，数值同式（7-7）；

　　　ρ——电动机功率储备系数，数值同式（7-7）；

　　　v——最大提升速度，m/s。

提升电动机在运转过程中要产生大量热量，一般中小型电动机为自然通风，而功率1000kW 以上的直流电动机要考虑强迫风冷。

7.5.5　多绳提升机的配置

多绳提升机可以安装在井塔上，也可设置在地面上。井塔多为矩形，目前常用滑升模板浇注施工，施工进度快，造价低。若多绳提升机安装在地面，其机房建筑和基础同单绳缠绕式提升机相似。

井塔布置的项目包括提升机、导向轮、电动机及其控制装置、直流发电机组、通风装置、液压站、罐道及其支承结构、受料设施或井口换车设备、空气预热设施、起重机、电梯和卫生间等。为防止振动和噪声，直流发电机组宜布置在地面。在寒冷地区井塔要采暖；在炎热地区要考虑通风降温设施。特别是严寒地区，为转运矿、岩的上部受车场可以布置在地面井口层之上，或者井口房与通廊采用环形布置。

7.5.5.1　井塔平面布置

井塔中包括提升机层、井口层和中间各层等，这些层间应根据提升设备安装和检修的需要及结构设施等进行配置。

提升机层主要布置有提升机、电动机及其控制装置、电梯、起重机及其吊装孔、卫生间等。当井塔内设有两台提升机时，为降低井塔高度，可将提升机布置在同一层上，并需单独设隔音的控制间。提升机械设备外缘与墙面之间的距离应不小于1.2m，电动机端部要考虑抽出转子的距离，其他设备与墙面之间的距离应不小于0.8m。为便于安装和检修，宜设有电动或手动起重机，其起重量按电动机转子（或定子）和主轴装置等最重件确定。除此还应考虑安装和更换钢丝绳、罐道绳及提升容器等。吊装孔的位置应便于升降设备，吊装孔尺寸一般按主轴装置外形尺寸考虑，除此还可采用塔外吊装方法。

主井井口层设有物料转载设施；为安装提升装置及提升容器，在井口层应留有安装孔。副井井口层设有换车设备、总信号室及候罐室等。

井塔中间各层设有导向轮、电气设施、液压站、通风设施以及仓库和检修间等。为减小噪声，通风机应远离提升机层。为防止灰尘污染提升机间，在导向轮层的绳孔处应采取密封装置。在井塔内各层构筑物与运动的提升容器之间的最小间隙不应小于100mm。

7.5.5.2　井塔竖向布置

竖向布置主要根据提升装置、制动罐道设施、电气设备和重物吊装方式来考虑。

井塔高度由提升容器的正常停止位置、提升容器过卷（缓冲制动装置）高度、提升机和导向轮的配置高度所组成，见图7-11。图中 h_1 为提升容器顶盖至连接装置上缘的高度（m）。

提升机主轴中心的高度 H_j 为：

$$H_j = h + h_r + h_g + h_d + h_t \quad (7\text{-}17)$$

式中　h——当罐笼提升时为井口至上部受车场轨面的高度，当上部受车场为井口地面时 $h = 0$；当箕斗提升时为井口至受矿仓顶缘的高度，m；

h_r——提升容器卸载时的高度，对箕斗提升为受矿仓上缘（包括超高间隙 200mm）至箕斗检查台的高度，对罐笼提升为上部受车场至罐笼顶盖的高度，m；

h_g——自由过卷高度，当采用楔形制动罐道时：提升速度小于 6m/s 时，应不小于 6m；提升速度大于 6m/s 时，应不小于最大速度时的值；当采用缓冲制动装置时，还应考虑缓冲器配置高度，m；

h_d——防撞梁底面至导向轮中心的距离（若无导向轮时，则为提升机主轴中心），m；

h_t——导向轮中心至提升机中心的距离，m。

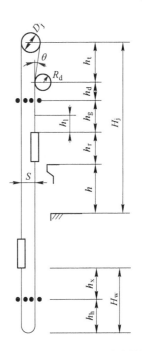

图 7-11　塔式多绳提升系统计算简图

其中 h_d 和 h_t 按下式计算：

$$h_d \geqslant h_t + 0.75R_d \quad (7\text{-}18)$$

$$h_t = \frac{D_j - S}{\sin\theta}\cos\theta \quad (7\text{-}19)$$

式中　S——提升容器中心距，m；

R_d——导向轮半径，m。

导向轮的偏导角 θ 按下式计算：

$$\theta = \arcsin\frac{0.5D_j + R_d}{\sqrt{h_t^2 + (S + R_d - 0.5D_j)^2}} - \arctan\frac{S + R_d - 0.5D_j}{h_t} \quad (7\text{-}20)$$

式中　D_j——提升机主导轮直径，m。

除此还要考虑车衬装置、防滑信号装置的位置，如提升容器下面吊运大件时，要留有装卸所需的高度。

提升机层是井塔的顶层，是提升系统的驱动中心。其高度 Z 为：

$$Z = z_1 + z_2 + z_3 + z_4 + z_5 + z_6 \quad (7\text{-}21)$$

式中　z_1——基础台的高度，取 $0.2 \sim 0.3$m；

z_2——起吊间隙，取 0.4m；

z_3——提升机闸盘外径，m；

z_4——索具高度，取 $1 \sim 1.5$m；

z_5——吊车高度，m；

z_6——吊车顶缘间隙，取不小于 0.2m，特别是平屋顶要留有安装起重小车的净空，m。

井塔中间各层的高度主要根据机电设备安装检修和井塔结构等因素确定，并使层高尽量相同。井口层高度应根据提升容器外形尺寸确定。

7.5.5.3　井塔特殊载荷

特殊载荷是提升容器在井筒中突然卡住或过卷而引起的事故载荷。对此目前国内尚无统一的规范，故暂时按以下选取。事故载荷：作用于提升机主梁的事故载荷为 $1.5nQ_p$；过卷载荷：提升容器上过卷或下过卷时，作用于两根防撞梁的载荷为 $4g(Q+Q_r)$。

7.5.5.4　井窝配置

井底最低阶段水平（或箕斗装载站）至尾绳环下端的高度 H_w：

$$H_w = h_x + h_h \tag{7-22}$$

式中　h_x——最低阶段水平（或箕斗装载站）至防撞梁的高度，即过卷距离，m；

h_h——防撞梁至尾绳环下缘的高度，m，$h_h = (2\sim2.5)S + 0.5$。

尾绳环下端至井窝水面或井底粉矿仓顶的距离应不小于 5m。

————— 本 章 小 结 —————

（1）矿井提升机主要有单绳缠绕式提升机、多绳摩擦式提升机及用于井下的液压传动矿井提升机等；（2）矿井提升机由机械部分、辅助机械部分和电气部分组成；（3）单绳缠绕式提升机多用于浅井或中等深度的矿井，多绳摩擦式提升机适用于井深、产量大的矿井；（4）多绳摩擦式提升机主要由主轴装置、制动器装置、液压站、减速器、电动机、深度指示器系统、操纵台、导向轮装置、车槽装置、弹性联轴器等部件组成。

习题与思考题

7-1　简述矿井提升机的类型及适用范围。

7-2　简述矿井提升机的主要组成部件。

7-3　多绳摩擦提升的优点及适用范围是什么？

7-4　多绳摩擦提升与单绳提升相比在结构上有何特点？

7-5　分析塔式及落地式摩擦式提升机的布置特点。

8 提升设备的运动学和动力学

+-+

本章学习重点：（1）提升设备运动学的特点；（2）提升设备动力学的特点；（3）提升设备运动学的计算方法；（4）提升设备动力学的计算方法。

本章关键词：提升速度图；提升力图；三阶段提升；五阶段提升；六阶段提升；爬行

+-+

8.1 提升设备的运动学

提升设备运动学研究提升系统运动参数之间的关系，提升设备动力学将研究与运动规律相适应的力的变化规律，以便选择提升电动机和控制设备，并为提升机的强度计算提供原始数据。

在一次提升过程中，提升速度是变化的。在提升开始时，容器加速运行，速度由零增加到最大值；然后保持在最大速度下运行一段时间；接近提升终了时，容器开始减速，速度又从最大值下降到零，最后停在卸载位置。如用横坐标表示容器运动的延续时间，纵坐标表示相应的运动速度，则可绘出容器随时间变化的速度曲线，称为提升速度图。提升速度图表达了提升容器在一个提升循环内的运动规律。

提升速度图上速度曲线所包含的面积，为提升容器一次提升时间内所走过的路程，即提升高度。

8.1.1 罐笼提升运动学

罐笼提升一般采用三阶段速度图，如图 8-1 所示。图中 t_1 为加速运行时间，t_2 为等速

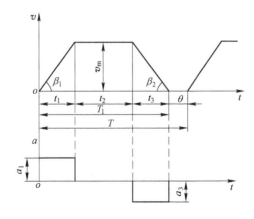

图 8-1　三阶段速度图

运行时间，t_3 为减速运行时间，T_1 为一次提升运行时间，T 为一次提升全时间，v_m 为最大提升速度。

当采用等加速度 a_1 和等减速度 a_3 时，加速和减速阶段中速度按直线变化，并与时间轴成 β_1 和 β_2 角，故三阶段速度图为梯形。交流电动机拖动的罐笼提升设备采用这种速度图。

为了验算提升设备的提升能力，应对速度图各参数进行计算。对于三阶段罐笼提升，见图 8-1，计算速度图各参数时，应已知提升高度 H 及最大提升速度 v_m。

最大速度计算见 5.5.1 节。提升加速度 a_1 及减速度 a_3 可在下列范围内选定：提升人员时不得大于 0.75m/s^2；提升货载时不宜大于 1m/s^2；一般对于较深矿井取较大的数值，较浅矿井取较小的数值。相应的加减速时间：手工操作时，不少于 5s，自动化操作时，不少于 3s。

其他各参数的计算如下：

加速运行时间 t_1 和距离 h_1：

$$t_1 = \frac{v_m}{a_1}; \quad h_1 = \frac{1}{2} v_m t_1 \tag{8-1}$$

减速运行时间 t_3 和距离 h_3：

$$t_3 = \frac{v_m}{a_3}; \quad h_3 = \frac{1}{2} v_m t_3 \tag{8-2}$$

等速运行距离 h_2 及时间 t_2：

$$h_2 = H - h_1 - h_3; \quad t_2 = \frac{h_2}{v_m} \tag{8-3}$$

一次提升运行时间 T_1：

$$T_1 = t_1 + t_2 + t_3 \tag{8-4}$$

一次提升全部时间 T：

$$T = T_1 + \theta \tag{8-5}$$

式中　θ——提升间歇时间（见 5.5.1 节），s。

每小时提升次数：双罐笼提升按下式计算；单罐笼时，次数减半。

$$n_s = \frac{3600}{T} \tag{8-6}$$

小时提升量：

$$A_s = n_s Q \tag{8-7}$$

式中　A_s——小时提升量，t/h；

　　　Q——一次有效提升量，t。

年提升能力：

$$A' = \frac{t_r t_s A_s}{C} \tag{8-8}$$

式中　C——提升不均衡系数，箕斗提升取 1.15，罐笼取 1.2；

t_r——年工作日，d/a；

t_s——日工作小时数，h/d。

计算的每年提升能力 A' 应大于或等于设计的矿井提升能力 A。

8.1.2 箕斗提升运动学

8.1.2.1 提升速度图

箕斗提升在开始阶段，下放的空箕斗在卸载曲轨内运行，为了减小曲轨和井架所受的动负荷，其运行速度及加速度受到限制。当提升将近终了时，上升重箕斗进入卸载曲轨，其速度及减速度同样受到限制。在曲轨之外，箕斗则可以较大的速度和加减速度运行，故单绳提升非翻转箕斗一般采用对称五阶段速度图（图8-2）。

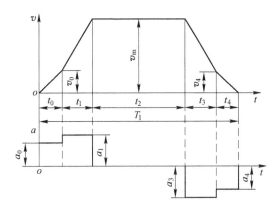

图 8-2　对称五阶段速度图

翻转式箕斗因卸载距离较大，为了加快箕斗的卸载而增加一个等速（爬行）阶段，也有利于保证提升容器准确停车和减小箕斗对卸载曲轨的冲击。这样翻转式箕斗提升速度图便成为六阶段速度图（见图8-3）。对于多绳提升底卸式箕斗，当用固定曲轨卸载时，用六阶段速度图；当用气缸带动的活动直轨卸载时，可采用非对称的五阶段速度图（见图8-4）。

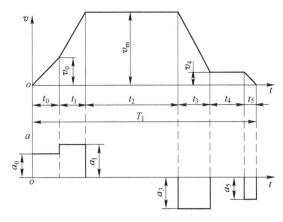

图 8-3　六阶段速度图

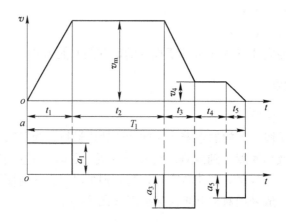

图 8-4 非对称五阶段速度图

对于罐笼提升，为了补偿容器在减速阶段的误差，提高停车的准确性，也需要有一个低速爬行阶段，故目前罐笼提升特别是自动化罐笼提升，多采用非对称五阶段速度图。此外，对于采用钢丝绳罐道的提升设备，为了保证容器在提升终了时，以较低的速度由钢丝绳罐道平稳地进入刚性罐道，也需要有一个低速爬行阶段，在此种情况下，罐笼提升也应采用非对称的五阶段速度图。但在工程设计中，常按三阶段速度图计算。

8.1.2.2 运动学参数选取

参数选取应综合考虑箕斗提升及卸载过程中运行安全、可靠、高效等要求，结合具体的设备类型及参数，选取合理的运行参数。

箕斗进出卸载曲轨的运行速度，以及在其中运行的加减速度，通常按下述数值选取：空箕斗在曲轨上加速度 $a_0 \leqslant 0.3\,\mathrm{m/s^2}$，空箕斗离开卸载曲轨时的速度 $v_0 \leqslant 1.5\,\mathrm{m/s}$；重箕斗进入卸载曲轨时的速度 v_4，对于对称五阶段速度图，$v_4 \leqslant 1\,\mathrm{m/s}$；对于六阶段速度图和非对称五阶段速度图，爬行速度一般取 $v_4 = 0.3 \sim 0.5\,\mathrm{m/s}$；相应的最终减速度 a_5 应使最后阶段的时间 $t_5 \approx 1\,\mathrm{s}$。

8.1.2.3 运动学参数计算

以六阶段箕斗提升（见图 8-3）为例进行运动学计算。已知：H 为提升高度，m；h_0 为箕斗卸载距离，m；h_4 为箕斗爬行距离，m；v_0 为箕斗离开卸载曲轨时的速度，m/s；v_4 为箕斗进入卸载曲轨时的速度，m/s；a_1 为加速开始时的加速度，m/s²；a_3 为减速阶段的减速度，m/s²；a_5 为最终减速度，m/s²。则各参数的计算如下：

空箕斗在卸载曲轨内的加速运行时间 t_0 和初加速度 a_0：

$$t_0 = \frac{2h_0}{v_0}; \quad a_0 = \frac{v_0}{t_0} \tag{8-9}$$

空箕斗在卸载曲轨外的主加速阶段运行时间 t_1 和运行距离 h_1：

$$t_1 = \frac{v_\mathrm{m} - v_0}{a_1}; \quad h_1 = \frac{v_\mathrm{m} + v_0}{2} t_1 \tag{8-10}$$

重箕斗在卸载曲轨内的减速运行时间 t_5 和运行距离 h_5：

$$t_5 = \frac{v_4}{a_5}; \quad h_5 = \frac{v_4}{2}t_5 \tag{8-11}$$

重箕斗在卸载曲轨内等速运行时间 t_4：

$$t_4 = \frac{h_4}{v_4} \tag{8-12}$$

箕斗在卸载曲轨外的减速阶段运行时间 t_3 和运行距离 h_3：

$$t_3 = \frac{v_m - v_4}{a_3}; \quad h_3 = \frac{v_m + v_4}{2}t_3 \tag{8-13}$$

箕斗在卸载曲轨外的等速运行距离 h_2 和时间 t_2：

$$h_2 = H - h_0 - h_1 - h_3 - h_4 - h_5; \quad t_2 = \frac{h_2}{v_m} \tag{8-14}$$

一次提升时间 T_1：

$$T_1 = t_0 + t_1 + t_2 + t_3 + t_4 + t_5 \tag{8-15}$$

一次提升全时间、每小时提升次数、每年生产能力等计算方法与罐笼提升相同。

8.2 提升设备的动力学

提升动力学是研究和确定在提升过程中滚筒圆周上拖动力的变化规律，为验算功率及选择电气控制设备提供依据。

8.2.1 动力学基本方程

为使提升系统运动，提升电动机作用在卷筒轴上的旋转力矩，必须克服系统作用在卷筒轴上的静阻力矩和惯性力矩，即：

$$M = M_j + \Sigma M_g \tag{8-16}$$

式中 M——提升电动机作用在卷筒轴上的旋转力矩，$N \cdot m^2$；

M_j——提升系统作用在卷筒轴上的静阻力矩，$N \cdot m^2$；

ΣM_g——提升系统所有运动部分作用在卷筒轴上的惯性力矩之和，$N \cdot m^2$。

由于卷筒直径是不变的，故力矩的变化规律可用卷筒圆周上力的变化规律来表示，故上式变为：

$$F = F_j + \Sigma F_g \tag{8-17}$$

式中 F——提升电动机作用在卷筒圆周上的拖动力，N；

F_j——提升系统作用在卷筒圆周上的静阻力，N；

ΣF_g——提升系统所有运动部分作用在卷筒圆周上的惯性力之和，N。

$$\Sigma F_g = \Sigma M a \tag{8-18}$$

式中 ΣM——提升系统所有运动部分变位到卷筒圆周上的质量，kg；

a——卷筒圆周上的线加速度，m/s^2。

故：

$$F = F_j + \Sigma Ma \tag{8-19}$$

上式即为等直径提升设备的动力学基本方程式。

8.2.2　提升静力学及静力平衡

提升静力学是研究提升过程中静阻力的变化规律的。提升静阻力为上升和下放两根钢丝绳的静拉力差，加上矿井阻力 W，即：

$$F_j = T_{js} - T_{jx} + W \tag{8-20}$$

式中　T_{js}——上升绳的静拉力，N；
　　　T_{jx}——下放绳的静拉力，N。

如图 8-5 所示，设罐笼自提升开始经过时间 t，重罐笼由井底车场上升了 x 距离，空罐笼自井口车场下降了 x 距离，则罐笼在此位置时，上升绳的静拉力（假定井口至天轮间的钢丝绳质量被钢丝绳弦的质量所平衡）为：

$$T_{js} = (Q + Q_r)g + pg(H - x) \tag{8-21}$$

式中　Q——容器有效装载量，kg；
　　　Q_r——提升容器自重，kg；
　　　p——提升钢丝绳单位长度的质量，kg/m；
　　　H——提升高度，m。

下放绳的静拉力为：

$$T_{jx} = Q_r g + pgx \tag{8-22}$$

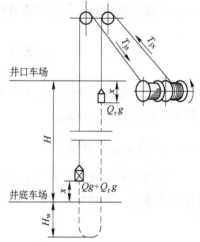

提升系统静阻力是由容器内有效载荷、容器自重、钢丝绳重以及矿井阻力等组成的。矿井阻力是指提升容器在井筒中运行时，气流对容器的阻力、容器罐耳与罐道的摩擦力、钢丝绳在天轮和卷筒上弯曲时的刚性阻力、卷筒和天轮旋转时的空气阻力及其轴承的摩擦阻力等。这些阻力在提升过程中是变化的，很难精

图 8-5　罐笼提升系统示意图

确算出。为简化计算，将矿井阻力视为常数，并以提升量的百分数来表示，即：

$$W = (K - 1)Qg \tag{8-23}$$

式中　K——矿井阻力系数，$K > 1$，罐笼提升时 $K = 1.2$，箕斗提升时 $K = 1.15$。

将式（8-21）~式（8-23）代入式（8-20），得到作用在卷筒圆周上的静阻力方程为：

$$F_j = KQg + pg(H - 2x) \tag{8-24}$$

由上式可知，$F_j = f(x)$ 是一条向下倾斜的直线，如图 8-6 中直线 1—1 所示。

在一次提升过程中，提升量及矿井阻力是不变的，故静阻力变化只是由于钢丝绳质量的改变所致，即钢丝绳质量使下放绳的静拉力不断增加，同时使上升绳的静拉力逐渐减小，结果使两根钢丝绳作用在卷筒圆周上的静拉力差减小。这种提升系统称为静力不平衡系统。

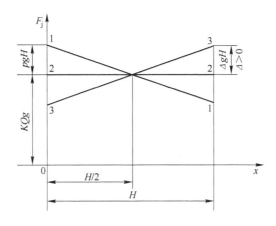

图 8-6 罐笼提升静阻力图

提升系统的静力不平衡对提升工作是不利的，特别是在矿井很深和钢丝绳很重的情况下，会使提升开始时静阻力大为增加，甚至要增加电动机容量；而在提升终了时，可能出现 $pH > KQ$，静阻力变为负值，从而增加了过卷的可能性，使提升工作不安全，提升机必须产生较大的制动力矩才能安全停车。

为消除等直径提升设备的上述缺点，尤其当矿井深度很大时，必须设法平衡钢丝绳质量。常采用的平衡方法是悬挂尾绳，如图 8-5 中的虚线所示，即将尾绳两端用悬挂装置分别连接于两容器底部，其他部分悬垂在井筒中，在井底形成一个自然绳环。为了防止尾绳扭结，可在绳环处安装挡板或挡梁，以防止绳环的水平移动和尾绳扭转。尾绳通常选用不旋转钢丝绳。使用尾绳时，提升钢丝绳相应地被称为首绳或主绳。

设 q 为尾绳每米质量，则

$$T_{js} = Qg + Q_r g + pg(H - x) + qg(x + h_w) \tag{8-25}$$

$$T_{jx} = Q_r g + pgx + qg(H + h_w - x) \tag{8-26}$$

式中 h_w——容器在装矿位置时，其底部到尾绳绳环端部的高度，m。

故

$$F_j = T_{js} - T_{jx} + W = KQg - (q - p)(H - 2x)g \tag{8-27}$$

令 $q - p = \Delta$，则

$$F_j = KQg - \Delta g(H - 2x) \tag{8-28}$$

根据 Δ 值的不同，可能有下列三种提升系统：当 $\Delta = 0$ 时，为等重尾绳提升系统；当 $\Delta > 0$ 时，为重尾绳提升系统；当 $\Delta < 0$ 时，为轻尾绳或无尾绳提升系统。其中以等重尾绳提升应用较多。

当采用等重尾绳时，$p = q$，$\Delta = 0$，根据式（8-28）得：

$$F_j = KQg \tag{8-29}$$

由此可知，$F_j = f(x)$ 是一条平行于横坐标轴的直线，如图 8-6 中直线 2—2 所示。这种在整个提升过程中，静阻力保持常数的提升系统称为静力平衡系统。

当采用重尾绳时，$p < q$，$\Delta > 0$，则由式（8-28）可知，$F_j = f(x)$ 是一条上升的直线，如图 8-6 中直线 3—3 所示，这种系统应用于少数摩擦提升设备，主要是为了消除钢丝绳

沿摩擦轮滑动的可能性。

　　采用尾绳的提升系统，虽然平衡了静力，但带来了下述缺点：两个提升容器不能同时进行几个中段的提升工作；尾绳的质量使提升系统运动部分的质量增加，同时也增加了提升机主轴的载荷；增加了设备费和维护检查工作，并使挂绳、换绳工作复杂。因此，对于单绳缠绕提升只有在较深矿井采用尾绳平衡系统才是合理的。不用尾绳，将使系统简单，且降低设备费用，因此我国中等深度及较浅的矿井采用这种系统。

　　目前，大产量或较深矿井均优先选择多绳摩擦提升系统。为了防止摩擦提升机与提升钢丝绳产生滑动，均带有尾绳，同时克服了静力不平衡系统的缺点。选择多绳摩擦提升系统时，应优先考虑选用 $p = q$ 的系统，有特殊需要时才选用重尾绳系统。采用尾绳时，增加了井筒开拓量和尾绳费用，同时也增加了各项维修工作量。由于是有尾绳系统，所以多绳摩擦提升系统不能应用于多水平同时提升的矿井。解决的办法之一是采用单容器平衡锤提升系统。显然，与双钩提升系统比较，这种系统生产率较低。在金属矿，这种系统较为普遍。

8.2.3　提升系统的变位质量

　　提升设备在工作时，使提升容器及其所装货载、未缠在卷筒上的钢丝绳做直线运动，它们的速度和加速度都相等；而卷筒及缠于其上的钢丝绳、减速齿轮、电动机转子和天轮做旋转运动，它们的旋转速度和旋转半径各不相同，因此提升设备是一个复杂的运动系统。

　　为了简化提升系统惯性力的计算，用集中在卷筒圆周上的质量来代替提升系统所有运动部分的质量，该集中质量的动能等于提升系统所有运动部分的动能之和。这集中的代替质量称为提升系统的变位质量。

　　提升系统做直线运动部分的速度和加速度等于卷筒圆周上的线速度和线加速度，因而这部分的变位质量就等于它们的实际质量，因此需将旋转运动部分的质量变位。单绳提升系统各运动部分变位到卷筒圆周上的质量为：

$$\Sigma M = Q + 2Q_r + 2pL_p + qL_q + 2m_{it} + m_{ij} + m_{ic} + m_{id} \qquad (8-30)$$

式中　ΣM——变位质量总和，kg；

　　　m_{it}——天轮的变位质量，kg；

　　　m_{ij}——卷筒的变位质量，kg；

　　　m_{ic}——减速齿轮的变位质量，kg；

　　　m_{id}——电动机转子的变位质量，kg；

　　　L_p——提升钢丝绳（首绳）全长，单层缠绕时，$L_p = H_0 + \dfrac{1}{2}\pi D_t + L_{xi} + L_s + 3\pi D$，m；

　　　H_0——钢丝绳悬垂长度，m；

　　　D——卷筒直径，m；

　　　D_t——天轮直径，m；

　　　L_{xi}——钢丝绳弦长，m；

　　　L_s——供试验用的钢丝绳长度，m；

L_q——尾绳全长，$L_q = H + 2H_w$，m；

H——提升高度，m；

H_w——井底最低阶段水平（或箕斗装载站）至尾绳环下端的高度，m。

提升系统中各旋转部分变位到卷筒圆周上的质量，可以根据旋转体变位前后动能相等的原则求得。

$$\frac{1}{2}J_x\omega_x^2 = \frac{1}{2}J_{ix}\omega^2 \quad 或 \quad J_{ix} = J_x\left(\frac{\omega_x}{\omega}\right)^2 \tag{8-31}$$

式中 J_x——某旋转体的惯性矩，$kg \cdot m^2$；

ω_x——某旋转体的角速度，rad/s；

J_{ix}——某旋转体变位到卷筒上的惯性矩，$kg \cdot m^2$；

ω——卷筒的角速度，rad/s。

而上式中的 J_x 和 J_{ix} 分别为：

$$J_x = m_x R_x^2 = \frac{(GD^2)_x}{4g} \tag{8-32}$$

$$J_{ix} = m_{ix}R^2 = \frac{G_{ix}D^2}{4g} \tag{8-33}$$

式中 $(GD^2)_x$——某旋转体的回转力矩，$N \cdot m^2$；

G_{ix}——某旋转体变位到卷筒圆周上的重力，N；

m_x——某物体的质量，kg；

m_{ix}——某旋转体变位到卷筒圆周上的质量，kg；

R_x——某物体的回转半径，m；

R——卷筒的缠绕半径，m。

将 J_x 和 J_{ix} 值代入式（8-31），可得：

$$G_{ix} = \frac{(GD^2)_x}{D^2}\left(\frac{\omega_x}{\omega}\right)^2; \quad m_{ix} = \frac{(GD^2)_x}{gD^2}\left(\frac{\omega_x}{\omega}\right)^2 \tag{8-34}$$

使用上式，如果已知某旋转体的回转力矩 $(GD^2)_x$ 和角速度 ω_x，便可以求出该旋转体变位到卷筒圆周上的重力和质量。

设电动机转子的回转力矩为 $(GD^2)_d$ 及角速度为 ω_d，则电动机转子变位到卷筒圆周上的重力和质量为：

$$G_{id} = \frac{(GD^2)_d}{D^2}i^2; \quad m_{id} = \frac{(GD^2)_d}{gD^2}i^2 \tag{8-35}$$

式中 G_{id}——电动机转子的变位重力，N；

i——减速器传动比，$i = \frac{\omega_d}{\omega}$。

提升机卷筒的变位质量 m_{ij} 和减速器的变位质量 m_{ic} 可以在提升机的技术性能表中查得。

天轮的变位重力和质量：

$$G_{it} = \frac{(GD^2)_t}{D^2}i^2; \quad m_{it} = \frac{(GD^2)_t}{gD^2}i^2 \tag{8-36}$$

式中　$(GD^2)_t$——天轮的回转力矩，$N \cdot m^2$；

　　　　G_{it}——天轮的变位重力，N。

要确定电动机转子的变位质量，需要知道电动机转子的回转力矩 $(GD^2)_d$，但电动机转子的回转力矩与电动机功率及转速有关。因此，为了计算电动机转子的变位质量，必须预先求得电动机容量，然后根据所求容量及其转速（在选择提升机标准速度时已确定），由电动机产品目录预选出电动机，并查出转子的回转力矩 $(GD^2)_d$。双容器提升时，提升电动机的近似功率可按下式计算：

$$N' = \frac{\Delta T_j v_m}{1000\eta}\rho \tag{8-37}$$

式中　N'——电动机的近似功率，kW；

　　　　ΔT_j——提升钢丝绳的最大静拉力差，N；

　　　　ρ——电动机功率储备系数；

　　　　η——减速器的传动效率；

　　　　v_m——最大提升速度，m/s。

8.2.4　提升动力学计算

各类速度图对应的动力学计算方式大致相同。基本方法是将计算出的各提升阶段的各个量代入提升动力学基本方程式，计算出提升过程中各阶段的拖动力。若把提升各阶段的始、终点的速度和拖动力代入功率计算公式，即可求出滚筒轴上的功率。

现以单绳缠绕式无尾绳箕斗提升系统六阶段速度图为例，简要介绍提升系统运行各阶段力的计算方法。通过研究和确定提升过程中滚筒圆周上拖动力的变化规律，能够为验算电动机功率和电气控制设备的选择计算提供依据。

简化的基本动力学方程为：

$$F = KQg + P_sg(H - 2x) + \Sigma Ma \tag{8-38}$$

式中　K——矿井阻力系数；

　　　　Q——有效装载量，kg；

　　　　H——提升高度，m；

　　　　P_s——钢丝绳每米质量，kg/m；

　　　　x——研究瞬间提升容器已运行的距离，m；

　　　　a——提升机的加（减）速度，m/s^2。

（1）初加速阶段

开始时，$x = 0$，$a = a_0$，则

$$F_0 = KQg + P_sgH + \Sigma Ma_0$$

结束时，$x = h_0$，$a = a_0$，则

$$F_0' = KQg + P_sg(H - 2h_0) + \Sigma Ma_0 = F_0 - 2P_sgh_0$$

（2）主加速阶段

开始时，$x = h_0$，$a = a_1$，则

$$F_1 = KQg + P_sg(H - 2h_0) + \Sigma Ma_1 = F'_0 + \Sigma M(a_1 - a_0)$$

结束时，$x = h_0 + h_1$，$a = a_1$，则

$$F'_1 = KQg + P_sg(H - 2h_0 - 2h_1) + \Sigma Ma_1 = F_1 - 2P_sgh_1$$

（3）等速阶段

开始时，$x = h_0 + h_1$，$a = 0$，则

$$F_2 = KQg + P_sg(H - 2h_0 - 2h_1) = F'_1 - \Sigma Ma_1$$

结束时，$x = h_0 + h_1 + h_2$，$a = 0$，则

$$F'_2 = KQg + P_sg(H - 2h_0 - 2h_1 - 2h_2) = F_2 - 2P_sgh_2$$

（4）减速阶段

开始时，$x = h_0 + h_1 + h_2$，$a = -a_3$，则

$$F_3 = KQg + P_sg(H - 2h_0 - 2h_1 - 2h_2) - \Sigma Ma_3 = F'_2 - \Sigma Ma_3$$

结束时，$x = h_0 + h_1 + h_2 + h_3$，$a = -a_3$，则

$$F'_3 = KQg + P_sg(H - 2h_0 - 2h_1 - 2h_2 - 2h_3) - \Sigma Ma_3 = F_3 - 2P_sgh_3$$

（5）爬行阶段

开始时，$x = h_0 + h_1 + h_2 + h_3$，$a = 0$，则

$$F_4 = KQg + P_sg(H - 2h_0 - 2h_1 - 2h_2 - 2h_3) = F'_3 + \Sigma Ma_3$$

结束时，$x = h_0 + h_1 + h_2 + h_3 + h_4$，$a = 0$，则

$$F'_4 = KQg + P_sg(H - 2h_0 - 2h_1 - 2h_2 - 2h_3 - 2h_4) = F_4 - 2P_sgh_4$$

根据本节计算结果画出力图，数值标入图中，并将速度图和力图绘制在一起，如图8-7所示。

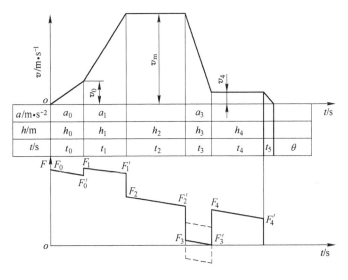

图8-7 箕斗提升速度图和力图

——————— **本 章 小 结** ———————

（1）速度图表达了提升容器在一个提升循环内的运动规律；（2）为使提升系统运动，提升电动机发出的旋转力矩必须克服系统的静阻力矩和惯性力矩，变位质量即为提升系统所有运动部分变位到卷筒圆周上的质量。

习题与思考题

8-1　简述提升速度图的类型及适用范围。

8-2　简述箕斗提升六阶段速度图中各阶段速度和时间的计算方法。

8-3　引入变位质量的目的是什么，变位的原则是什么？

8-4　简述采用六阶段速度图的单绳箕斗提升各阶段力的计算方法。

参 考 文 献

[1] 中华人民共和国国家标准. 厂矿道路设计规范(GBJ 22—87)[S]. 北京：中国建筑工业出版社，1991.

[2] 中华人民共和国行业标准. 公路工程技术标准(JTG B01—2003)[S]. 北京：人民交通出版社，2004.

[3] 杨少伟. 道路勘测设计[M]. 3 版. 北京：人民交通出版社，2009.

[4] 周百川. 露天矿运输[M]. 北京：冶金工业出版社，1994.

[5] 邓学钧. 路基路面工程[M]. 3 版. 北京：人民交通出版社，2008.

[6] 董淑敏. 厂矿道路与汽车运输[M]. 北京：冶金工业出版社，1994.

[7] 胡传正，孟庆勇. 矿用电动轮自卸卡车技术现状及展望[J]. 工程机械，2011，42(7).

[8] 中华人民共和国交通部. 道路工程制图标准(GB 50162—92)[S]. 北京：中国计划出版社，1993.

[9] 佟立本. 铁道概论[M]. 6 版. 北京：中国铁道出版社，2012.

[10] 李宝祥. 金属矿床露天开采[M]. 北京：冶金工业出版社，1992.

[11] 中华人民共和国国家标准. 金属非金属矿山安全规程(GB 16423—2006)[S]. 北京：中国标准出版社，2006.

[12] 中华人民共和国国家标准. 冶金露天矿准轨铁路设计规范(GB 50512—2009)[S]. 北京：中国计划出版社，2009.

[13] 佟立本. 交通运输设备[M]. 2 版. 北京：中国铁道出版社，2007.

[14] 郝瀛. 铁道工程[M]. 北京：中国铁道出版社，2000.

[15] 易思蓉. 铁道工程[M]. 2 版. 北京：中国铁道出版社，2012.

[16] 黎佩琨. 矿山运输及提升[M]. 北京：冶金工业出版社，1984.

[17] 陈维健. 矿山运输与提升设备[M]. 徐州：中国矿业大学出版社，2007.

[18] 王厚雄. 线路圆曲线半径、缓和曲线长度和线间距标准制定依据的介绍[J]. 铁道标准设计，2004(7).

[19] 董昱. 区间信号与列车运行控制系统[M]. 北京：中国铁道出版社，2008.

[20] 中华人民共和国铁道部. 铁路技术管理规程[S]. 北京：中国铁道出版社，2006.

[21] 中华人民共和国国家标准. Ⅲ、Ⅳ级铁路设计规范(GB/ 50012—2012)[S]. 北京：中国标准出版社，2013.

[22] 北京起重运输机械研究所. DTII(A)型带式输送机设计手册[M]. 北京：冶金工业出版社，2003.

[23] 高永涛，吴顺川. 露天采矿学[M]. 长沙：中南大学出版社，2010.

[24] 中华人民共和国国家标准. GB/T 17119—1997 idt ISO5048：1989 连续搬运设备带承载托辊的带式输送机运行功率和张力的计算[S]. 北京：中国标准出版社，1998.

[25] 中华人民共和国国家标准. 带式输送机工程设计规范(GB 50431—2008)[S]. 北京：中国计划出版社，2008.

[26] 中华人民共和国国家标准. 普通用途钢丝绳芯输送带(GB/T 9770—2001)[S]. 北京：中国标准出版社，2001.

[27] 陈长松. 双滚筒驱动的张力分析[J]. 起重运输机械，2013(1).

[28] 宋伟刚. 通用带式输送机设计[M]. 北京：机械工业出版社，2006.

[29] 宋伟刚，杨彦贺. 带式输送机导料槽阻力的计算方法[J]. 起重运输机械，2011(7).

[30] 杨红涛. 双滚筒分别传动带式输送机牵引力的分配及电机功率的确定[J]. 机械研究与应用，2002，15(3).

[31] 程烈. 双滚筒分别驱动带式输送机不打滑条件的计算[J]. 淮南矿业学院学报，1993，13(4).

[32] 郭永存. 双滚筒分别驱动带式输送机不打滑条件的分析计算[J]. 机械设计，2004，21(1).

［33］宋伟刚．带式输送机功率张力计算方法的若干问题［C］//传承、创新、智慧与合作：首届物流工程国际会议论文集．中国河南郑州，2012.

［34］北京起重运输机械设计研究院．DTⅡ（A）型带式输送机设计手册［M］．2 版．北京：冶金工业出版社，2013.

［35］宋伟刚，彭兆行．气垫带式输送机的设计与计算（Ⅰ）［J］．矿山机械，1994(6).

［36］赵立华，郎毅翔，付大鹏．带式输送机典型故障的分析及处理［J］．起重运输机械，2003(10).

［37］赵建华．带式输送机运转过程中几个典型问题的探讨［J］．煤矿机械，2000(10).

［38］蔡美峰，郝树华，李军财．大型深凹露天矿高效运输系统综合技术研究［J］．中国矿业，2004，13(10).

［39］李仪钰．矿山机械［M］．北京：冶金工业出版社，1980.

［40］陈国山．矿山提升与运输［M］．北京：冶金工业出版社，2009.

［41］于润沧．采矿工程师手册［M］．北京：冶金工业出版社，2009.

［42］张富民，等．采矿设计手册（矿山机械卷）［M］．北京：中国建筑工业出版社，1988.

［43］采矿手册编辑委员会．采矿手册［M］．北京：冶金工业出版社，1990.

［44］王运敏．现代采矿手册［M］．北京：冶金工业出版社，2011.

［45］张复德．矿井提升设备［M］．北京：煤炭工业出版社，2004.

［46］韩治华，李凡，冷永军，等．矿山运输与提升设备操作及维护［M］．重庆：重庆大学出版社，2010.

［47］晋民杰，李自贵．矿井提升机械［M］．北京：机械工业出版社，2011.

［48］中华人民共和国国家质量监督检验检疫总局．重要用途钢丝绳（GB 8918—2006）［S］．北京：中国标准出版社，2006.

［49］中华人民共和国国家质量监督检验检疫总局．平衡用扁钢丝绳（GB/T 20119—2006）［S］．北京：中国标准出版社，2006.

［50］董稼祥，张建元．我国铁矿开采的主要问题及发展途径［J］．金属矿山，1989(11).

［51］蔡美峰．中国金属矿山 21 世纪的发展前景评述［J］．中国矿业，2001，10(1).

［52］果晓明．露天矿破碎—胶带半连续运输工艺的研究与实践［J］．金属矿山，2005(2).

［53］戴紫孔．深井提升技术初探［J］．中国矿业工程，2012，41(3).

［54］中华人民共和国住房和城乡建设部．中华人民共和国国家质量监督检验检疫总局．冶金矿山采矿设计规范（GB 50830—2013）［S］．北京：中国计划出版社，2013.

冶金工业出版社部分图书推荐

书　名	作　者	定价(元)
中国冶金百科全书·采矿卷	本书编委会　编	180.00
现代金属矿床开采科学技术	古德生　等著	260.00
采矿工程师手册(上、下册)	于润沧　主编	395.00
我国金属矿山安全与环境科技发展前瞻研究	古德生　等著	45.00
非煤露天矿山生产现场管理	牛弩韬　等	46.00
地质学(第4版)(国规教材)	徐九华　主编	40.00
采矿学(第2版)(国规教材)	王　青　主编	58.00
矿产资源开发利用与规划(本科教材)	邢立亭　等编	40.00
矿山安全工程(国规教材)	陈宝智　主编	30.00
矿山岩石力学(本科教材)	李俊平　主编	49.00
高等硬岩采矿学(第2版)(本科教材)	杨　鹏　主编	32.00
现代充填理论与技术(本科教材)	蔡嗣经　主编	26.00
金属矿床露天开采(本科教材)	陈晓青　主编	28.00
地下矿围岩压力分析与控制(卓越工程师配套教材)	杨宇江　等编	30.00
露天矿边坡稳定分析与控制(卓越工程师配套教材)	常来山　等编	30.00
矿井通风与除尘(本科教材)	浑宝炬　等编	25.00
采矿工程概论(本科教材)	黄志安　主编	39.00
选矿厂设计(高校教材)	周晓四　主编	39.00
选矿试验与生产检测(高校教材)	李志章　主编	28.00
矿产资源综合利用(高校教材)	张　佶　主编	30.00
冶金企业环境保护(本科教材)	马红周　等编	23.00
金属矿山环境保护与安全(高职高专教材)	孙文武　主编	35.00
金属矿床开采(高职高专教材)	刘念苏　主编	53.00
岩石力学(高职高专教材)	杨建中　等编	26.00
矿井通风与防尘(高职高专教材)	陈国山　主编	25.00
矿山企业管理(高职高专教材)	戚文革　等编	28.00
矿山地质(高职高专教材)	刘兴科　主编	39.00
矿山爆破(高职高专教材)	张敢生　主编	29.00
采掘机械(高职高专教材)	苑忠国　主编	38.00
井巷设计与施工(第2版)(高职高专教材)	李长权　主编	
矿山提升与运输(高职高专教材)	陈国山　主编	39.00
露天矿开采技术(第2版)(高职高专教材)	夏建波　主编	
矿山固定机械使用与维护(高职高专教材)	万佳萍　主编	39.00
安全系统工程(高职高专教材)	林　友　主编	24.00